图解
时间简史

人人都可以读懂的霍金

［英］霍金◎原著
王宇琨　董志道◎编著

TUJIE SHIJIAN JIANSHI

序言

坚强的轮椅巨人，辉煌的科学巨著

宇宙之王——霍金

斯蒂芬·威廉·霍金，出生于1942年1月8日，毕业于牛津大学和剑桥大学，并获剑桥大学哲学博士学位。21岁时他不幸患上了卢伽雷氏症，全身肌肉开始萎缩，瘫痪在轮椅之上，只有三根手指可以活动。到了1985年，他又因患肺炎做了穿气管手术，从此失语，与外界交流只能通过语音合成器来完成。然而这些肉体上的痛苦终究没能阻挡住这位科学巨人前行的脚步。1973年，他的科研领域开始涉及黑洞辐射、量子引力论、量子宇宙论等。他提出“宇宙大爆炸自奇点开始”，“黑洞最终会蒸发”，这些理论跨越了20世纪物理学的两大基础理论——爱因斯坦的相对论和普朗克的量子论，使当代科学向前迈进了一大步。霍金成了能够解开宇宙谜题的伟大先知，尽管他瘫坐在轮椅上，但他的思想早已神游进广袤的时空、深邃的宇宙。在公众评价中，他被誉为是继阿尔伯特·爱因斯坦之后最杰出的理论物理学家之一。

除了科学领域的辉煌成绩，在现实的人生中，史蒂芬·威廉·霍金也颇具传奇色彩。一方面他是有史以来最杰出的科学家之一，他的许多科学贡献都是空前绝后的，对全人类都有着深远影响。一方面他又是个极具人格魅力的生活强者，像许多媒体报道的那样，他每分每秒都在不懈地与全身瘫痪作斗争。平日里，他需要费很大劲儿才能抬起头来看东西。他不能写字，看书全靠一种翻书页的机器，读文献资料时必须让人将每一页摊平在大桌子上后，他再驱动轮椅逐页观看。每天他必做的一件事情就是驱动轮椅从他在剑桥西路5号的住处，经过美丽的剑河、古老的国王学院驶到银街的应用数学和理论物理系的办公室。为此，应用数学和理论物理系特地为他修了一段斜坡，以便于他的轮椅通行。霍金身残志坚，乐观积极，他的魅力不仅在于他辉煌的物理学才华，还因为他有着一个强健而清醒的灵魂。

让人人都更了解时间和宇宙

作为一个天才级的物理学家，霍金充分意识到有必要让公众更深入地理解当代科学，他后来所出版的一系列将深奥科学原理通俗化的著作也正印证了这一点。同时他的著作在全球范围内热销也表明了公众对宇宙学知识的认同与需求。

事实上，只有受到广泛的社会理解和认同，才更会促进科学事业的发展，哥白尼的《天体运行论》早在1543年就已出版，宣告于世，然而其“日心说”理论却是在100多年后才被更多的人理解并支持。相比之下，霍金无疑幸运许多。如果科学成了大众感兴趣和普遍关注的领域，那么无疑会加快全人类解开诸多未解宇宙谜题的速度，并增加改造世界和改善人类生存前景的可能性。

霍金曾在一次名为“公众的科学馆”的讲演中谈道：“公众对科学，尤其是天文学兴趣盎然，这从诸如电视系列片《宇宙》和科幻作品对大量观众的吸引力一望即知。”

其实，人类中的每一员都会对宇宙构成及演化产生兴趣，霍金及其著作的出现无疑给所有宇宙学知识的渴求者们带来了福音，尤其是对年轻读者而言，读霍金，不单要读懂他精深的科学理念，更需读懂他那颗不屈不挠的心。

从《时间简史》到《大设计》

在霍金的著作中，首先要提到的就是他在1988年出版的代表作《时间简史》，这是一部无可争议的宇宙学权威著作。在这本书中，霍金执迷于大统一理论，他以浅显的语言解说了许多深奥的宇宙问题，探寻了空间和时间的本性。

霍金的另一本重要著作是《果壳中的宇宙》，霍金在这本书中再次把读者带到理论物理的高端，开启了一次奇幻的“宇宙想象之旅”。霍金详尽地解析了宇宙创始的来龙去脉，想象丰富，构思奇妙，让人惊叹于宇宙的广大无边。

到了2010年，霍金出版了《大设计》这部作品，这是霍金对近20多年来人类对宇宙新发现的总结之作，同时也是1988年出版的《时间简史》在理论体系上的进一步补充。在书中霍金展现出了他对宇宙和统一理论的更新思考，对人类未来发展的许多预言和展望。

《时间简史》最新完美呈现

此次出版的《图解时间简史》以霍金已被认定为科普读物里程碑式的著作——《时间简史》为母本，秉承了原著作的理论体系，循序渐进地阐释了“宇宙膨胀”“粒子”“黑洞”“时间箭头”“虫洞和时间旅行”等论题，同时为帮助读者更好地读懂《时间简史》，简要介绍了《时间简史》这本书及霍金本人。

《时间简史》初版后，有许多读者向霍金表示对书中许多重要概念理解困难，虽然霍金在随后的著作里将理论愈加通俗化了，但《时间简史》仍留存了许多晦涩难懂之处。针对这些问题，《图解时间简史》在编写过程中参考了霍金其他几本著作，使《时间简史》在内容上逻辑性和开放性更强，进而条目清楚地罗列出《时间简史》原著概览、霍金的生平介绍、对霍金理论的概述分析，以及相应的阅读导航等内容。在此基础上删除了一些纯粹技术性的概念，采用简明有趣的图解分析，将原书的中心论题通俗化演绎，使这本著作在文本上更加具有核心力。

在保留先前版本的理论精髓的基础上，《图解时间简史》新颖的版本特色将吸引并引领更多读者追随霍金去探寻无限神秘的宇宙世界。

编者谨识

2013年7月

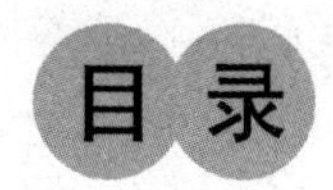

目录

导读 霍金与《时间简史》

第一章 我们的宇宙

第二章 相对论：空间和时间

第三章 膨胀的宇宙

第四章 大爆炸、黑洞和宇宙演化

第五章 宇宙的开始和未来

第六章 时间箭头

第七章　虫洞和时间旅行

本书阅读导航

本节主标题
本节所要探讨的主题。

书名与序号
本书每章节分别采用不同色块标识，以利于读者寻找识别。同时用醒目的序号提示该文在本章下的排列序号。

9 图解时间简史

宇宙的量度单位
光年

目前的天文观测范围已经扩展到200亿光年的广阔空间，它被称为总星系。我们所处的银河系的直径约有10万光年。

天文单位

宇宙广阔无边，我们不能探其深远。因此，就得有一个合适的长度单位，才能描述天体之间非常遥远的距离，不合适的长度单位会让人感到啼笑皆非。例如，有人问你说，你家离单位有多远，你不可能回答说有一千万毫米。一般人都会说，我家离单位大概有10千米。同样的道理，对于广阔的宇宙空间，天文学家必须为它寻找一个合适的量度单位。

对于太阳系，天文学家用地球和太阳之间的距离作为一个天文单位，来量度太阳系中天体之间的距离。然而，由于地球和太阳之间的距离时刻都在发生变化，所以天文单位的值只能取平均值。一个天文单位等于149597870千米。

光一年行进的距离

天文单位对于量度太阳系天体之间的距离很合适，但要拿到宇宙的范畴中，测量恒星之间的距离，就又显得蹩脚了。例如，太阳与半人马座 α 星之间的距离如果用天文单位表示，就是 270000 天文单位，后面仍需加上好几个 0，这还是离太阳最近的恒星。

为此，天文学家定义了一个单位，叫作“光年”。由于光在真空中的速度是恒定不变的，每秒大约 30 万千米，因此光在一年的时间里行进的距离也是恒定不变的。光年就是光在真空中行进一年的距离。

一光年大约是 9.5 万亿千米。天文学家就用这样的一把尺子来测量恒星间的距离。比如，太阳与 α 星之间的距离大约是 4.22 光年。目前所知的最遥远的恒星离太阳要超过 100 亿光年。

图解标题

针对内文所探讨的重点，进行图解分析，帮助读者深入领悟。

宇宙用的长度单位

天文单位

简写作："AU" (astronomical unit)

地球绕太阳旋转的椭圆轨道半长轴的长度，通常则指地球到太阳的平均距离。

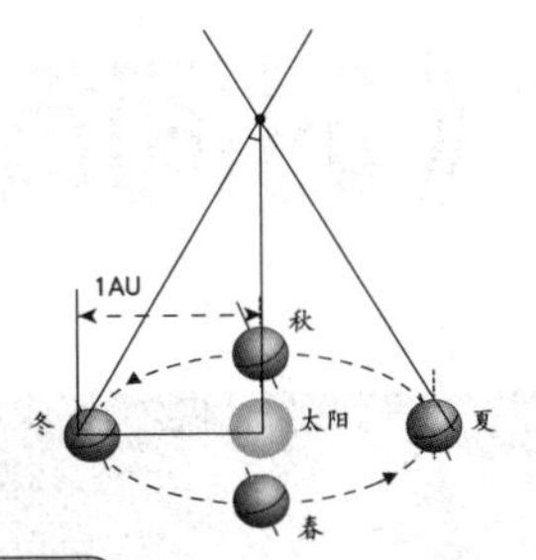

1天文单位=149597870千米

光年

简写作："ly" (light-year)

指光以299792458米/秒的速度在真空中走1年的距离。

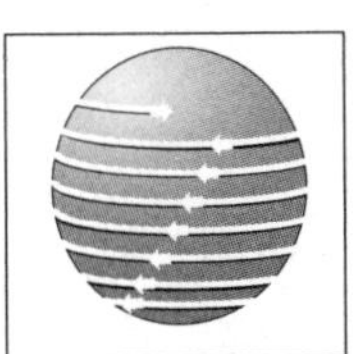

光在1秒钟内就能绕地球走上7周半。

民航飞机巡航时速一般为700—1000千米。

1光年=63240天文单位=94605亿千米

秒差距

简写作："pc" (parsec)

量度天体距离的单位，主要用于太阳系以外。天体的周年视差为1"，其距离即为1秒差距。

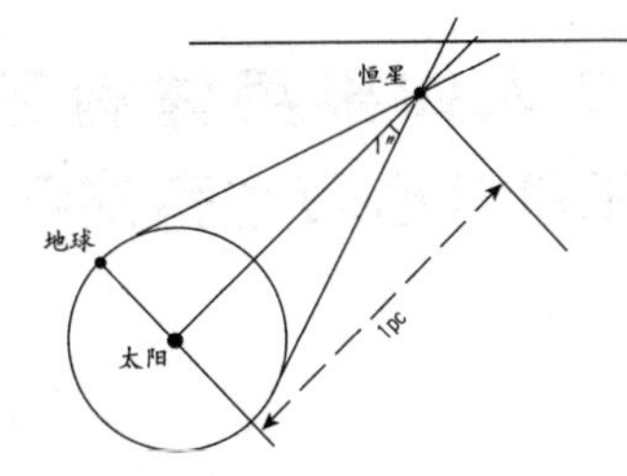

1秒差距=3.2616光年=206264天文单位=308565亿千米

插图

较难懂的抽象概念运用具象图画表示，让读者可以尽量理解文意。

导读

霍金与《时间简史》

一个人如果身体有了残疾，绝不能让心灵也有残疾。

——霍金

霍金是谁—神话？当代最杰出的物理学家？探索时间、宇宙的科学巨人？还是一位在轮椅上挑战命运的勇士？身残志坚的霍金，克服了疾患而成为国际物理界的超新星。他不能书写，而且语言表达有障碍，但他却超越了相对论、量子力学、大爆炸等理论而迈入创造宇宙的“几何之舞”——他的思想遨游到广袤的时空，解开了许多宇宙之谜。

霍金

有史以来最杰出的科学家之一

斯蒂芬·霍金，现任英国剑桥大学应用数学及理论物理学系教授，是20世纪以来享有国际盛誉的杰出科学家之一，也是当代最重要的广义相对论家和宇宙论家。

霍金的生平是极富有传奇性和戏剧色彩的。在科学成就上，他是有史以来最杰出的科学家之一。他担任的职务是剑桥大学有史以来最为崇高的教授职务——卢卡斯数学教授，那是牛顿和狄拉克担任过的职务。他同时拥有几个荣誉学位，还是皇家学会的会员。他因患卢伽雷氏症（肌萎缩性侧索硬化症），被禁锢在一张轮椅上长达40多年，但他却身残志坚，克服了残疾之患而成为国际物理界的超新星。他不能书写，而且口齿不清，但他却超越了相对论、量子力学、大爆炸等理论而迈入创造宇宙的“几何之舞”——他的思想遨游到广袤的时空，解开了许多宇宙之谜。

20世纪70年代，霍金与彭罗斯一道证明了著名的奇点定理。为此，他们共同获得了1988年的沃尔夫物理学奖。他也因此被誉为继爱因斯坦之后世界上最著名的科学思想家和最杰出的理论物理学家。此外，他还证明了黑洞的面积定理，即随着时间的增加而黑洞的表面积不减的定理。1973年，他考虑黑洞附近的量子效应，发现黑洞会像黑体那样发出辐射，并且其辐射的温度与黑洞质量成反比，这样黑洞就会因为辐射而逐渐变小直到以爆炸告终。黑洞辐射的发现具有重大意义——将引力、量子力学和热力学统一在了一起。1974年以后，他将研究方向转向了量子引力领域。他利用费恩曼的“对历史求和方法”，自然地处理了时空的非平凡的拓扑效应，开创了引力热力学。1980年，他的兴趣又转向了量子宇宙学，专门研究宇宙的“无中生有”的初创理论，希望从根本上解决宇宙的第一推动问题。

霍金生平简介

走近霍金

斯蒂芬·霍金是当代最重要的广义相对论家和宇宙论家。曾担任剑桥大学卢卡斯数学讲座的教授。其主要专著有《黑洞、婴儿宇宙及其他》《时间简史》《果壳中的宇宙》等。

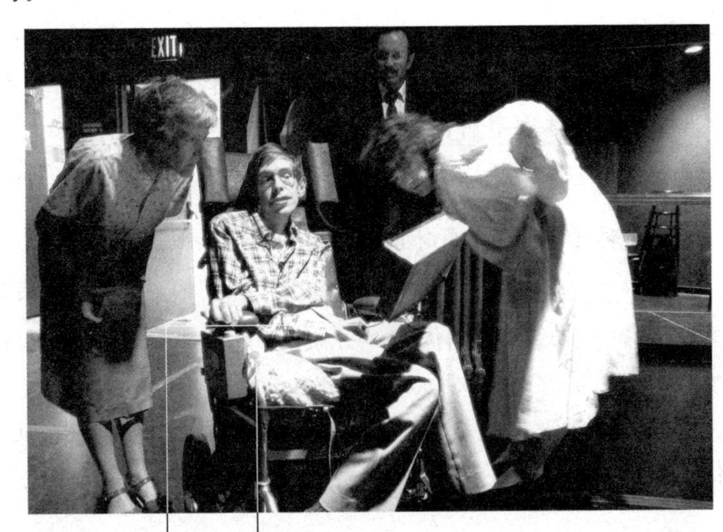

1962年，霍金被确诊患有“卢伽雷氏症”，被告知只有两年的生命。

1985年，霍金丧失语言能力，表达思想的唯一工具是一台电脑声音合成器。他仅能用几个手指操纵鼠标。

霍金生平

1942年	1月8日出生于英国的牛津。
1962年	在牛津大学完成物理学学位课程，后到剑桥大学攻读研究生。
1963年	霍金被诊断出患有运动神经元疾病。
1965年	被授予博士学位。他的研究表明：用来解释黑洞崩溃的数学方程式，也可以解释从一个点开始膨胀的宇宙。
1970年	霍金开始研究黑洞的特性。他预言，来自黑洞的射线辐射（现在叫霍金辐射）及黑洞的表面积永远也不会减少。
1974年	被选为英国皇家学会会员。他继续证明：黑洞有温度，黑洞发出热辐射，以及气化导致质量减少。
1980年	任剑桥大学卢卡斯数学教授（艾萨克·牛顿曾任此职）。
1988年	出版《时间简史》，此书为关于量子物理学与相对论最畅销的书。
1996年至今	继续在剑桥大学工作。

霍金的作品
从《时间简史》到《大设计》

霍金教授不仅是一位治学严谨、才华横溢的理论学者，而且还是一位卓越的现代科普作家。迄今为止，他已有多部作品问世，尤其是以《时间简史》为代表的几本科普作品更是深受人们的喜爱。

优秀的天文科普作品：《时间简史》

霍金的代表作当推1988年撰写的《时间简史》，这是一本优秀的天文科普作品。作者想象丰富，构思宏伟瑰丽，语言优美，一出版便引起了世人的极大关注。它使人们认识到：在世界之外，未来之变，是如此的神奇和美妙。这本书至今累计发行量已达2500万册，被译成近40种语言。它是一本关于探索时间本质和宇宙最前沿的通俗读物，是一本当代有关宇宙科学思想最重要的经典著作，它改变了人类对宇宙的观念。

关于生命宇宙和时间的独到见解：《黑洞、婴儿宇宙及其他》

1993年，《黑洞、婴儿宇宙及其他》一书出版。此书是由霍金在1976—1992年间所写文章和演讲稿共13篇结集而成。书中讨论了虚时间、由黑洞引起的婴儿宇宙的诞生以及科学家寻求完全统一理论的努力，并对自由意志、生活价值和死亡做出了独到的见解。

阐释宇宙内核的万物理论：《果壳中的宇宙》

《果壳中的宇宙》是出版于2001年的霍金的又一著作，它也可以被称作是《时间简史》的姐妹篇。在这部作品中，霍金继续向我们阐释了宇宙内核的万物理论，从超对称到超引力，从量子理论到M理论，从全息论到对偶论。书中告诉人们：我们生活的宇宙具有多重历史，每一个历史都是由微小的硬果确定；同时还预期了“我们的未来”。

宇宙的终极答案：《大设计》

2010年，霍金的新书《大设计》(The Grand Design)面世，他在书中挑战西方传统信仰观念，认为宇宙并非由上帝创造，而是在物理定律“M-理论”的作用下，引发大爆炸而形成。无边界量子宇宙学已经把造物主或上帝从宇宙创生的场景中去除，而这新方法在某种意义上又将我们推上万物之灵的宝座。

最受欢迎的物理学作家

霍金的主要科普作品

年份	作品	简介
1988年	《时间简史》	被称作畅销书之王，1992年耗资350万英镑的同名电影问世。霍金坚信关于宇宙的起源和生命的基本理念可以不用数学来表达，世人应当可以通过电影来了解他那深奥莫测的学说。
1993年	《黑洞、婴儿宇宙及其他》	讨论了虚时间、由黑洞引起的婴儿宇宙的诞生以及科学家寻求完全统一理论的努力，并对自由意志、生活价值和死亡做出了独到的见解。
2001年	《果壳中的宇宙》	被称作是《时间简史》的姐妹篇。阐释了宇宙内核的万物理论，告诉人们：我们生活的宇宙具有多重历史，每一个历史都是由微小的硬果确定；同时还预期“我们的未来”。
2005年	《时间简史》（普及版）	作者希望读者可以更容易地接受书中包含的内容，并增加了一些最新的科学观测和发现。
2010年	《大设计》	作者在书中挑战“终极理论”，再次阐述宇宙可以无中生有，自我创造。

霍金曾获奖项

- ⊙ 英国爵士荣誉称号（1989年）
- ⊙ 英国皇家学会学员
- ⊙ 美国科学院外籍院士
- ⊙ 霍普金斯奖
- ⊙ 马克斯韦奖
- ⊙ 英国皇家学会休斯勋章
- ⊙ 阿尔伯特·爱因斯坦奖（1978年）
- ⊙ 沃尔夫物理奖（1988年）
- ⊙ 沃尔夫基金奖（1988年）
- ⊙ 美国总统自由勋章（2009年）

量子宇宙论

霍金讲述宇宙的由来

不同的初始状态会导致不同的演化。大爆炸奇性的状态从何而来,宇宙又从何而来，即“第一推动”的问题让众多物理学家开始了苦索答案的行程。

寻找第一推动问题的答案

20世纪80年代初，科学家们提出了所谓的暴胀宇宙模型。在大统一破缺之后，宇宙出现了一个以指数形式膨胀的阶段。这种暴胀导致的结果和今天观察到的宇宙大致相似：宇宙是十分平坦、均匀、各向同性的，而且宇宙中包括星系团、星系、恒星和生命形成等物质分布的模式也是这样的。但是，人们仍然没有彻底解决第一推动的问题。

霍金解决了第一推动的问题

真正解决第一推动问题的是霍金。在霍金提出的无边界条件的量子宇宙论中，宇宙的诞生源自一个欧氏空间向洛氏时空的量子转变。欧氏空间是一个四维球，在四维球转变成洛氏时空的最初阶段，时空处于暴胀阶段。接着，膨胀减缓，我们可以用大爆炸模型来描述。在这个宇宙模型中，空间是有限却无边界的，可以说是封闭的宇宙模型。在1982年霍金提出这个理论后，几乎所有的量子宇宙学都围绕着这个模型展开研究。这是因为这个模型的理论框架对封闭宇宙的研究非常起作用。

目前的观测和推断

很多人曾经尝试将霍金的封闭宇宙的量子论推广到开放的情形，但未能成功。之后，霍金和图鲁克在他们的新论文《没有假真空的开放暴胀》中提及了这个问题。霍金仍然运用了四维球的欧氏空间来说明问题。由于四维球具有非常高的对称性，在进行解析开拓时，就可以得到空间截面为双曲面的宇宙。按照三维双曲面空间继续演化下去，宇宙就不会重新收缩，这样的演化是无穷无尽的。

如果宇宙重新坍缩，造成的结果将是重新回到高温的大挤压状态。而开放宇宙的无限膨胀的前景也很难说，或许宇宙将不断地冷却下来。不过就目前来说，人们无法知晓世界末日何时来临，因为那是极其遥远的事情。

宇宙的年岁

怎样计算宇宙的年龄

宇宙的膨胀现象赋予了我们测定宇宙生命的时间尺度。最近的统计结果是，宇宙大爆炸发生于150亿年前。

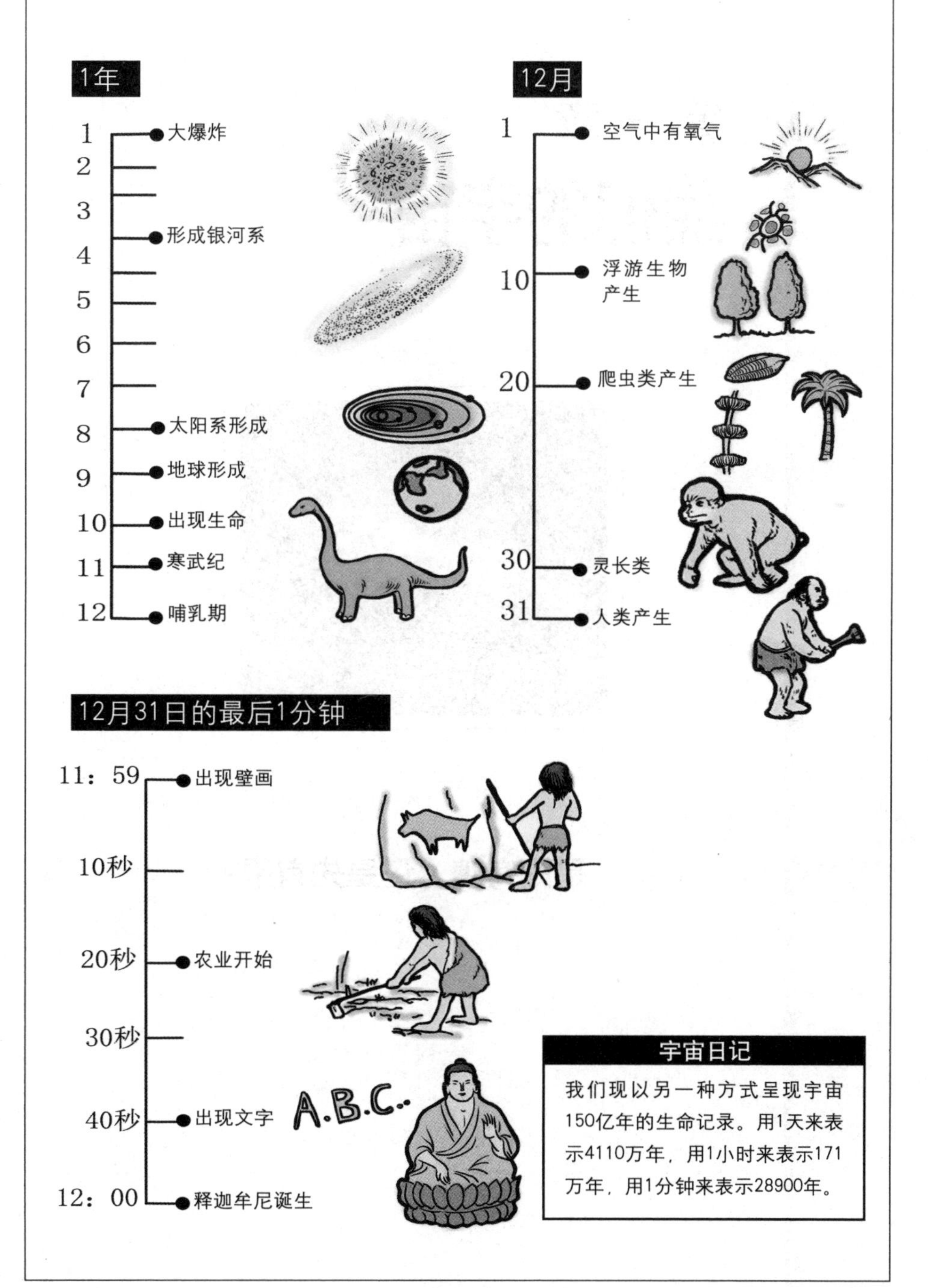

宇宙日记

我们现以另一种方式呈现宇宙150亿年的生命记录。用1天来表示4110万年，用1小时来表示171万年，用1分钟来表示28900年。

第一章

我们的宇宙

是先有鸡，还是先有蛋？

——霍金

宇宙论是运用天文学和物理学方法对整个宇宙进行探索的一门学科，研究的是宇宙的结构和演化。几千年的人类文明长河中，人们对宇宙的思索从未停止过。从古希腊哲学家提出的各种宇宙模型，到中世纪占统治地位的地心说，再到哥白尼提出日心说，人类的视野逐渐得到扩展。

17世纪，牛顿开辟了以力学方法研究宇宙学的途径，建立了经典宇宙学。到了20世纪，大量的天文观测和现代物理学的发展，使人们突破了传统的束缚，对宇宙的认知范围也愈加宽广，从而诞生了现代宇宙学。

与生产生活休戚相关

人类开始关注宇宙

上下四方曰宇，古往今来曰宙，宇宙即是空间和时间的统一。

古代美索不达米亚发达的天文学

人类对宇宙的认识，随着人类活动范围的不断扩大而逐渐放大。受到自身居住环境的局限，人类最早的宇宙观也局限于地球之上，把高山大海当作宇宙的尽头。古代美索不达米亚人就认为，高山围起了大地，天空悬在高山之上。每天太阳横穿过天空，然后潜入地下隧道，到第二天再一次从东方升起。

但这并不意味着古代人对于宇宙的认识是一味落后无知的，相反地，古代美索不达米亚人拥有着极为发达的天文学。他们已经把行星和恒星区别开来，并取得了相当精确的行星运行数据。他们记载下来的行星会合周期相对误差都在1%以下。

另外，古代两河流域的人已经知道了黄道，并把黄道带划分为十二个星座，每个星座都按神话中的神或动物命名。这套符号一直沿用至今，也就是所谓的黄道十二宫。

古埃及的天文学

在古埃及，人们很早就意识到了季节的变换，并有专门的人负责对天象的观测。古埃及人不仅早已掌握了预报日食和月食的方法，还根据星座的运行制定了历法。

古埃及人发现，每当天狼星于日出前升起在东方地平线上，即所谓的“偕日升”，之后再过两个月，尼罗河就会泛滥。尼罗河水的这种周期性泛滥，使古埃及人产生了“季节”的概念。他们把天狼星在日出前升起的时刻定为一年的开始。开始的四个月正是尼罗河水泛滥之时，叫作泛滥季。之后的四个月定为恢复期，最后四个月定为旱期，也是农作物收获期。

经过长期的观测，公元前4000多年，古埃及人把一年定为365日。这就是现今阳历的来源。

古代文明中的天文学

对于古代人来说，日月星辰的运转、宇宙的变化直接关系到他们的生产和生活。这也促使他们更加注重对于宇宙的观测和探索。从这一点上看，古代人比现代人更贴近宇宙。

黄道十二宫

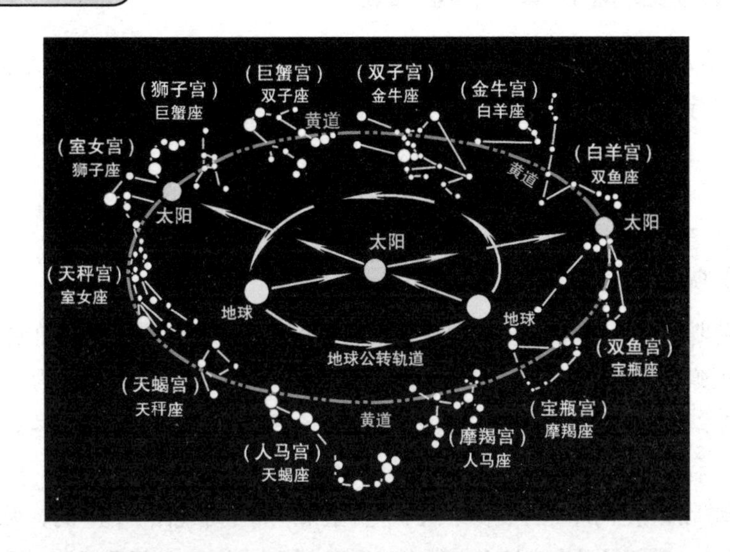

天文学上把太阳在天球背景下所走的路径，叫作黄道。古代两河流域的人已经知道了黄道，并把黄道带划分为十二个星座，从春分点开始，每月对应一个星座。

天狼星周期历法

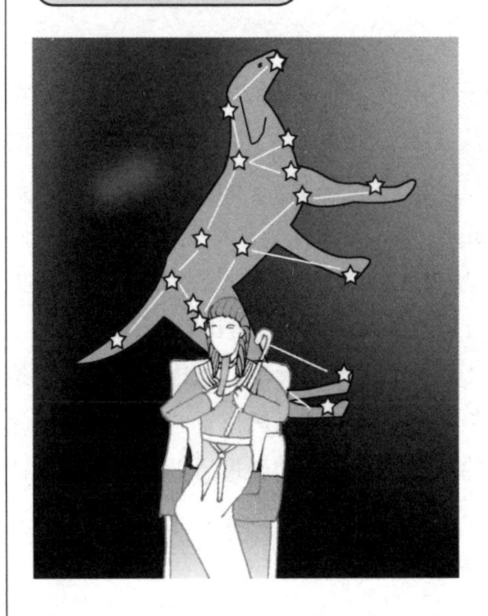

古埃及拥有一份极为方便的天狼星周期历法概念。所谓天狼星周期，亦即天狼星再次和太阳在同样的地方升起的周期。从时间上计算，这个周期为365.25日。

种种宇宙模型的出现

古希腊的宇宙观

古希腊人最先把对宇宙的认识和宗教观念分割开来，并力图建立一个统一的宇宙模型去解释天体的复杂运动。

泰勒斯的宇宙模型

泰勒斯是公元前7世纪古希腊著名的自然科学家和哲学家，是“希腊七贤”之一。他曾预言了公元前585年5月在土耳其发生的一次日食。泰勒斯认为，水是世界初始的基本元素。大地从海底升起，并被海水包围着，海水在世界的尽头落入地狱之中。

泰勒斯的门生阿那克西曼德绘制了世界上第一张全球地图。他认为，天空是一个完整的球体，而不是悬在大地上方的半球拱形。天空围绕着北极星运转，而地球则是一个自由浮动的圆柱体，人类处于圆柱体的平坦的一端，而人类的世界只是无数世界中的一个。在大地的周围环绕着空气天、恒星天、月亮天、行星天和太阳天等。

毕达哥拉斯的地圆说

以发现勾股定理而闻名于世的古希腊数学家毕达哥拉斯提出了地球是球形的理论。他认为，地球是球形自转的天体，太阳、月亮、行星等天体的运动都是均匀的圆周运动。他把10作为一个完美的数字，并以此造出宇宙模型。宇宙的中心是中央火，地球、太阳以及其他星球都环绕在中央火周围。地球围绕着中央火转动，而在另一侧则有一个“对地星”与之平衡。这样一来，中央火、地球、对地星、太阳、月亮，再加上当时已知的水星、金星、火星、木星、土星五大行星，刚好是10个天体。

到了公元前2世纪左右，埃拉托色尼又测量了地球的大小。他选择了同处一条子午线上的西恩纳城和亚历山大城，在正午时分测量两城太阳位置的偏差，并据此及两城之间的距离，算出了地球的半径大约是7300千米。而经过后世人们的测量计算，地球的平均半径约为6371千米。

古希腊人的宇宙模型

对于古代人来说，日月星辰的运转、宇宙的变化直接关系到他们的生产和生活。这也促使他们更加注重对于宇宙的观测和探索。从这一点上看，古代人比现代人更贴近宇宙。

泰勒斯的宇宙模型

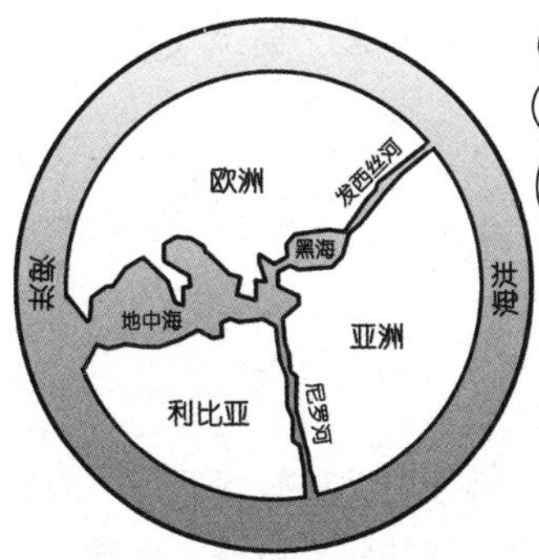

泰勒斯（约公元前624—约前547），测得太阳的直径约为日道的1/720，这与现在所测得的太阳直径相差很小。

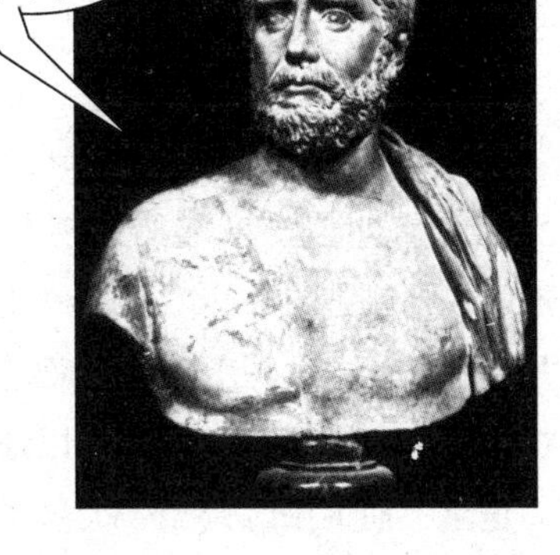

对泰勒斯来说，水是世界初始的基本元素，地球就漂在水上，海水在世界的尽头落入地狱之中。

毕达哥拉斯的宇宙模型

土星
木星
火星
对地星
金星
水星
太阳
中央火
月亮
地球

地球围绕中央火转动，对地星与之平衡。10个天体到中央火的距离，与音节的音程具有同比关系，保证星球的和谐，奏出天体的音乐。

地球是静止的宇宙中心

16世纪前欧洲的地心说

地心说受到基督教会的推崇，在16世纪“日心说”创立之前，一直是西欧社会基本的宇宙观。

亚里士多德提出地心说

公元前4世纪，古希腊最伟大的哲学家亚里士多德提出了地心说。他认为地是球形的，是宇宙的中心。地球和太阳、月亮等天体由不同的物质组成，地球上的物质是由水、气、火、土四种元素组成，天体则由第五种元素“以太”构成。亚里士多德认为，宇宙是有限的，由以地球为中心的9个球面构成。最外侧的球面紧挨着很多恒星，而太阳、月亮、火星等天体在这9个球面之上围绕地球运转，它们每24小时运行一周。

但是，随着对行星观测的不断发展，这种以地球为中心的天动说出现了破绽。它不能很好地解释行星的“不规则”运行。后来，在公元前2世纪左右，伊巴谷在亚里士多德理论的基础上，提出了本轮、均轮以及偏心圆等理论，并把天球的数量减少到7个。

托勒密创立地心说

公元140年前后，天文学家克罗狄斯·托勒密全面继承了亚里士多德的地心说，将宇宙这个有限的球体分为天地两层，著成《天文学大成》，创立了宇宙地心说。

托勒密认为地球位于宇宙的中心，是静止不动的。太阳、月亮、行星都在一个称为“本轮”的小圆形轨道上匀速转动。而本轮的中心又在称为“均轮”的大圆轨道上绕地球匀速转动。而地球并不在均轮圆心位置，与其圆心有一定的距离。水星和金星的本轮中心位于地球与太阳的连线上。本轮中心在均轮上的运转周期为一年。而恒星都位于“恒星天”之上，太阳、月亮和行星除了上述运动，还要与“恒星天”一起，每天绕地球转一圈。

地心说的创立

对于古代人来说，日月星辰的运转、宇宙的变化直接关系到他们的生产和生活。这也促使他们更加注重对于宇宙的观测和探索。从这一点上看，古代人比现代人更贴近宇宙。

亚里士多德的宇宙模型

亚里士多德（公元前384—前322），是古希腊最著名的哲学家、渊博的学者。他首次将哲学和其他科学区别开来，他的学术思想对西方文化、科学的发展产生了巨大的影响。

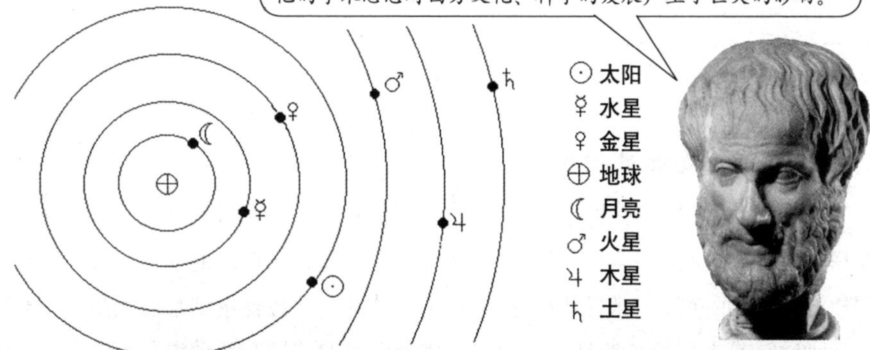

亚里士多德认为地是球形的，是宇宙的中心。地球和天体由不同的物质组成，天体由第五种元素“以太”构成。

托勒密的地心体系

托勒密（约90—168），古希腊天文学家、地理学家、地图学家、数学家，创立了在西方流传千余年的地心说。

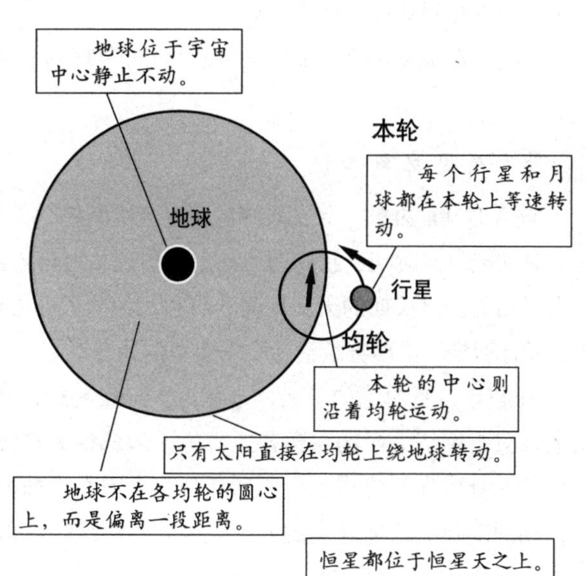

以太阳为中心的宇宙模型

哥白尼的日心说

哥白尼的学说是人类宇宙观的一次彻底的革命，它使人们的整个世界观都发生了重大变化。

阿利斯塔克提出日心说

在古希腊，并非所有的人都相信亚里士多德的地心说。雅典著名的天文学家阿利斯塔克就提出了与之不同的观点，他认为，地球每天在自己的轴上自转，每年沿圆周轨道绕太阳一周，太阳和恒星都是静止不动的，而各行星则是以太阳为中心作圆周运动。这是古代最早的日心说思想，比哥白尼的“日心地动说”还要早上1800多年。

阿利斯塔克的这一学说，完全与当时人们对宇宙的观念相悖。以当时的天文学和力学知识的水平，人们根本无法理解这样的宇宙法则。虽然阿基米德非常拥护这个学说，并加以发展，使之产生了一定的影响。但是后来，这个学说被指责为亵渎神灵，一直受到基督教会的压制。

另外，阿利斯塔克还是最早测定太阳和月球到地球的距离的近似比值的人。

哥白尼创立日心说

随着时间的推移，天文观测的精确度不断提高，人们逐渐发现了地心学说的问题。到文艺复兴时期，托勒密所提出的均轮和本轮的数目已多达80多个。这时，波兰人哥白尼经过长期的天文观测和研究，创立了更为科学的宇宙结构体系——日心说，从此否定了在西方统治达一千多年的地心说。

1543年，哥白尼的《天体运行论》出版发行，在书中他阐述了日心体系，提出地球只是围绕太阳的一颗普通行星。地球每天自转一周，天穹的旋转正是由此产生的。月球在圆轨道上绕地球转动。太阳在天球上的周年运动是地球绕太阳公转运动的反映。而地球上的人们观测到的行星的“倒退”或“靠近”则是地球和行星共同绕日运动的结果。

日心说的创立

哥白尼的学说是人类宇宙观的一次彻底的革命，它使人们的整个世界观都发生了重大变化。

阿利斯塔克的日心模型

阿利斯塔克（约前310—前230）提出了古代的日心说：恒星和太阳静止不动，地球和行星在以太阳为中心的不同圆轨道上绕太阳转动，地球还每天绕轴自转一周。

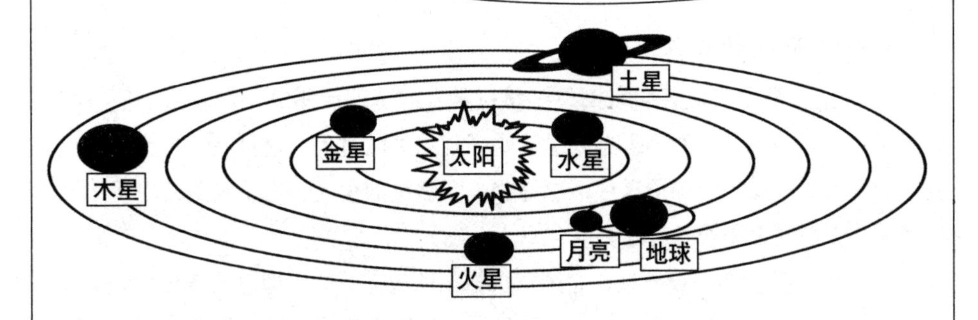

地心说的终结

尼古拉·哥白尼（1473—1543）是波兰伟大的天文学家、太阳中心说的创始人、近代天文学的奠基人。他创立的日心说推翻了西方千年来的宇宙观，使天文学从宗教神学的束缚下解放出来。

哥白尼的学说也存在一些缺陷，它保留了恒星天的概念，并把太阳视为整个宇宙的中心。而且，他仍然相信天体只能按照所谓完美的圆形轨道运动。

地动说被证实

行星运动三大定律

第谷·布拉赫一直坚持天动说，但他进行的大量的观测，数据却被开普勒用来证实地球是围绕太阳运转的。

第谷·布拉赫的发现

16世纪，丹麦天文观测家第谷·布拉赫发现了仙后座的一颗新星，他进行了连续十几个月的观察，看到了这颗星从明亮到消失的过程，这打破了历来“恒星不变”的学说。现在我们知道这种情况并非一个新星的生成，而是暗到几乎看不见的恒星在消失前发生爆炸的过程。

第谷通过精确的星位测量，企图发现恒星的视差效应，即由地球运行而引起的恒星方位的改变，结果一无所得。于是他开始反对哥白尼的地动说，并提出了这样一种宇宙体系：地球在宇宙中心静止不动，行星绕太阳运转，而太阳则率领行星绕地球转动。17世纪初，他的学说传入中国后曾一度被接受。

开普勒三大定律

在第谷去世后，他的助手开普勒利用第谷多年积累的观测资料，仔细分析研究后，提出了行星运动的三大定律，即开普勒三大定律，为牛顿万有引力定律打下了基础。

1609年，开普勒在《新天文学》中提出了他的前两个行星运动定律。第一定律是关于围绕太阳运动的行星轨迹的定律，认为每个行星的运行轨道是一个椭圆形，而太阳位于这个椭圆轨道的一个焦点上。第二定律是关于行星运行速度的定律，认为行星与太阳的距离时近时远，在最接近太阳的地方，运行的速度也最快，反之，在最远离太阳的地方速度最慢，行星与太阳之间的连线在等时间内扫过的面积相等。10年后，他又发表了行星运动第三定律，认为行星距离太阳越远，其运转周期越长，它的运转周期的平方与到太阳之间距离的立方成正比。

另外，开普勒还猜测彗星的尾巴总是背着太阳，是因为存在一种太阳风将其吹开，这是第一个牵涉到光压领域的论述。

开普勒三大定律

在第谷去世后，他的助手开普勒利用第谷多年积累的观测资料，仔细分析研究后，提出了行星运动的三大定律，即开普勒三大定律，为牛顿万有引力定律打下了基础。

第谷的宇宙模型

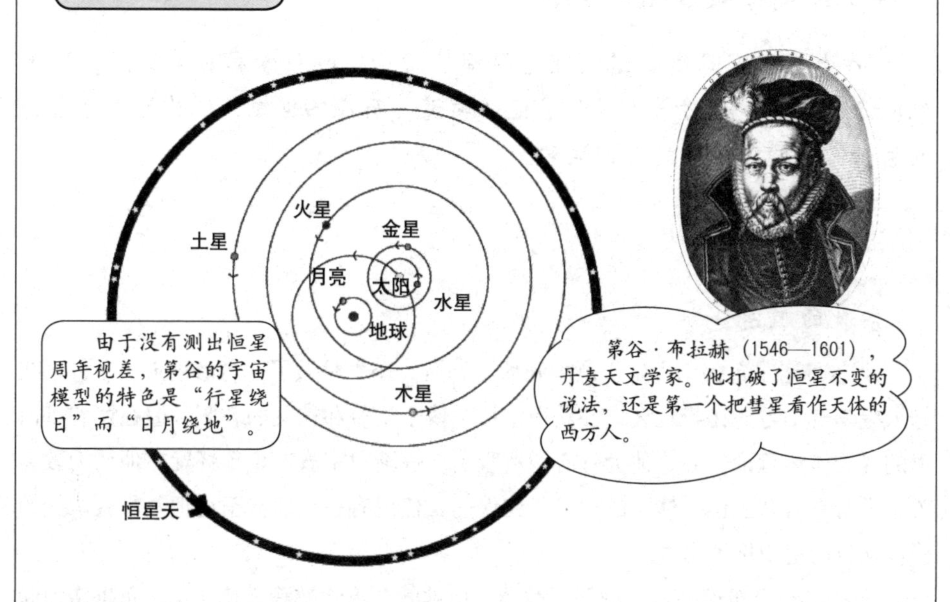

由于没有测出恒星周年视差，第谷的宇宙模型的特色是“行星绕日”而“日月绕地”。

第谷·布拉赫（1546—1601），丹麦天文学家。他打破了恒星不变的说法，还是第一个把彗星看作天体的西方人。

开普勒三大定律

开普勒（1571—1630），德国天文学家。他在第谷观测的基础上，提出了行星运动的三大定律，即开普勒三大定律。

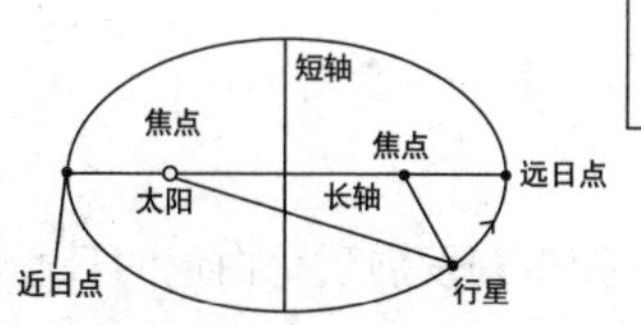

开普勒第一定律（轨道定律）

每一行星沿一个椭圆轨道环绕太阳，而太阳则处在椭圆的一个焦点上。

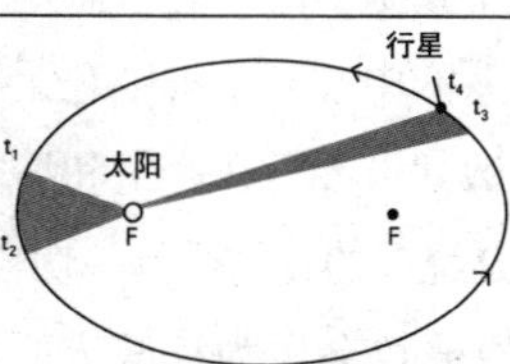

开普勒第二定律（面积定律）

从太阳到行星所连接的直线在相等时间内扫过同等的面积。

开普勒第三定律（周期定律）

所有的行星的轨道的半长轴的三次方跟公转周期的二次方的比值都相等。

宇宙没有中心

布鲁诺的悲剧

作为哲学家，布鲁诺的理论影响了17世纪的科学和哲学思想。18世纪以来，许多近代哲学家吸收了他的学说。而在19世纪，他作为思想自由的象征，鼓励了欧洲的自由运动。

宗教的叛逆

乔尔丹诺·布鲁诺出生于意大利那不勒斯，15岁时做了一名修道士。布鲁诺在修道院学校学习达10年之久，并获得了神学博士学位和神父的教职。但在读到哥白尼的《天体运行论》后，他为日心说所吸引，逐渐对宗教产生了怀疑。他认为教会关于上帝具有“三位一体”的教义是错误的，传说有一次他甚至还把基督教圣徒的画像从自己房中扔了出去。

布鲁诺离经叛道的言行激怒了教会，他被教会革除教籍。1576年，布鲁诺为躲避宗教裁判所的追捕，开始了四处流浪的生活，先后到过瑞士、法国、英国等地。他四处发表演说，宣扬哥白尼的日心说，与经院哲学家展开了激烈论战。

开放的宇宙

布鲁诺继承、捍卫和发展了哥白尼的日心说，并在此基础上提出了关于宇宙无限性和统一性的新理论。他写下了《论无限性、宇宙和诸世界》《论原因、本原和统一》等著作，其中认为，宇宙无论在空间和时间上都是无限的。宇宙没有固定的中心，也没有界限。地球不是宇宙的中心，而是环绕太阳运转的一颗行星，太阳也不是宇宙的中心，只是太阳系的中心。宇宙中有无数的太阳以及无数像地球一样的行星。在无限的宇宙中，有无数“世界”在产生和消灭，但作为无限的宇宙本身，却是永恒存在的。他还认为宇宙是统一的，物质是一切自然现象和共同的统一基础。

布鲁诺的这一思想被教会斥为“骇人听闻”，而布鲁诺则是极端有害的“异端”和十恶不赦的敌人。1592年布鲁诺被逮捕。1600年，宗教裁判所判处布鲁诺火刑，在罗马的百花广场，布鲁诺被烧死。

现代文化的先驱者

古罗马的**卢克莱修**曾说："没有什么地方能是世界的终点。"

13世纪德国神秘主义代表人物**艾克哈特**曾说："上帝是一个圆圈，它的中心是处处，而它的圆周是无处。"

哥白尼的日心说

15世纪的神学家**库萨的尼古拉**认为神是无限的，因此宇宙必须是无限的，任何星球包括地球都不可能是宇宙的中心。

16世纪意大利自然哲学家**帕特里齐**主张虚空空间是无限的数学空间。

16世纪意大利的**特莱西奥**认为物质是一切事物的基础，物质是永恒的，它既不产生也不消灭。

乔尔丹诺·布鲁诺（1548—1600），意大利文艺复兴时期的思想家、自然科学家、哲学家和文学家。他捍卫和发展了哥白尼的日心说，并把它传遍欧洲，最后被宗教裁判所烧死在罗马的百花广场。

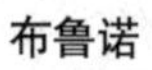

布鲁诺

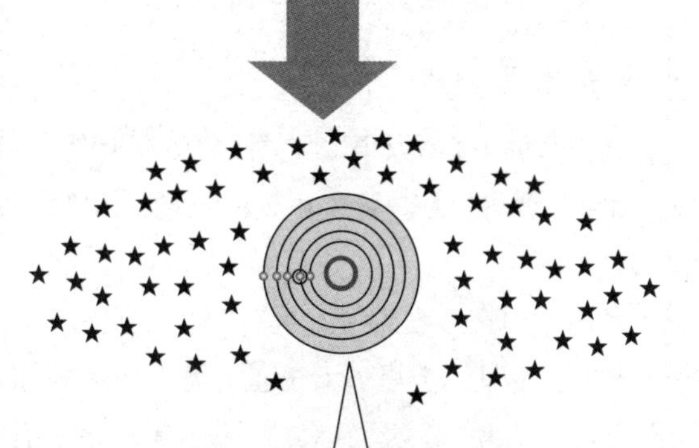

布鲁诺认为，宇宙是统一的、物质的、无限的，太阳系之外还有无限多个世界，太阳并不静止，也处在运动之中，太阳并不是宇宙的中心，无限的宇宙根本没有中心。

地球的能量源是太阳

我们居住在太阳系

不是像行星那样被太阳照射发光，而是像太阳那样自己发光的星球称之为恒星。恒星也有自己的生命史，它们从诞生、成长到衰老，最终走向死亡。

燃烧的太阳

我们知道，太阳自己会发光。可是太阳究竟是靠燃烧什么来发光呢？其实，关于恒星能量之源，一直是个难解之题。直到20世纪中叶以后，人们才意识到太阳和恒星的能量来自核能的释放。

太阳释放出的能量非常巨大，它1秒钟所释放出的能量相当于燃烧几百亿吨煤所产生的能量。如果太阳是一个普通燃料做的球体，那么它在数千年内就会燃烧殆尽。可是太阳持续“燃烧”了数十亿年，要燃烧必须有氧气，而太阳上是没有氧气的。

科学家对这个问题的认识也经历了一个过程，起先有人提出了收缩学说，认为太阳的半径每年会收缩，以产生一年中辐射的能量。到了20世纪，随着相对论与核物理学的问世，人们才发现，太阳内部氢的含量相当丰富，当氢在高温高压下聚变成氦时，就会释放巨大的核能。因此，太阳才能在100多亿年间持续“燃烧”。

太阳系的构成

太阳系的中心是太阳，它每隔2.5亿年绕银河系中心运转一圈。在茫茫宇宙之中，太阳只算得上是一颗中小型的恒星，但它的质量已经占据了整个太阳系总质量的99.85%。

太阳系内迄今发现了八大行星，按照与太阳的距离，依次是水星、金星、地球、火星、木星、土星、天王星、海王星。地球到太阳的距离约为1.496亿千米，我们把它定义为一个天文单位。1930年，距太阳40天文单位的冥王星被发现，起初被认为是太阳的大行星之一，到了2006年，国际天文学联合会通过投票表决做出决定，冥王星被降级为矮行星。

此外，太阳系中还有数百万颗小行星、上千亿颗彗星，以及不计其数的尘埃、冰团、碎块等小天体。

太阳系的结构

太阳系是由太阳以及在其引力作用下围绕它运转的天体构成的天体系统，由八大行星和两条小行星带，以及千亿颗彗星等组成。

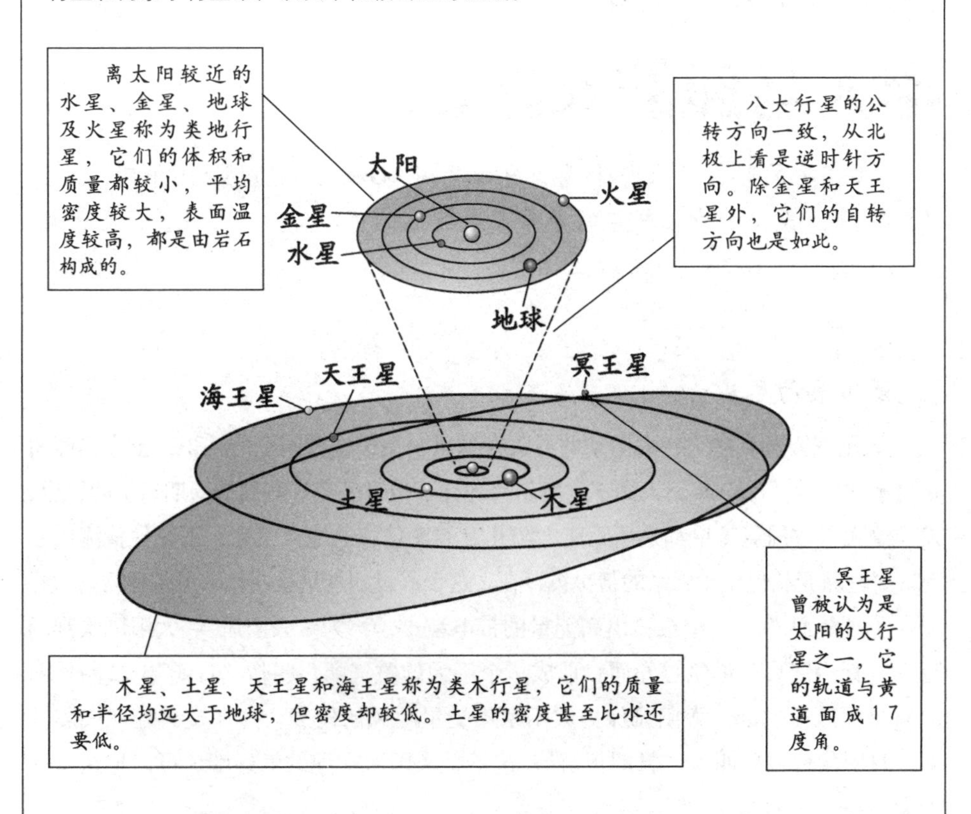

离太阳最近的恒星

半人马座的α星C

比邻星的形成年代与半人马座α星A、B相同，约48.5亿年前，比太阳略早些。天文学家推算它的寿命可达数千亿年以上。

太阳系的尽头

太阳系究竟有多大？太阳系的尽头在哪里？关于这些问题的认识，至今仍停留在猜测的阶段。1950 年，天文学家奥尔特统计了当时已经观测到的周期彗星的轨道，发现绝大多数周期彗星都是从距离太阳几万天文单位的地方飞来，于是他猜测可能有一个呈球壳状包住太阳系的彗星巢存在。这个假设的彗星巢叫作“奥尔特云”。

科学家认为，太阳会喷出高能量的带电粒子，称为“太阳风”。太阳风吹刮的范围一直达到冥王星轨道外面，形成一个巨大的磁气圈，叫作“日圈”。日圈外面又有星际风在吹刮，太阳风保护太阳系不受星际风的侵袭，并在交界处形成震波面。日圈的终极处叫作“日圈顶层”，这就是太阳所支配的最远端，可以把这里视为太阳系的尽头。

第三亮星α星

目前离太阳最近的恒星称为比邻星，是半人马座 α 星 C。α 星是半人马座最亮的星，中国星名南门二。从地球上看，除了天狼星和老人星，就数它亮了。α 星是由 A、B、C 三颗子星组合而成的三合星，其中的 C 子星就是比邻星，它距离太阳约 4.22 光年。这个距离大约是太阳到冥王星距离的 7000 倍，即使乘坐目前最快的宇宙飞船，要到达比邻星，也需要花上 17 万年的时间。

如果把太阳想象成一颗苹果的大小，地球就是只有 1 毫米直径的米粒大小，距离 10 米左右。以这个模型来计算，半人马座的 α 星到太阳的距离也在 2000 千米以上。两颗恒星就像是在太平洋上隔了 2000 千米的两个苹果。它们似乎永远都不可能会碰撞。

太阳附近的星体

八大行星的数据

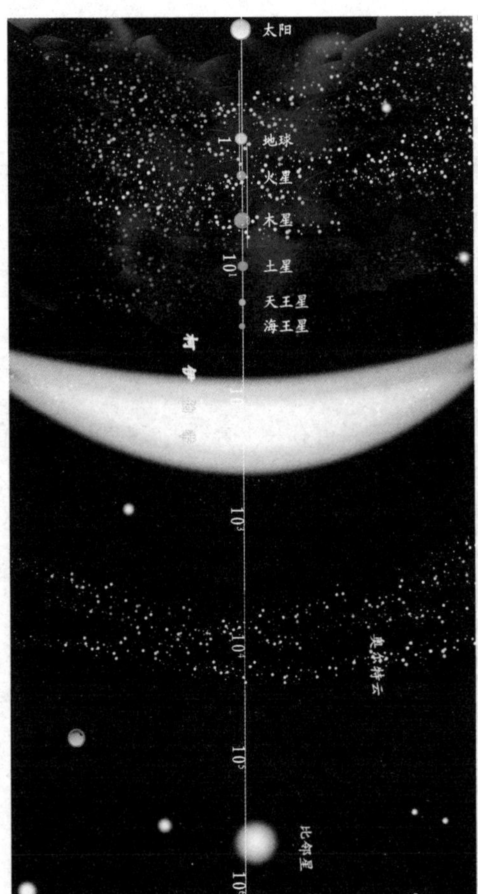

天体	平均日距(AU)	赤道直径(km)	质量(地球为1)
水星	0.38	4,878	0.05528
金星	0.72	12,104	0.82
地球	1.00	12,756	1.00
火星	1.5	6,794	0.11
木星	5.2	142,984	318
土星	9.5	120,536	95
天王星	19.2	51,118	14.6
海王星	30.1	49,528	17.2

天体	偏心率	公转周期(年)	自转周期(天)
水星	0.206	0.24	58.6
金星	0.007	0.62	243.0185
地球	0.017	1.00	0.9973
火星	0.093	1.88	1.0260
木星	0.048	11.86	0.4135
土星	0.055	29.46	0.444
天王星	0.05	84.01	0.7183
海王星	0.008	164.79	0.6713

天体	轨道倾角(度)	已发现卫星数	平均轨道速度(km/s)
水星	7.0050	0	47.89
金星	3.4	0	35.03
地球	0	1	29.79
火星	1.9	2	24.13
木星	1.3	63	13.6
土星	2.5	47	9.64
天王星	0.8	29	6.81
海王星	1.8	13	5.43

比邻星

比邻星离地球大约是4.22光年，也就是270000个天文单位，是离太阳最近的恒星。而离比邻星最近的恒星依次为：半人马座α三合星的其他两颗星(0.21光年)、太阳和蛇夫座巴纳德星（6.55光年）。

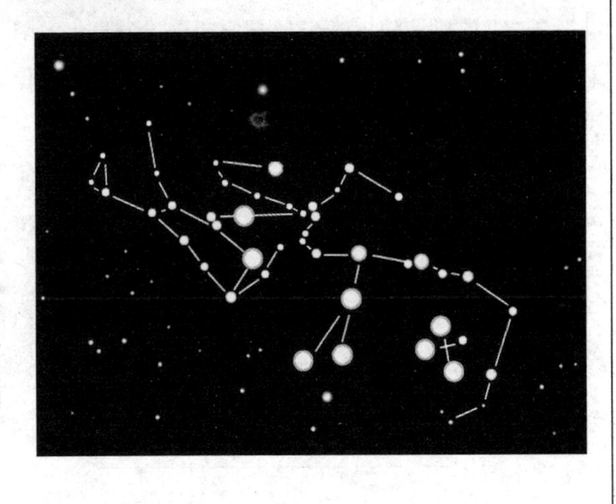

宇宙的量度单位

光年

目前的天文观测范围已经扩展到200亿光年的广阔空间，它被称为总星系。我们所处的银河系的直径约有10万光年。

天文单位

宇宙广阔无边，我们不能探其深远。因此，就得有一个合适的长度单位，才能描述天体之间非常遥远的距离，不合适的长度单位会让人感到啼笑皆非。例如，有人问你说，你家离单位有多远，你不可能回答说有一千万毫米。一般人都会说，我家离单位大概有10千米。同样的道理，对于广阔的宇宙空间，天文学家必须为它寻找一个合适的量度单位。

对于太阳系，天文学家用地球和太阳之间的距离作为一个天文单位，来量度太阳系中天体之间的距离。然而，由于地球和太阳之间的距离时刻都在发生变化，所以天文单位的值只能取平均值。一个天文单位等于149597870千米。

光一年行进的距离

天文单位对于量度太阳系天体之间的距离很合适，但要拿到宇宙的范畴中，测量恒星之间的距离，就又显得蹩脚了。例如，太阳与半人马座 α 星之间的距离如果用天文单位表示，就是 270000 天文单位，后面仍需加上好几个 0，这还是离太阳最近的恒星。

为此，天文学家定义了一个单位，叫作“光年”。由于光在真空中的速度是恒定不变的，每秒大约 30 万千米，因此光在一年的时间里行进的距离也是恒定不变的。光年就是光在真空中行进一年的距离。

一光年大约是 9.5 万亿千米。天文学家就用这样的一把尺子来测量恒星间的距离。比如，太阳与 α 星之间的距离大约是 4.22 光年。目前所知的最遥远的恒星离太阳要超过 100 亿光年。

宇宙用的长度单位

天文单位

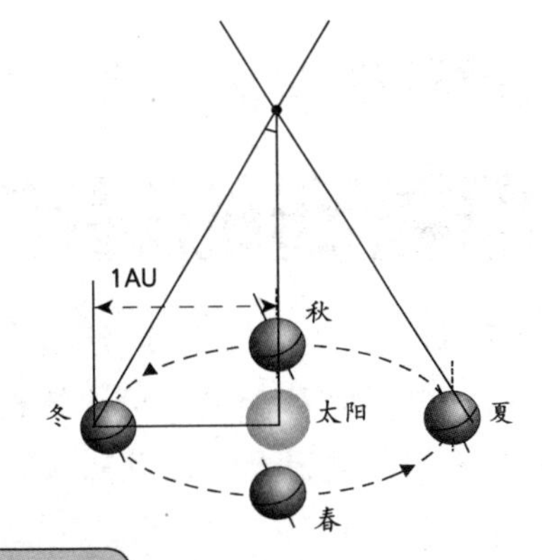

简写作："AU"（astronomical unit）

地球绕太阳旋转的椭圆轨道半长轴的长度，通常则指地球到太阳的平均距离。

1天文单位=149597870千米

光年

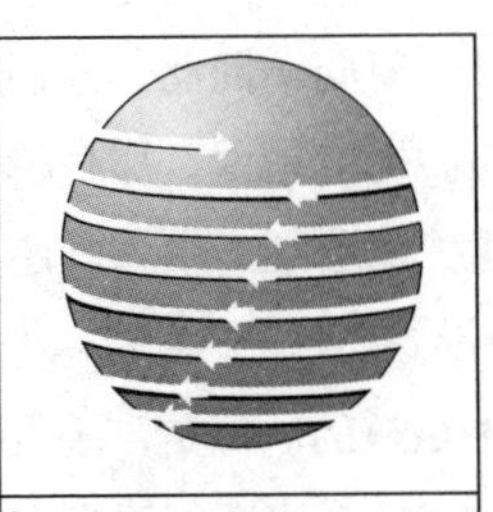

光在1秒钟内就能绕地球走上7周半。

民航飞机巡航时速一般为700—1000千米。

简写作："ly"（light—year）

指光以299792458米/秒的速度在真空中走1年的距离。

1光年=63240天文单位=94605亿千米

秒差距

简写作："pc"（parsec）

量度天体距离的单位，主要用于太阳系以外。天体的周年视差为1″，其距离即为1秒差距。

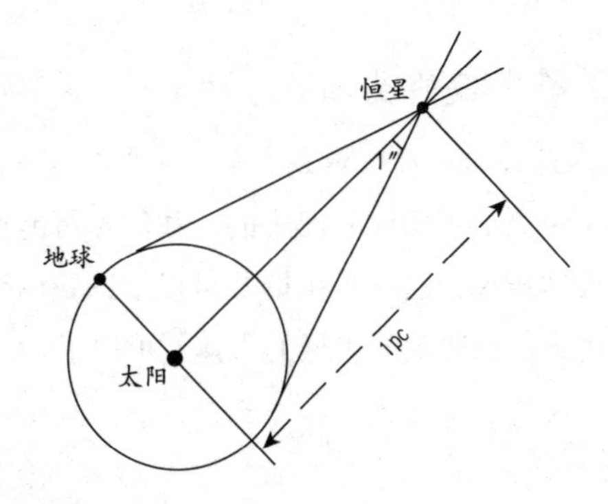

1秒差距=3.2616光年=206264天文单位=308565亿千米

望远镜犹如时间机器

我们看到的是宇宙的过去

事实上，我们通过望远镜观测宇宙，只是看到了它的过去，现在发生了什么，我们无从知晓。望远镜就犹如一台时间机器，带我们走入宇宙的过去。我们观测得愈远，就能看到愈加古老的宇宙景象。

远处即是过去

光每秒传播30万千米，从太阳到地球只需要不到8分钟的时间。因此，我们在某个瞬间看到的太阳光，是大约8分钟前由太阳表面发出的。也就是说，那个瞬间所看到的太阳，实际上是大约8分钟前太阳的模样。同样地，地球距离半人马座α星不到4.3光年，所以我们现在看到的比邻星是它4年多前的影像。

数年的时间，与恒星的几百亿年的生命长度相比是微不足道的。但是，宇宙中还有那些距离我们几百万光年、几千万光年甚至几亿光年的天体，当我们看到它的时候，它所发出的光线已经在宇宙中行进了几百万年、几千万年、几亿年的岁月，这才能到达地球。也就是说，我们现在观察到的天体的景象，已经过去了那么长的时间。我们看到的一些恒星，可能早已消亡在宇宙之中了。

因此，天体距离我们越远，我们看到影像就越古老，远处即是过去。

了解宇宙的进化

人的寿命只有短短数十年，人类的历史也不过几千年，恒星却已存在了数百亿年，宇宙更是不知何时诞生的。我们不可能如观春花秋叶般看到一颗恒星的生灭。而远处即是过去这一理论恰好可以帮助我们探寻天体是如何进化的。也就是说，要了解过去，只要观测更远的天体就可以了。

天文观测

对宇宙充满好奇的天文爱好者要观测天空中的不同天体，需要采选不同的观测工具、观测位置、观测环境等，从而达到最佳的观测效果。

美丽而神秘的天河

无数恒星的集合

在没有月亮的夏夜，或者冬日的晴朗夜晚，抬头仰望，你会看到星空中横亘着一条不规则的银白色光带，这就是银河，世界上有许多关于这条天河的美丽诗句和动人传说。

伽利略的发现

古代哲学家早就开始思考银河的本质，亚里士多德把银河看作一种大气现象。古希腊哲学家德谟克利特则猜想银河由无数恒星构成，只是因为这些恒星太暗、太密而无法加以分辨，结果便表现为一条模糊的光带。

1609年冬，伽利略用自制的望远镜观测金牛座中有名的“七姐妹星团”，也就是中国古代所说的“昴宿”，肉眼只能看到6颗星，但伽利略通过望远镜看到了36颗之多。他又对银河进行观测，发现在望远镜中的银河呈现为无数个密密麻麻的星星。

伽利略的观测证实了德谟克利特的见解。可惜的是，伽利略并没有就此做出深入的探讨。

恒星的密集分布

我们在地球上，用肉眼看向星空，似乎恒星在夜空中是均匀地分布着，但事实上，我们能够看到的都是比较明亮的恒星。如果把较暗的恒星也包含在内的话，恒星大都密集地分布在一条条银河之中。

也就是说，明亮的恒星看起来是均匀分布的，但如果暗的恒星也能看见的话，就知道恒星的分布呈现特别的形状。比如我们能看见的银河的形状。那么，恒星在什么空间范围内是均匀分布的，远处分布的恒星又是如何排列的呢？这样便产生了星系的概念。

星系是宇宙中庞大的星星“岛屿群”，它也是宇宙中最大的天体系统之一。到目前为止，人们已观测到了约1000亿个星系。地球和太阳所属的星系称为银河系，约有2000多亿颗恒星。

银河的“名”星

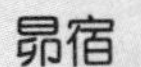

昴宿

昴星团又称为七姐妹星团，位于金牛座，在晴朗的夜空单用肉眼就可以看到它。昴星团总共含有超过3000颗恒星，它的横宽大约13光年，距离地球417光年。

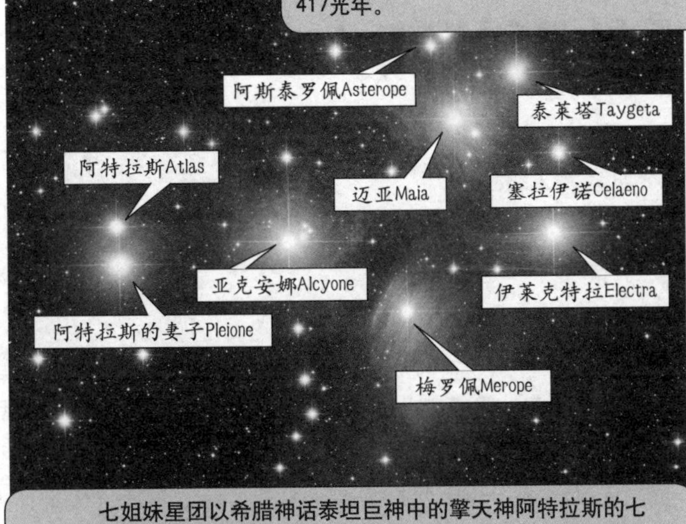

七姐妹星团以希腊神话泰坦巨神中的擎天神阿特拉斯的七个女儿的名字命名。

牛郎与织女

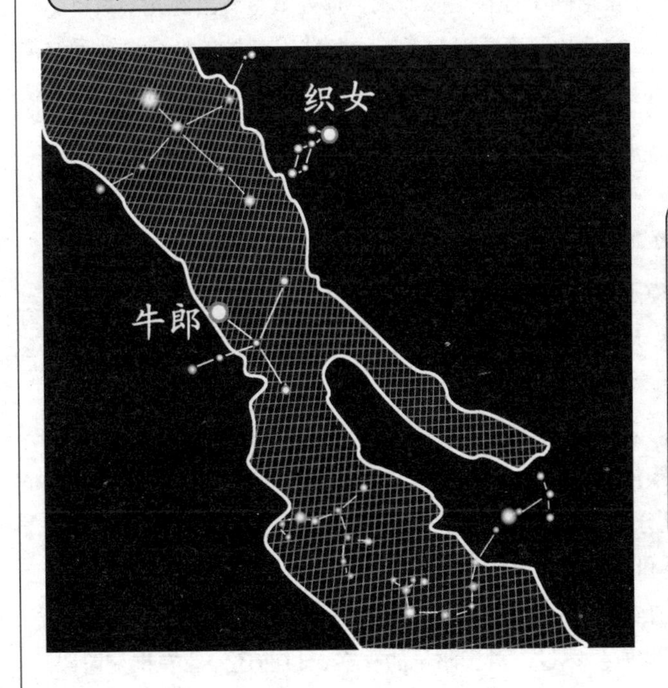

在天文学上牛郎的中文名为河鼓二，而织女星称为织女一，它们分别是天鹰座和天琴座的一颗亮星。由于这两颗恒星肉眼清晰可见，又容易辨别，所以明代郑和下西洋时，就曾以织女星为航海的导航标志之一。

一个巨大的铁饼

银河系的形状和大小

太阳到银河系中心的距离约为3万光年，以250千米/秒的速度绕银心运转，运转的周期约为2.5亿年。

初识银河系

1750年，英国人拖马斯·赖特指出，银河和所有的恒星构成了一个巨大的扁平的圆盘状系统，首次对银河系的外形进行了描述。

1785年，英国天文学家、天王星的发现人威廉·赫歇尔通过恒星计数得出，银河系中恒星分布的主要部分为一个扁平圆盘状结构。他用望远镜通过目视方法计数了117600颗恒星，加上若干假设，得出了天文学史上第一个真正意义上的银河系模型。

当时，人们并不知道宇宙空间中存在星际物质，远处恒星发出的光会被星际物质吸收消失。而赫歇尔使用的是48厘米反射望远镜，只能看到较近的星，他的银河系系统就显得小了一些，但他第一次把人类的视野从太阳系扩展到银河系的广袤恒星世界之中。

银河系的真实面目

在赫歇尔的银河系模型中，太阳被放在银河系的中心。直到100多年后，美国天文学家沙普利证实，太阳并不在银河系中心，而是位于比较靠近银河系边缘的地方。

现在，我们知道的银河系是一个旋涡星系，大体上由银盘、核球、银晕和暗晕4个部分组成。银盘是银河系恒星分布的主体，呈扁平圆盘状，直径约为8.2万光年。核球是银河系中恒星分布最密集的区域，大体上呈扁球状。银晕包围着银盘，是一个由稀疏分布的恒星和星际物质组成的区域，大体上呈球形。

在银晕之外有一个范围更大的物质分布区，这就是暗晕，又称银冕。暗晕的组成成分通常认为主要是暗物质。不过，对于暗晕的存在，目前还停留在推测阶段。

我们的银河系及其邻近星系

银冕

有人认为，在银晕外面还存在着一个巨大的呈球状的射电辐射区，称为银冕。

核球

银盘中心隆起的球状部分称核球。核球中心称为银核。

银晕

银河系外围由稀疏分布的恒星和星际物质组成的球状区域叫银晕。

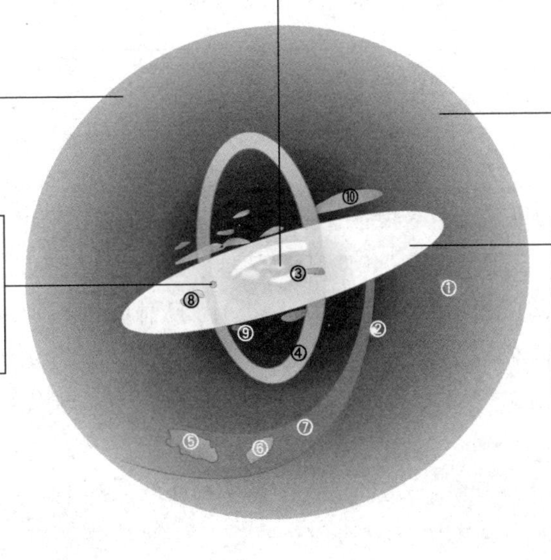

太阳系

离银河系中心约不到3万光年，绕银河系中心转动。

银盘

银河系的物质密集部分组成一个圆盘，称为银盘。

①仙女座星系

是距离我们银河系最近的大星系。一般认为银河系的外观与仙女座大星系十分相像。

②三角座星系

与我们的银河系相比，三角座星系要小得多，但它更接近宇宙中旋涡星系的平均大小。

③人马座矮星系

该星系质量仅为银河系的万分之一，科学家认为它正被我们的银河系所吞噬。

④人马座潮汐带

据称，这个潮汐带是由恒星、气体和暗物质所组成的松散的纤维状结构，而其中的暗物质可能与银河系纠缠在一起。

⑤大麦哲伦星云

从我们的银河系看出去，最明亮的星系是大麦哲伦星云，它是离我们第二近的星系。

⑥小麦哲伦星云

距离我们大约21万光年远，是银河系的已知伴星系中第四近邻的星系。

⑦麦哲伦流

科学家们把这大小麦哲伦星系喷射的炙热氢气尾迹称为麦哲伦流，可能是因为它们与银河系之间的潮汐作用形成的。

⑧高速云

是一种神秘的氢气团，以非常高的速度穿梭在星系的外层区域。

⑨中速云

相对高速云来说，中速云对于银盘的自转速度较低，它们落向银盘，在银盘和银晕之间形成巨大的、类喷泉的环流花样。

⑩球状星团

在银晕中，约有150个球状星团，它们绕银心转动，一般都离银道面很远。

为数众多的旋涡星系

美丽的猎犬座M51

很早以前，我们就知道仙女座有一片笼罩着淡淡光晕的云。在秋天的夜空，人们用肉眼就能模糊地看见一个旋涡。

梅西耶星表

1758年，法国天文学爱好者梅西耶在巡天搜索彗星的观测中，突然发现一个在恒星间没有位置变化的云雾状斑块。梅西耶根据经验判断，这块斑形态类似彗星，但它在恒星之间没有位置变化，显然不是彗星。这是什么天体呢？在没有揭开答案之前，梅西耶将这类发现详细地记录下来。其中他第一次发现的是金牛座中的云雾状斑块，被列为第一号，即M1，“M”是梅西耶名字的缩写字母。截止到1784年，这种记录达到了103个。

梅西耶的不明天体记录于1781年发表，称为梅西耶星表。他建立的星云天体序列，至今仍然在被使用。其中M31代表仙女座星云，M51是猎犬座星云。后来威廉·赫歇尔将这些云雾状的天体命名为星云（后来发现有的星云是河外星系）。

旋涡星系

1773年，梅西耶在观测一颗彗星时，发现了猎犬座M51，后来，它的伴星系也被发现，因此在梅西耶星表中对M51有这样的描述：“这是个双星云，每部分都有个明亮核心，两者的‘大气’相互连接，其中一个比另一个更暗。”

1845年春，爱尔兰天文学家罗斯爵士制作了口径为184厘米的巨大望远镜，观测了若干个星云。他第一个辨认出了那些云雾般的天体的旋涡状外形。他发现了M51的旋臂结构，还绘制了一幅非常仔细和精确的素描。因此，M51有时也会被称为罗斯星云。对于天文爱好者来说，如果天空足够暗，M51会是一个容易观测到的美丽目标。

旋涡星系的构造

旋涡星系

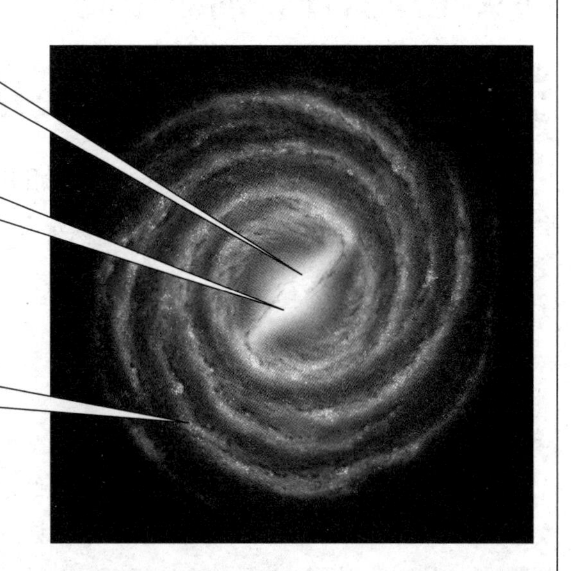

我们的银河系以及仙女座星系M31就是典型的旋涡星系。

棒旋星系

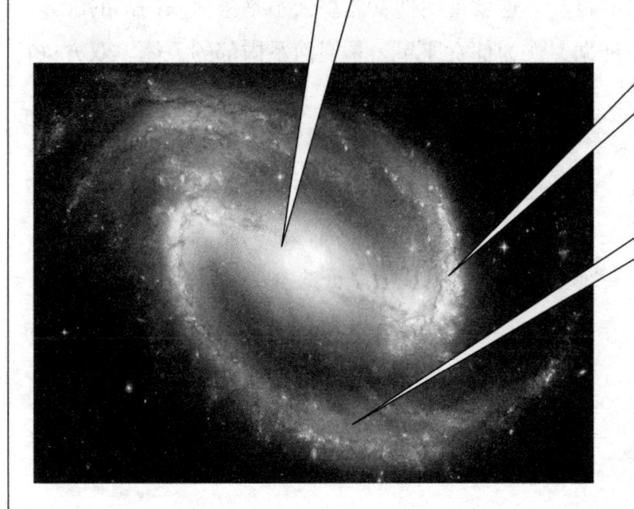

距离我们最近的大麦哲伦星云、小麦哲伦星云都是棒旋星系。

仙女座星云在银河系中吗

关于仙女座大星系的争论

初冬的夜晚，人们可以在仙女座内用肉眼找到一个模糊的斑点，俗称仙女座大星云。梅西耶星表中，仙女座星云的编号为M31，它在天文学史上有着重要的地位。

20世纪初的争论

从1885年起，人们就在仙女座大星云里陆续地发现了许多新星，从而推断出仙女座星云不是一团通常的尘埃气体云，而是由许许多多恒星构成的系统，而且恒星的数目一定极大，这样才有可能在它们中间出现那么多的新星。

随着星云观测的进展，对仙女座星云是在银河系中还是更遥远的恒星集团这个问题，学术界分为两大阵营，开始了激烈的争论。20世纪初，美国两名非常资深的天文学家在进行这一场争论。柯提斯认为仙女座星云是银河系之外的天体，而薛普利则认为仙女座星云是银河系内部的天体。

柯提斯研究了仙女座星云爆发的超新星，发现超新星的亮度非常暗。这就说明仙女座星云与地球之间的距离非常遥远。他还大致算出了仙女座星云大致离我们有50万光年，这远大于银河系的直径。这就证明仙女座星云不是银河系内部的天体。另一位天文学家列举出一些证据，认为仙女座星云是银河系内部的天体。双方进行了一场著名的争论。

直到1924年，美国天文学家哈勃用当时世界上最大的望远镜在仙女座大星云的边缘找到了被称为“量天尺”的造父变星，利用造父变星的光变周期和光度的对应关系，也就是周光关系才定出仙女座星云的准确距离，证明它确实是在银河系之外，仙女座星云应改称为仙女座星系。关于仙女座星云的争论也就此画上了句号。

仙女座星系

美丽的仙女座

很早以前天文学家就发现了仙女座星云。

1764年8月3日，梅西耶为它编号M31。

1786年，赫歇尔第一个将它列入能分解为恒星的星云。

1914年，皮斯探知M31有自转运动。

1924年，哈勃观测到仙女座星云旋臂上的造父变星，并根据周光关系算出距离，确认它是河外星系。

1944年，巴德又分辨出仙女座星系核心部分的天体，证认出其中的星团和恒星。

1939年以来历经巴布科克等人的研究，测出从中心到边缘的自转速度曲线，并由此得知星系的质量。

使用亮度变化的恒星

测量天体的距离

在测量不知距离的星团、星系时，只要能观测到其中的造父变星，利用周光关系就可以将星团、星系的距离确定出来。因此，造父变星被人们誉为“量天尺”。

δ型变星

仙王座紧挨北极星，与北斗星遥遥相对，我们全年都可看到这个星座，特别是秋天夜晚更是引人注目。仙王座中有许多变星，其中最著名的就是于1784年发现的δ星，我国古代称其为造父一。造父一最亮时是3.5星等，最暗时为4.4星等，它的光变周期非常准确，为5天8小时47分钟28秒。星等是一个表示星体亮度的概念，它的数值越大，星体越暗。

天文学家把此类星都叫作造父变星，它们的光变周期有长有短，但大多在1—50天之间，并以5—6天为最多。北极星也是一颗造父变星。天文学家发现这些变星的亮度变化与它们变化的周期存在着一种确定的关系，光变周期越长，亮度变化越大，并得到了周光关系曲线。

测量遥远天体的距离

根据这个性质，天文学家就找到了比较造父变星远近的方法，如果两颗造父变星的光变周期相同则认为它们的光度就相同。因此，只要用其他方法测量了较近造父变星的距离，就可以知道周光关系的参数，进而就可以测量遥远天体的距离。

假设有两颗周期相同、在地球上看起来亮度不同的造父变星，而且到看起来比较明亮的变星的距离是已知的，因为周期相同，所以两个变星的本来的亮度相同，如果较暗的变星的亮度是较亮的变星的亮度的1/100，那么就可以得出到较暗的变星的距离是到明亮的变星距离的10倍。

使用造父变星来测量遥远天体的距离很方便。其他的测量方法还有利用天琴座RR变星以及新星等方法。

造父变星

周光关系

周光关系指的是造父变星的光变周期与光度之间的一种关系。概括地说就是造父变星的光变周期越长，其光度也越大。

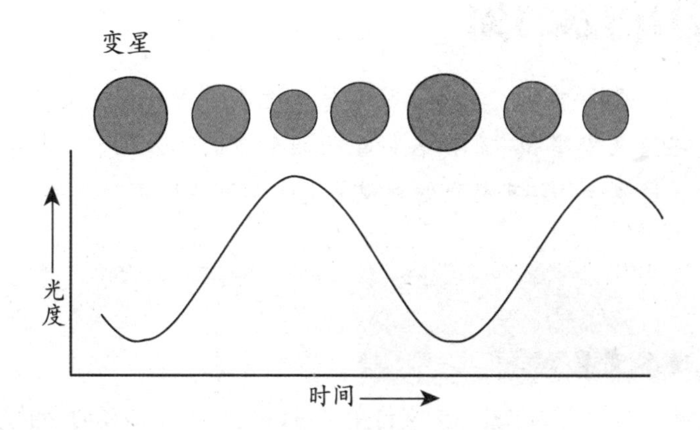

造父变星是量天尺

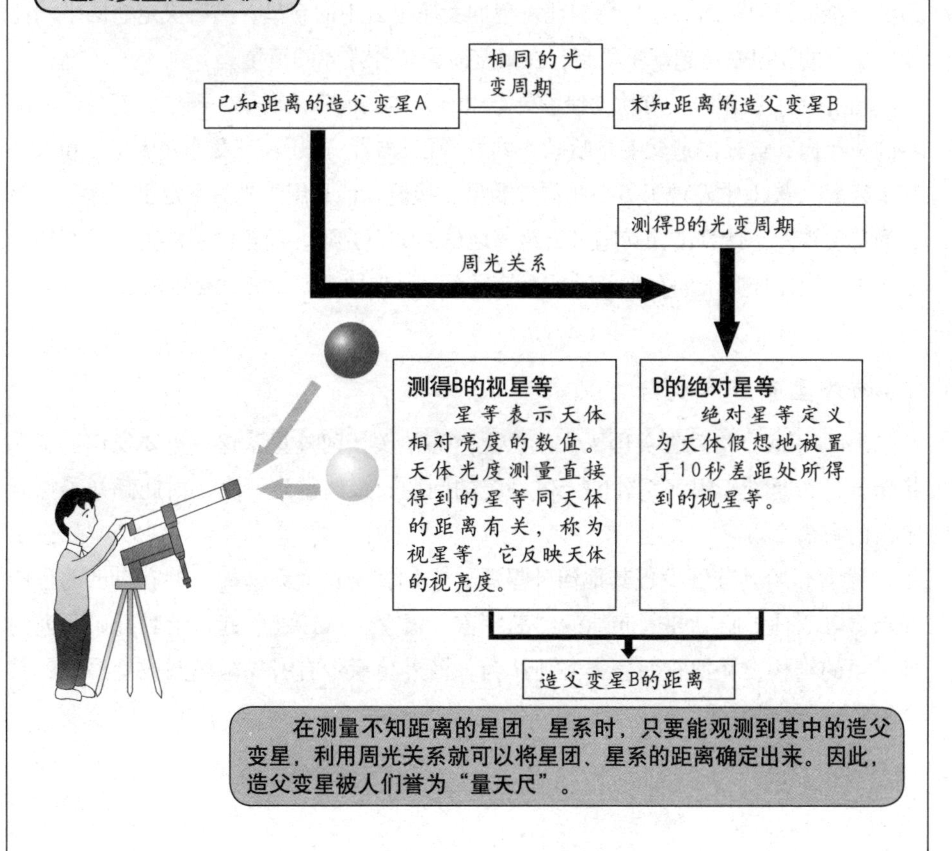

在测量不知距离的星团、星系时，只要能观测到其中的造父变星，利用周光关系就可以将星团、星系的距离确定出来。因此，造父变星被人们誉为“量天尺”。

仙女座星云在银河系之外

哈勃的发现

1922—1924年期间，美国天文学家哈勃在分析一批造父变星的亮度以后断定，这些造父变星和它们所在的星云距离我们远达几十万光年，一定位于银河系外。这项于1924年公布的发现使天文学家不得不改变对宇宙的看法。

发现造父变星

1923年，哈勃在威尔逊山天文台用当时最大的2.5米口径的反射望远镜拍摄了仙女座大星云的照片，照片上该星云外围的恒星已可被清晰地分辨出来。为了明确到仙女座星云的距离，他尽量多地发现仙女座星云中的新星，然后决定它的平均亮度。所谓的新星是比超新星稍暗，在最终阶段爆炸发光的恒星。

在拍摄的照片中，哈勃找到了更有用的天体，他确认出第一颗造父变星。在随后的一年内，这样的造父变星哈勃一共发现了12颗。他还在三角座星云M33和人马座星云 NGC6822中发现了另一些造父变星。接着，他利用周光关系定出了这三个星云的造父视差，计算出仙女座星云距离地球约90万光年，而银河系的直径只有约10万光年，因此证明了仙女座星云是河外星系，其他两个星云亦远在银河系之外。

河外星系进入视野

1924年底，哈勃在美国天文学会上宣布了关于河外星系这一重要发现。旋涡状星云是否是处于银河系外的天体系统的问题，最终得到解决，由此翻开了探索宇宙的新篇章。

接着，哈勃陆续发现其他河外星系，它们都与银河系一样，拥有自己的星团和新星等天体。哈勃建立起他的“岛宇宙”概念。从1925年起，哈勃开始研究河外星系的结构，并把它们分类。他认为，河外星系中有97%呈椭圆或旋涡状，其余3%为不规则星系。

仙女座“河外”星系

发现仙女座星云和我们的银河系的造父变星。

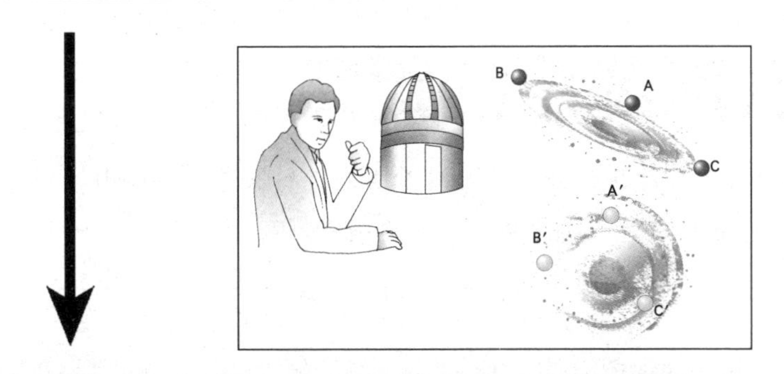

发现相同的光变周期的造父变星，意味着它们有相同的绝对星等。

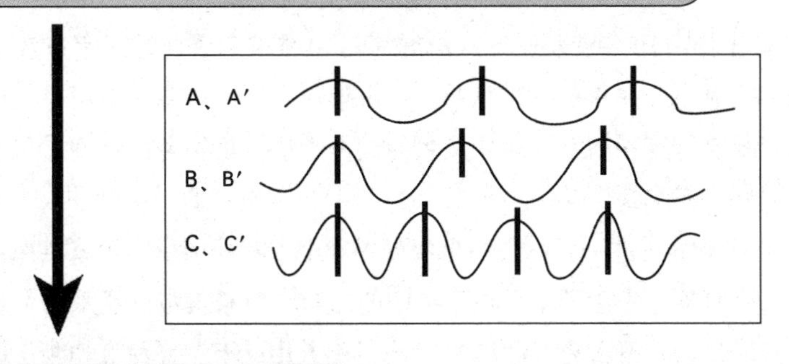

测得它们的视星等，然后做比较。

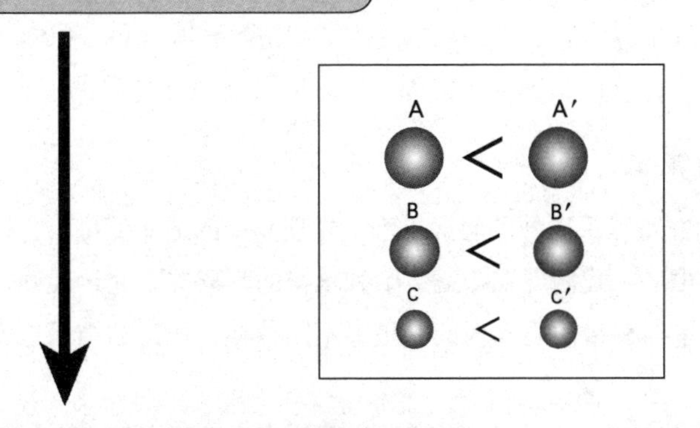

使用这些数据，推测出到仙女座星云的距离是90万光年。 > 银河系的直径约有10万光年。

仙女座星云是仙女座星系，是银河系以外的星系。

宇宙广阔无垠

到仙女座星系的距离

仙女座星云最终被确认是处于银河系之外，与银河系一样由为数众多的恒星组成的河外星系，所以要改称为仙女座星系。

宇宙岛的概念

如果把宇宙比作海洋，星系就是这浩瀚海洋中的一个个岛屿。宇宙空间广袤无垠，我们所在的银河系并非是一座孤岛，宇宙中还有许许多多像银河系一样的岛屿，也就是我们所说的河外星系。河外星系的数量无法估量，它们星罗棋布于宇宙之中，故也被称为“宇宙岛”。

据哈勃考证，宇宙岛这一名称最初出现在19世纪中叶德国博物学家洪保德的著作《宇宙》中，它形象地表达了星系在宇宙中的分布，后来就被广泛采用。从布鲁诺提出无限宇宙论开始，宇宙岛以假说的形式存在了几百年。直到哈勃测定出仙女座星系与地球的距离，才确凿无疑地证明在银河系之外还有其他的与银河系相当的恒星系统，宇宙岛假说也才得到证实。

到仙女座星系的距离

哈勃致力于观测仙女座星系以外的旋涡星系，发现其中的造父变星，并以此为基础推算到这些星系的距离。我们现在知道，哈勃求得的距离并不完全准确。哈勃在仙女座星系发现的变星与在银河系发现的变星属不同种类，得出的结果也就有了偏差。

现在普遍认为，仙女座星系距离地球约220万光年，直径约为16万光年，运用天体摄影技术测得的照相星等约为4.33等。它的自转周期约为1800万年，其中包含有3千亿—4千亿颗恒星，还有明亮的恒星云和暗黑区域，另外还有许多变星、星团和新星等特殊天体。它与附近的河外星系M32以及NGC205，共同构成了“仙女座三重星系”。

仙女座星系距离的测量

宇宙岛

宇宙岛这个假说在170年间有时被承认，有时被否定。直到1924年前后，测定了仙女座星系等的距离，确凿无疑地证明在银河系之外还有其他的与银河系相当的恒星系统，宇宙岛假说才得到证实。

仙女座星系

哈勃得出结论，仙女座星系距离地球大约90万光年。

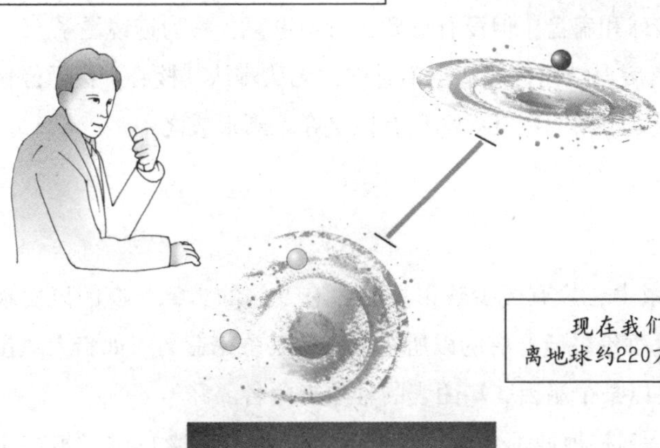

现在我们知道，仙女座星系距离地球约220万光年。

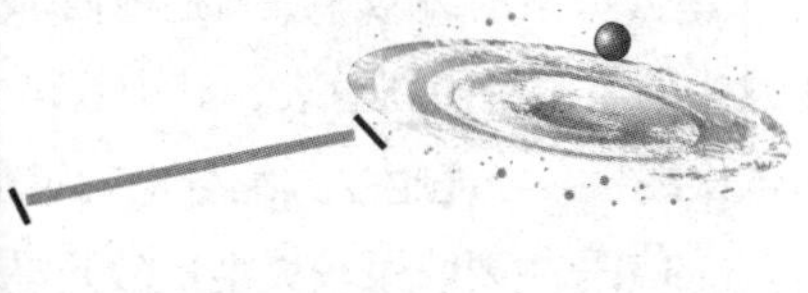

哈勃观测了18个星系，证明了它们都是银河外的星系。但是他并没有意识到，他在观测中所使用的是两种不同类的变星，因此，他计算出的到仙女座星系的距离并不准确。

旋涡星系、椭圆星系和不规则星系

星系的形状

宇宙中的星系并非都像仙女座星系那样，拥有美丽的旋涡，而是呈现出各种各样的形态。大致划分为旋涡星系、椭圆星系和不规则星系三大类。

星系按形状的分类

在星系世界中，大量的成员与我们所在银河系一样，外观呈旋涡结构，其核心部分表现为球形隆起，即为核球。核球外则为薄薄的盘状结构，从星系盘的中央向外缠卷有数条长长的旋臂，这就是所谓的旋涡星系。

有的星系则呈现椭圆形或正圆形，没有旋涡结构，称为椭圆星系，它们中大多已步入垂暮之年。一般来说，不再有新的恒星诞生。有些介于旋涡星系和椭圆星系之间的星系，有明亮的核球和扁盘，但没有旋臂，形似透镜，称为透镜星系。

还有一类星系既没有旋涡结构，形状也不对称，无从辨认其核心，甚至好像碎裂成几部分，称之为不规则星系，在其内部仍有恒星在不断形成之中。

河外星系的命名

在这众多的河外星系中，只有极少数很亮的才有专门的名字。有的以发现者的名字来命名，如大小麦哲伦星云。有的以所在星座的名称来命名，如猎犬座星云等。绝大多数河外星系是以某个星云、星团表的号数来命名。

星云星系的编号中，M是梅西耶星表的编号。NGC编号则来自德习尔在1888年发表的星云星团新总表，其中收录了7840个天体，其编排方式是自赤经0时起向西依次编号，经度越少，编号也就越小。IC是继NGC之后追加的5386个星云星团索引。Mel编号主要收录较大型地散开星团，又分CR、TR、ST等。

星系的分类

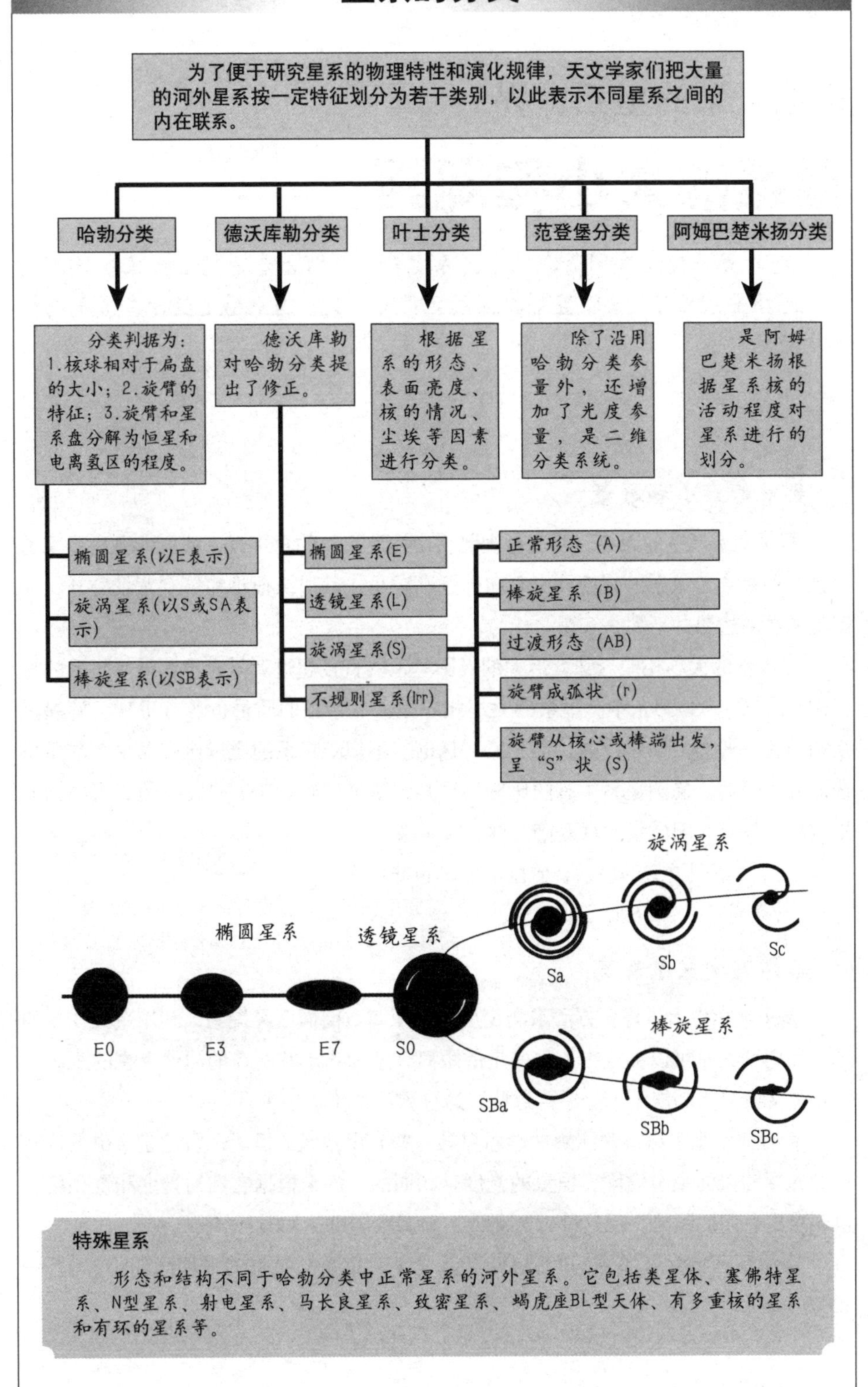

特殊星系

形态和结构不同于哈勃分类中正常星系的河外星系。它包括类星体、塞佛特星系、N型星系、射电星系、马长良星系、致密星系、蝎虎座BL型天体、有多重核的星系和有环的星系等。

错综复杂的星系世界

星系的大小和间距

河外星系处于我们所在的银河系之外，银河系本身的直径已达10万光年，河外星系又有多大？它们之间的距离有多大？这么遥远的距离又是怎样测定的呢？

星系的大小和质量

假若知道星系的距离，并通过观测得出河外星系的角半径，就可计算出星系的半径。但是由于星系的亮度从中心向外逐渐减小，其边缘很难和星空背景分开，要确定星系的边界并不那么容易。

各星系的大小相差悬殊，最大的椭圆星系的直径超过30万光年，最小星系的直径则只有300—3000光年。星系的大小相差很大，星系的质量也各有千秋。旋涡星系的质量一般为太阳质量的10亿—1000亿倍。不规则星系的质量比旋涡星系的质量普遍要小一些。椭圆星系，有的比旋涡星系的质量还要大100—10000倍，有的则质量较小，只有太阳质量的百万倍，称为矮星系。

另外，不同类型的星系，光度的差别也非常大。

怎样测定星系距离

天文学家想出了许多方法来测定星系的距离。前面已经提到，利用造父变星的光度和周期关系可以测定出造父变星的距离，从而求出它所在的河外星系的距离。但是造父变星太黯淡了，星系再远些，这种方法就不能用了。

在有些星系中可以观测到如超新星等一些光度很大的恒星，假定星系中的这些星的光度和银河系中的同类恒星的光度是相同的，那么根据它们的光度和视亮度，也能求出它们的距离。用这种方法测量的星系距离可达820万光年。

银河系和仙女座星系的间隔是230万光年，星系与星系的平均间隔是200万—300万光年。

天体的距离测法

利用谱线红移

只要测量出星系的谱线红移量，便可通过哈勃定律，推算出星系的距离。

利用新星和超新星

新星和超新星的光度都能在不长的时间达到极大值，而且所有新星或属同一类型的超新星的最大绝对星等变化范围不大。因此，可先取它们的平均值作为一切新星或属同一类型的超新星的最大绝对星等，再把它同观测到的最大视星等相比较，便可定出该新星或超新星所在星系的距离。

利用造父变星

利用造父变星的周光关系，观测得到光变周期，计算它们的绝对星等，再将算出的绝对星等同视星等作比较，就可求得这类变星及其所在星团或较近的河外星系的距离。

三角视差法

天文学家用三角视差法测量离我们比较近的天体，被测的天体和地球公转轨道直径的两端构成一个特大的三角形，通过测量地球到那个天体的视角，便可由地球公转轨道的直径推算出天体的距离。

雷达、激光测距法

发射无线电脉冲或激光，然后接收从它们表面反射的回波，并将电波往返的时间精确地记录下来，便能推算出天体的距离。

地球

星系聚集成群

星系团和超星系团

星系团是比星系更大、更高一级的天体系统，星系在自成独立系统的同时，又是星系团的一员。星系团和星系群的差别只在数量和规模上，一般把超过100个星系的天体系统称作星系团，100个以下的称为星系群。

本星系群

星系之间的平均距离是200万光年到300万光年，但并不是所有的星系都是以平均距离等间隔地分布。星系会几个聚集在一起形成星系团。例如，银河系与仙女座星系，以及其他40个左右的小星系集结成群，组成了直径约为300万光年的本星系群。

各星系团的大小相差不是很大，就直径来说最多相差一个数量级，一般为1600万光年上下，星系团内成员星系之间的距离，大体上是百万光年或稍多些。已观测到的星系团总数在1万个以上。

本星系群中的各星系没有向中心集聚的趋势。其中的成员三五成群，称为次群。其中包括了以银河系和仙女座星系为中心的两个次群。

本超星系团

本星系群又是本超星系团的一小部分。除了太阳系所在的本星系群之外，本超星系团中还包括有室女星系团、大熊星系团等在内的其他50多个星系团和星系群。室女星系团是离银河系最近的星系团，在春天，即使用非专业的小望远镜也能看见室女星系团的很多星系。

本超星系团的直径大体上在1亿—2亿光年之间，核心处在室女星系团。室女星系团包括2500个以上的星系。银河系在本超星系团的边缘附近。本超星系团的所有成员星系都在围绕着本超星系团中心做公转运动，银河系的公转周期大约是1000亿年。

星系的大集团

所有的星系并非以平均距离等间隔地分布，它们会几个几个地聚集在一起，形成星系团。而星系团又会以同样的方式组成超星系团。

超星系团

由若干个星系团聚在一起形成的更高一级的天体系统——超星系团，又称二级星系团。

星系团

相互之间有一定力学联系的十几个、几十个以至成百上千个星系集聚在一起组成星系团。

星系

星系由几十亿至几千亿颗恒星以及星际气体和尘埃物质等构成，占据几千光年至几十万光年的空间。

恒星

恒星是由内部能源产生辐射而发光的大质量球状天体，是构成星系的基本天体之一。

宇宙空洞的发现

难解的宇宙之谜

人类不断探索宇宙的奥秘，我们的视野从地球扩张到太阳系、银河系，再到星系团、超星系团。但我们依旧不能了解宇宙的万分之一，宇宙中未解的谜题，要远远多于我们已知晓的现实。

巨大的空洞

1981年，一个天文小组发现在牧夫座和大熊座之间，距银河系约3亿光年的地方，有一处直径约1.5亿光年的空间，其中没有任何天体、星系，甚至没有发现神秘的暗物质。这样的宇宙空间被称为“空洞”。牧夫座空洞是至今已知的最大空洞之一，有时它又被称为超级空洞。

后来，科学家们又在其他多个方向观测到了空洞的存在，这些几乎没有星系存在的区域使得宇宙看上去就像是一个巨大的蜂巢。2007年，美国天文学家又在猎户座西南方向的波江星座中发现一个巨大的空洞，直径竟达10亿光年，这样的体积已远远超过以前发现的任何一个空洞。

目前，我们还无从知晓，空洞到底是如何形成的。

宇宙长城

宇宙中还存在着许多不可思议的结构，是人类的现有理论所无法解释的。1989年，天文学家格勒和赫伽瑞领导的一个小组，就从星系地图上面发现了一个显眼的由星系构成的条带状结构。这个结构长约7.6亿光年，宽达2亿光年，而厚度为1500万光年。这就像是一条宇宙版的万里长城，后来人们把它称为“格勒—赫伽瑞长城”。

2003年，美国普林斯顿大学的一组天文学家发表了一份《宇宙地图》，其中利用全球最新天文观测数据，又绘出了一条长达13.7亿光年的由星系组成的宇宙长城。

不可思议的宇宙结构

空洞

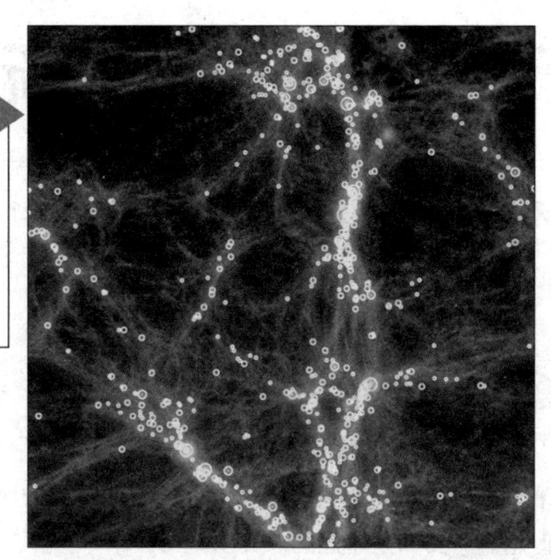

在天文学里，空洞指的是丝状结构之间的空间。空洞中只包含很少或完全不包含任何星系。宇宙就宛如一个巨大的蜂巢，或是一张立体的渔网，有星系密集的地方，也有空空如也的地方。

当然，也有科学家并不这么认为，他们提出了相对的观点，认为空洞这样的宇宙黑色虚空并不空，那里也有物质，只是其物理规律与我们眼中的物质世界有所不同。

宇宙长城

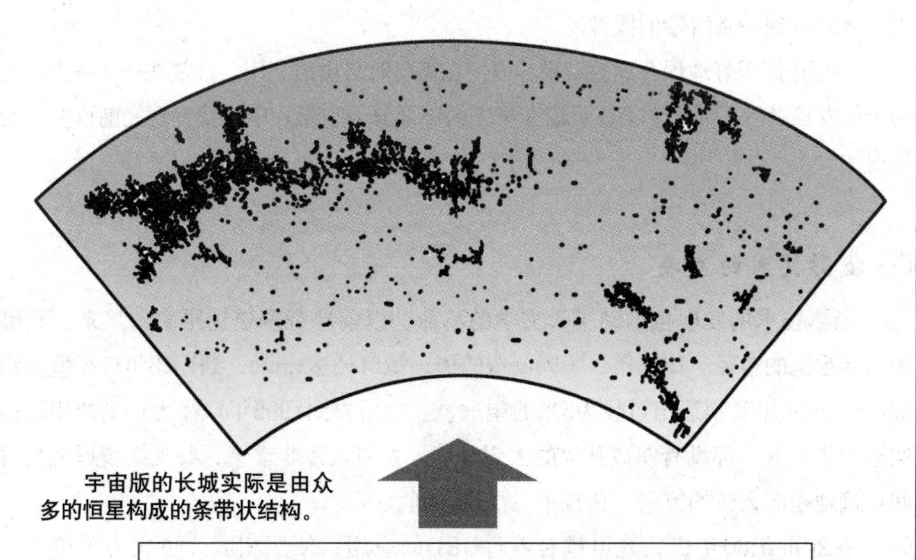

宇宙版的长城实际是由众多的恒星构成的条带状结构。

2003年，美国普林斯顿大学天体物理学家理查德·高特和马里奥·犹里克等向《天体物理学杂志》提交研究文章，报告发现了宇宙中一个13.7亿光年长的银河“长城”，这是迄今为止所发现的最大天体结构。

从照片到CCD
天文学的技术革新

几千年来，人类一直用肉眼来观测天象，直到19世纪，摄影技术被引进天文学领域，人类才摆脱肉眼的限制，看到了更美丽的“星”世界。

天体摄影的应用

19世纪40年代，纽约的德雷珀成功完成了一张月亮的银板照相。这是摄影技术第一次应用到天文学的研究中。虽然他得到的照片无法与现代的天体摄影相媲美，但是其意义却是非凡的。

天体摄影最大的优点在于，长时间的曝光时间，可以采集更多的光，利用这一点就能拍摄从远处星系传来的微弱的光线。例如有些星云用肉眼从最大的望远镜中也观测不到，在照片中却很明显。要拍摄一个极其黯淡的天体，需要若干小时的曝光，才能得到一张清晰的图像。

照相还能很好地保存观测结果，以便在需要时自由地利用。常常在一个特别有趣的天体发现以后，天文学家还可以在早先的该部分天空影片中寻找发现之前许多年的历史。

摄影技术的发展

摄影技术的发展也推动了天文学的革命。以前要观测更远距离的星系，只能增大望远镜的口径。1908年，美国制造的望远镜口径达1.5米，到1918年口径增大到2.5米，1946年又制造出口径为5米的望远镜。之后直到1996年口径为10米的望远镜制造出来以前，都没有制造其他的大望远镜。大望远镜非常重，要支撑望远镜长时间正确地指向天体的方向，在技术上很难办到。

在20世纪80年代，光电耦合器件CCD的应用，使照相底片也成为了历史。CCD照相机与家庭用摄像机的结构基本相同，却能拍摄到望远镜采集的光线的90%。

德雷珀的天体摄影

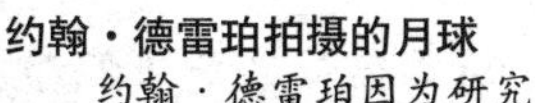

约翰·德雷珀拍摄的月球

约翰·德雷珀因为研究光对化学物的影响而开始研究摄影，并于1840年，首次拍摄了月球的表面。

亨利·德雷珀拍摄的月球

约翰·德雷珀的儿子亨利·德雷珀也拍摄了很多高质量的月亮照片。1872年，亨利又拍摄了织女星的光谱，是人类拍摄的第一张恒星光谱的照片。月球上有以他的名字命名的德雷珀环形山。

猎户座大星云的照片

1880年，亨利·德雷珀又使用克拉克兄弟制造的11英寸折射望远镜曝光了50分钟，拍摄了第一张猎户座大星云的照片。这是人类首张深空天体照片，虽然在照片中，亮星曝光严重过度，星云的细节几乎没有显现，但这张照片却是天文史上的一大里程碑。

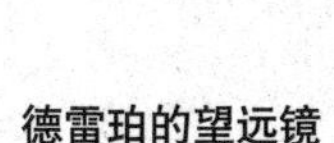

德雷珀的望远镜

1882年，德雷珀去世，他的遗孀将11英寸望远镜的主镜捐给了哈佛大学天文台，并赞助该台继续进行恒星光谱研究，最终编成了德雷珀星表。

向宇宙的尽头探索

宇宙学的发展

宇宙中的星系分布的复杂程度是我们难以想象和预测的，现在人们能够观测到的地方达到数亿光年之外，但这与浩瀚无边的宇宙的大小相比，不过是小小的一步而已。

未解的谜题

人类对于宇宙的好奇促使天文技术不断进步，对于宇宙的观测和探索也不断达至深远。但是，宇宙对于我们而言，还是一个布满了秘密的存在。宇宙是怎样产生、发展的？宇宙的构造到底是什么样的？遍布宇宙的暗物质和暗能量的本质是什么？行星系统是如何形成和演化的？像人类所处的太阳系这样的行星系统在宇宙是普遍存在的吗？地球之外，是否还有生命栖息的星球？等等。

这些似乎都是最基本的问题，然而我们至今无法准确解答，只能不断地观测、猜测、证明。历史上许多学者和天文学家都描绘了关于宇宙模型的蓝图。16世纪，布鲁诺就提出了关于宇宙无限性和统一性的理论。但这些都只是一种假设。而宇宙的过去历史和将来命运究竟如何，即使是现代的宇宙论也无法阐释。

宇宙学的发展

20世纪后半叶，新的发现和新的成果不断出现。伽马暴的发现，暗物质研究的发展，大型计算机的应用，新的高能卫星的观测发现TeV的辐射，大样本巡天观测，宇宙长城及宇宙空洞的发现，类太阳系的发现等等，这些新的发现和进展为天体物理的发展起到巨大的促进作用。

21世纪将是人类着眼太空的时代，随着世界科技的飞速发展，以及对天文学研究的大量人力、财力的投入，新技术的研制、使用，更先进的天文观测卫星的上天，人类将继续致力于对宇宙的探索，寻找其中的奥秘。

更广阔的未知空间

那么，137亿光年之外，又是什么样子的呢？

?

137亿光年

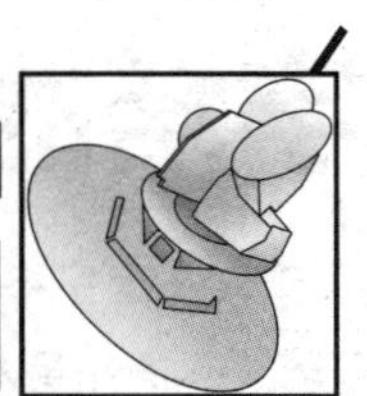

现在，人类对于宇宙的观测越来越远，宇宙学家推测，宇宙的年龄是137亿年。

220万光年

河外星系的发现使得人们意识到，银河系也不是宇宙的中心，宇宙中还有无数条类似的银河。

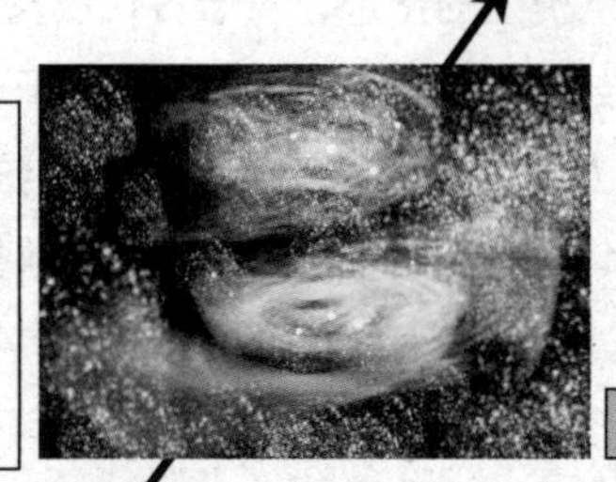

10万光年

望远镜让人类的视野伸向更远处，太阳系也不是宇宙的中心，宇宙中的天体是一个个由恒星、星云组成的浩瀚空间。

1天文单位

后来，认识宇宙的范围扩展至太阳系，但也经历了一个从地心说到日心说的发展过程。人们知道，地球不是宇宙的中心。

起初，人类对宇宙的认识局限在居住的地球上，设想的宇宙模型也充满了浪漫主义色彩：在世界的尽头，海洋落入地狱之中。

巧合还是神奇

金字塔的奥秘

关于埃及金字塔的建造和用途，有许多大胆的浪漫主义猜测，它是古人观天的天文台，还是外星人遗留在地球上的建筑物，抑或是上一个世代的地球人类高度文明的遗产。因为有太多的巧合，这些猜测使金字塔蒙上了一层神秘的面纱。

数据之谜

埃及的金字塔是人类建筑史上的奇迹，对于古代埃及人的建筑技术的精湛、定位技术的精确，即使是建筑技术发达的现代人，也惊叹于这一几千年前的工程。

胡夫金字塔的底部为正方形，边长约230米，各边与平均值相差最大11厘米；四角全为直角，最大误差仅4′左右；四个角分别准确地指向东南西北；四面倾斜度准确地成51°52′；各个斜面皆呈正三角形的形状；其高度的10亿倍，恰好等于地球到太阳的距离；它的周长和高度之间的比率，恰好等于一个圆周长和半径的比率，即2π；穿过金字塔的子午线，恰好把地球上的陆地与海洋分为均匀的两半；金字塔的重心，正好落在各大陆的引力中心上。

虽然这些数据并非完全精确无误，但从中却可以看出古代埃及人已具备了丰富的天文学和数学知识。

金字塔与天体

天狼星是由甲、乙两星组成的双星。甲星是全天第一亮星，乙星一般称天狼伴星，是白矮星，但因体积小，无法以肉眼看到。1862年，美国天文学家艾尔文·克拉克用当时最大、最新的望远镜发现了它的存在。然而，金字塔经文中却早已存在对于天狼星双重星球系统的记录。

1974年，有学者提出，古阿兹特克冥街上的金字塔与神庙等物正好构成一幅迷你的太阳系模型，其中甚至包含了直到1930年才发现的冥王星的轨道数据。

有关金字塔的建造，虽然众说纷纭，但为什么建造、什么时候建造、如何建造，以及为何与今天人们观测到的宇宙数据会有那么多惊人的巧合，至今仍是未解之谜。

金字塔的数字之谜

埃及金字塔是世界七大奇迹之一，在那古老年代建起这样宏伟的建筑，也只能用奇迹两个字来形容。而它至今仍留给人们许多难解的谜团。

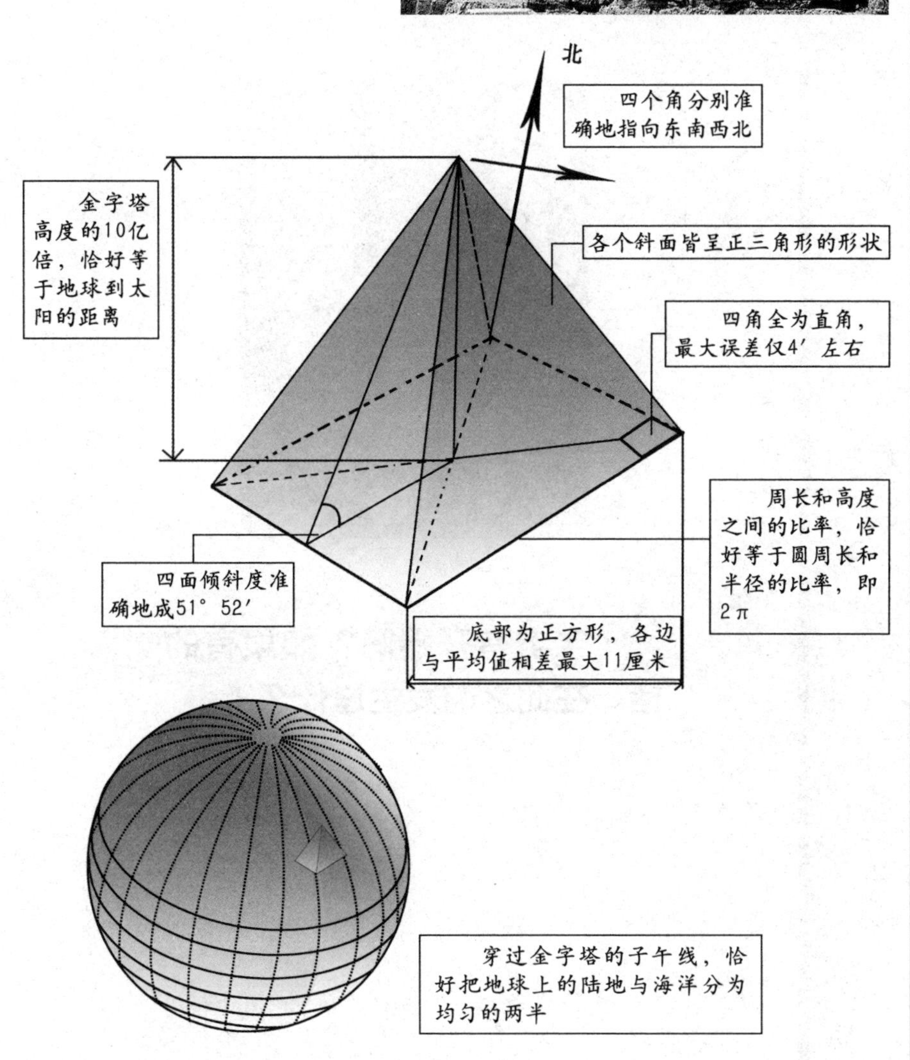

第 二 章

相对论：空间和时间

宇宙有开端吗？如果有的话，在此之前发生过什么？

——霍金

光如何产生？光如何在空间里传播？光如何出现？光是什么？颜色是否为光必不可少？对于这许许多多的问题，科学已经做出了部分解释，但归根结底，这些问题尚未解答。关于光的性质，还有很多谜，直到现在也无法用科学解释。不过，20世纪初，在人们了解光、研究光的过程中，相对论和量子论带来了物理学的两场革命。为建立这两个理论体系，许多科学家都做出了重要贡献，其中最为突出的是爱因斯坦。

爱因斯坦
20世纪最伟大的物理学家

阿尔伯特·爱因斯坦（Albert Einstein，1879—1955），闻名于世的犹太裔美国科学家，现代物理学的伟大开创者和奠基人。

复读加逃学

1896年，一位向往自由的年轻人走进了瑞士苏黎世的联邦理工大学。而在去年的考试里，他还是个落榜生。爱因斯坦舍弃德国国籍来到瑞士，主要是为了逃避兵役。而这条自由之路却通向发现之路，爱因斯坦就这样开始了他的研究生涯。本性所驱，爱因斯坦厌倦大学里那些循规蹈矩的课程，却把兴趣投向了那些自己感兴趣的书籍，尤其是基尔霍夫和麦克斯韦等物理学家的论文和哲学家马哈的著作。至于考试，爱因斯坦则要仰仗他的好友葛罗斯曼的笔记了。终于，爱因斯坦的所作所为引起了一位教授的愤怒。爱因斯坦为他的逃课付出了惨痛代价——因缺席某次实验研究课受到严厉的警告，并在他的大学的档案里留下了不良记录。

双重打击

1900年8月，爱因斯坦毕业了，他目睹了同届友人们留校任教，开始对自己就业无着落的生活进行反思。谋职的压力没有击垮他，他开始酝酿一篇不可思议的论文。论文的内容是关于分子运动研究的。虽然爱因斯坦的相对论广为人知，其实他的研究领域十分广泛，尤其是关于统计力学的研究——他早期论文的主要目标。1908年，爱因斯坦终于找了一份在大学担任代课老师的工作。对他而言，这份工作并不值得骄傲，因为他的目标是更多更广更深的研究。

在他教书工作空当，爱因斯坦依然写着关于分子运动的论文，然而送到苏黎世大学的审读结果却是被否定。同时，他写给大学同学关于希望在大学谋职的信也遭到了回绝。先是渴望得到助教工作却没被录用，接着又是研究论文不被认可，双重打击让他感受到了刻骨铭心的挫败感。

惊人的转身

爱因斯坦得以踏出新方向的第一步，完全得归功于他的友人葛罗斯曼的大力协助。在葛罗斯曼父亲的大力推荐下，爱因斯坦才终于在瑞士首都伯尔尼专利局找到一份工作。对于在伯尔尼的那段日子，真可说是爱因斯坦一生中最幸福的时光了。因为他只要完成专利局的工作，就可以利用充裕的时间思考他的论文了。在以后的日子里，他和友人哈比希特、索罗文共同创立了名叫“奥林比亚学院”的研讨会，开始终日沉湎于物理、数学、哲学的研讨中。于是，他的那些论文频频发表，不乏名垂青史的佳作。更令他感到欣喜的是，他还在那里觅得了最初的妻子。

最有个性的物理学家爱因斯坦

爱因斯坦对天文学最大的贡献在于他的宇宙学理论——大大推动了现代天文学的发展。

拉小提琴的爱因斯坦

爱因斯坦学习小提琴并没有通过正规的小提琴教程，而是通过练习莫扎特的奏鸣曲来完成的。他认为热爱就是最好的导师，小提琴也成为了他科学生涯中的欢乐伴侣。

建筑物的圆顶是一个天文观测室。

爱因斯坦天文台

位于波茨坦，由德国建筑师孟德尔松于20世纪20年代设计。爱因斯坦的广义相对论既新奇又神秘，孟德尔松把它作为了建筑表现的主题。

下部有物理实验室。

光速

亘古不变的速度

真空中的光速，是一个物理常数，用符号c来表示，等于299792458米/秒，根据爱因斯坦的相对论，没有任何物体或信息运动的速度可以超过光速。

目测光的传播速度

在爱因斯坦刚进入大学时，物理学研究提出了光速的问题。那是一项有关光速的某项实验结果。

对于光这样一个不可捉摸的物质，可以用一个通俗的例子来说明。

假设一个人现在正以时速100千米驾驶汽车，当他看到一辆以时速200千米行驶的列车时，他会发现什么？

假如汽车是与列车同方向行驶，人对列车的目测速度是时速100千米；如果汽车与列车开往相反方向，那么人对列车的目测速度就是时速300千米。

对目测光速的质疑

然而，美国物理学家迈克尔生及莫雷1897年关于光的实验结果却和以上的目测法的结果不一致。

以上述例子中的汽车和列车为例，由运动光源发出的光速应当比起由静止光源发出的光速更快。如果运动中的光有相交，那么目测速度应当是两者速度之和。然而，实验结果却表明，无论是运动中或静止中，光的行进速度都是恒定的。

所以，当人们测量光速时，无论自身是运动的还是静止的，测量出的光速都是不变的。

光速的测量历史

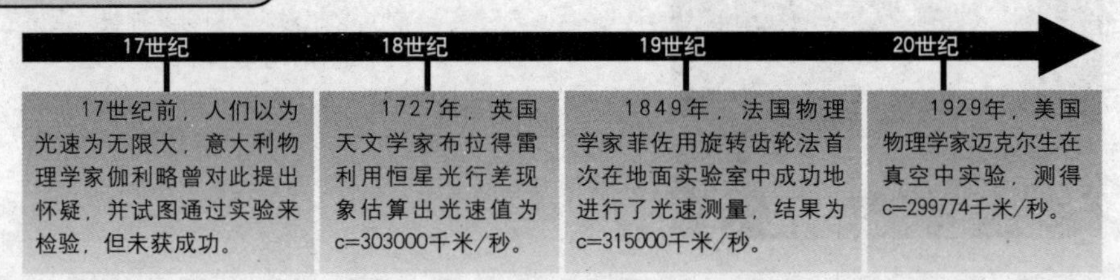

光速实验

目测光速实验假设

假设一个人现在以时速100千米驾驶汽车，当他看到一辆以时速200千米行驶的列车时，他会发现什么？

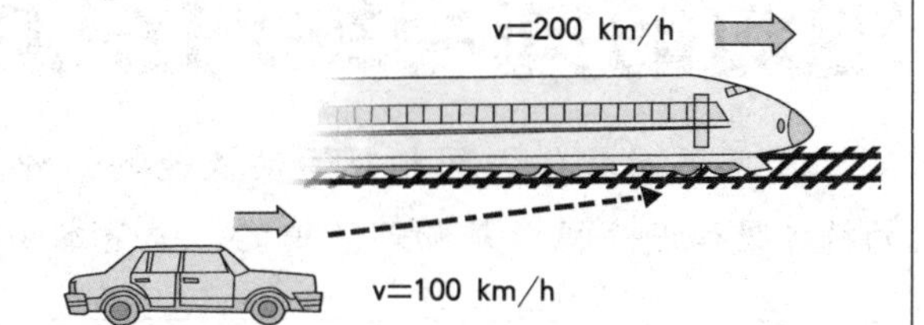

假如汽车是与列车同方向行驶，人对列车的目测速度是时速100千米。

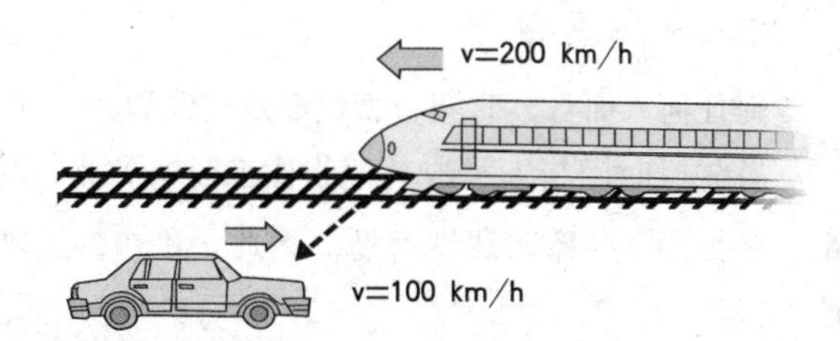

如果汽车与列车开往相反方向，那么人对列车的目测速度就是时速300千米。

结论

由运动光源发出的光速应当比由静止光源发出的光速更快。如果运动中的光有相交，那么目测速度应当是两者速度之和。

对上述结论的质疑

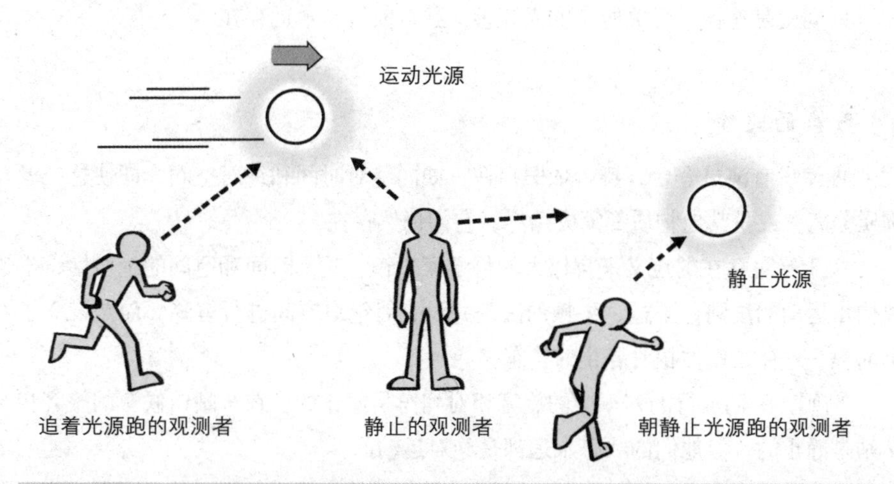

实验结论　对于运动的光源和静止光源，每一位观测者测得的速度都是一样的，因此光速是恒定的。

永恒不变

绝对时间与绝对空间

时间是对物体之间相对运动快慢的一种描述。它表示物质运动过程的持续性和顺序性，是物理学中的一个基本物理量。

时间从不逗留

对任何人而言，时间的步伐都是一致的。

首先，时间与人类或其他物体都没有关联，无论我们采取什么样的方式来计算，时间都以同样的速度流逝。因此，不可挽留和不可停住的时间，又叫作绝对时间。

假如，现在世界上所有的钟表都消失了，那么，时间仍然继续行走吗？事实是，如果真的所有的钟表都消失了，时间仍然继续存在。可是，如果全部的原子或粒子和钟表一起消失了，又会是什么样的呢？如果连地球、太阳、银河系全都不见了，宇宙也消失了的话，那又会怎样呢……也许，有人认为，既然一切都消失了，那时间还有存在的必要吗？

时间就是这样，无关所有的人和事，独自前行，永远存在。

舞台的比喻

即使没有演员登台，舞台依旧存在，如同绝对时间和绝对空间，即使这二者与物质分离，或是其他物质都消失殆尽，它们仍然存在。

关于绝对存在的定义来自伟大的科学家牛顿。基于时间和空间的绝对性，牛顿建构出运动的法则。不过，牛顿的法则并没有对绝对空间进行解释，而是设立了一个前提——存在一种相对静止的状态。

例如，一辆运行的列车中的旅客相对列车是静止的，在车站内候车的旅客相对车站是静止的，但他们的状态永远都是绝对运动的。

总而言之，就牛顿的理论而言，运动是绝对的，静止是相对的，因而速度本身没有绝对的含义，也只是相对的。

光速的绝对意义

有关光速的实验却完全和牛顿的运动法则对立。从光速无论处于何种运动状态都是一致的现象来看，光速是绝对的。运动和变化只有在一定的时间段里才会发生。在一个固定的时间点上，世界和万物是不会发生任何运动和变化的。

当我们要观察世界和万物的运动和变化时，首先要存在一个特定的时间段，然后以此作为观察的条件。如果没有这样一个特定的时间段作为观察的前提条件，那么我们就不能发现任何运动和变化的特征，或者说没有比较或参照。

时间永远是恒定的

如同散文家提出的疑问："但是，聪明的你告诉我，我们的日子为什么一去不复返呢？——是有人偷了他们罢：那是谁？又藏在何处呢？是他们自己逃走了罢：现在又到了哪里呢？"物理学家也在思考，为什么时间无论在什么样的情况下，都是恒定的。

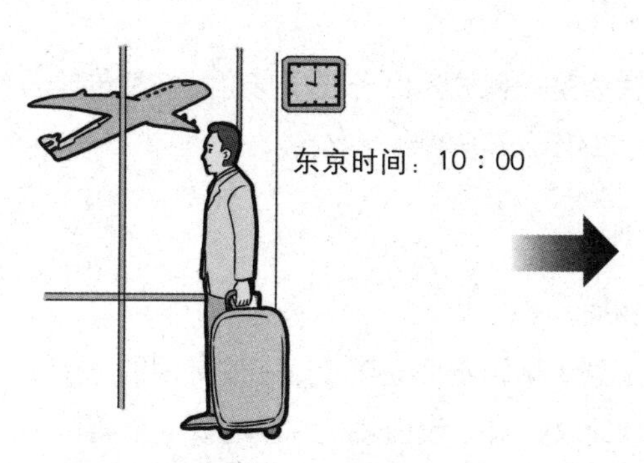

正准备从东京飞回公司的老板，手表显示的是东京时间：10：00。

绝对时间永远不会因为私人时间而改变。

手表慢了5分钟的员工A正在赶往办公室。

习惯将手表调快5分钟的员工B正处于焦急中。

绝对空间

一直都没有找到的空间

绝对空间和绝对时间一样，是和所有东西都没有任何关系的自行存在的空间。然而，是否真的存在绝对空间和绝对时间呢？

寻找绝对空间

迈克尔生与莫雷曾经做了许多关于光速的实验，他们的目标是为了寻找牛顿所说的绝对空间，不过他们的实验结果显示，没有绝对空间，更没有绝对时间。他俩的实验究竟是什么样的呢？

就当时的情况而言，光被普遍认为是一种波。由于波本身也是一种传导的媒介物，所以，大家相信肯定另有某种可以传导光波的媒介存在。

媒介是什么

媒介是波在传导时必需的一种物质。

举例来说，如果我们扔一颗石子到水里，水面立刻泛起一圈一圈的涟漪——不能称其为波，但可以表明波的存在。此时，对于波而言，水就是媒介。再举一个例子，声音也是一种波，而我们可以互相对话就是因为空气充当了声波传导的媒介。所以，当人们处于空气稀薄的高原时，相互对话会比较困难，而在真空状态下，声音是无法传播的。

当时的科学家普遍认为以太（能媒）是光的媒介物，如果缺少了以太（能媒）光就无法传播。而且，依据这样的想法，可以作以下推理：以风速为例，风是源于空气的运动，所以风在吹动时，沿着同一方向前行的音速会随着风速的增加而增加，而朝反方向运动的音速则会随风速减慢而减速，同理，此类情况在光的传播过程中也会发生。

以太就像风

换句话说，以太（能媒）是光波传导的媒介，所以光速会随以太（能媒）的速度增加或减少而变化。同时，人们也认为，就算是在绝对空间里，也存在着这样一种静止状态的以太（能媒）。假如将地球置于绝对空间里，当地球运行的时候，位于地球之上的我们则会觉得以太（能媒）之风正在吹拂着，而我们在地球上测得的光速则会随着以太（能媒）风的方向而变。

相反，如果测量出的光速的结果有一定差异，我们则可以认为是地球与以太（能媒）之间有着相对运动。因此，我们可以通过这样的测量发现地球与绝对空间所进行的是什么样的运动。迈克尔生和莫雷抱着这样的想法，开始对向不同方向运动的光进行了测量。

以太的科学意义

被物理学家抛弃的以太

以太（Ether）是一个历史上的名词。在古希腊，以太指的是青天或上层大气；在宇宙学中，又用来表示占据天体空间的物质；17世纪的笛卡尔将以太引入科学，并赋予它某种力学性质。

相关链接

被抛弃的以太　在笛卡尔看来，物体之间的所有作用力都必需通过某种中间媒介物质来传递，空间不可能是空无所有的，它充满着以太这种媒介物质。19世纪80年代，迈克尔生和莫雷所做的实验第一次达到了这个精度，但得到的结果仍然是否定的，即地球相对以太不运动。此后其他的一些实验亦得到同样的结果，于是以太进一步失去了作为绝对参照系的性质。这一结果使得相对性原理得到普遍承认，并被推广到整个物理学领域。在19世纪末和20世纪初，狭义相对论确立以后，以太终于被物理学家们所抛弃了。

爱因斯坦之前的解释

运动中的物体长度会缩小

如前文所述，迈克尔生及莫雷的实验结果表明，无论他们如何测量，所得到的光速都是一样的。但是，究竟该如何解释这项实验的结果呢?

光速的测量实验

如许多实验的印证，光是波的一种，这是毫无疑问的。或者说，既然光是波的一种，那么无论光朝什么方向运动，都会以同样的速度运动的，也就可以认为如果以太（能媒）之风没有吹拂的话，地球相对绝对空间而言就是静止不动的了。但是，事实是这样吗?

众所周知的事实

事实上，地球是绕着太阳运转的，而太阳也是从2亿—3亿年前就开始绕着银河系中心附近而运转的，而银河系本身也是受到相距2亿光年邻近的安托罗美达星云吸引而运转的。这些都是众所皆知的事。更有甚者，以上述所提及的银河与安托罗美达星云为中心，其附近还聚集着十个涵盖范围较小的银河，它们也组成了一个集团；这个集团全部受到来自室女座方向的某种巨大银河集团的吸引而运动着。

如果完全不考虑它们的运动状态或运动方向，那么则可以得出地球静止不动的结论。不过，这是毫无可能的。

运动中的物体长度会缩小

在此，我们首先要做的是进行思想的转换。如果我们不能使原先既有的常识或观点发生改观，那么我们就无法了解实验的结果了。

在爱因斯坦之前，关于“运动中的物体长度会缩小”的观点，其理论基础正是以太（能媒）风的影响。他们认为，物体之所以运动，就是以太风对物体中分子产生压力的结果。由此，我们可以推断，光速也应该会发生变化。与此同时，测量光速的直尺也在发生变化，但是这些变化都是无法目测的。

这些看似明确的理论就面临着一个严峻的挑战：我们无法知晓以太（能媒）究竟为何物。因此，这些假设就只能被搁置了。

运动前带来的惊人变化

星体运行的路径

如图所示，地球是绕着太阳运转的，而太阳也是从2亿—3亿年前就开始绕着银河系中心附近而运转的，银河系本身又是受到相距2亿光年邻近的安托罗美达星云吸引而运转的。

以银河与安托罗美达星云为中心，其附近还聚集着十个涵盖范围较小的银河，它们也组成了一个集团；这个集团全部受到来自室女座方向的某种巨大银河集团的吸引而运动着。

运动物体的长度变短了

在爱因斯坦之前，曾有科学家提出关于“运动中的物体长度会缩小”的观点。他们认为，物体之所以运动，就是以太风对物体中分子产生压力的结果。由此，我们可以推断，光速也应该会发生变化。而且，与此同时，测量光速的直尺也在发生变化。

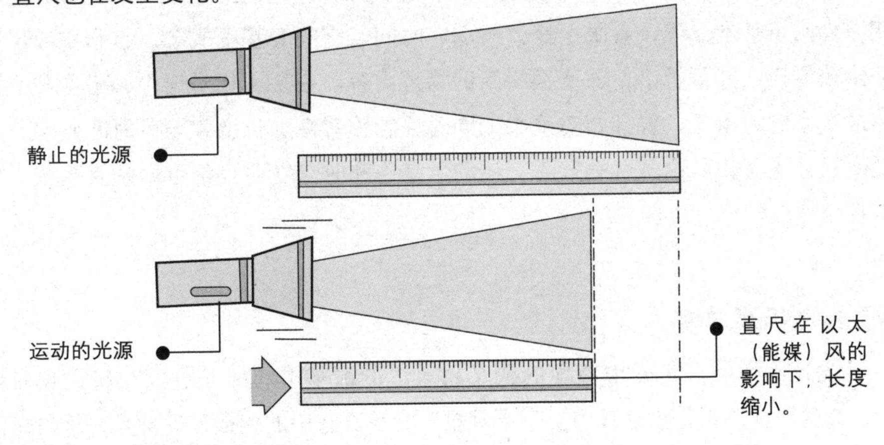

光速不变原理

爱因斯坦的破空之解

无论人们怎么测量，测量运动的光源或者在运动状态进行测量，测得的光速总是一样的。为什么呢？

爱因斯坦的破空之解

终于，在1905年，爱因斯坦颠覆过去所有的猜测和想法，提出了一种合理的解释：光速不变原理。这一原理让媒介以太（能媒）也失去了存在的必要性。虽然以太（能媒）静止时所见的空间称为绝对空间，然而，若不考虑以太这一媒介的话，绝对空间也就不存在了。如同人们都处于运动中时，无论是谁都不能说自己处于绝对静止状态，这两者完全是等同的。

这项关于空间尺度的关系的学说是洛伦兹变换理论。因此，只有在洛伦兹变换理论基础上转变运动状态，光速才可以保持恒定。

洛伦兹变换理论

在相对论出现以前，洛伦兹从存在绝对静止状态的观念出发，通过考虑物体运动发生收缩的物质过程得出了洛伦兹变换。在洛伦兹的理论中，变换所引入的量仅仅是作为数学上的辅助手段，并不包含相对论的时空观。

爱因斯坦与洛伦兹不同，以观察到的事实为依据，立足于相对性原理和光速不变原理两条基本原理，着眼于修改运动、时间、空间等基本概念，重新推导出了洛伦兹变换，并赋予洛伦兹变换崭新的物理内容。在狭义相对论中，洛伦兹变换是最基本的关系式，狭义相对论中如同时性的相对性、长度收缩、时间延缓、速度变换公式、相对论多普勒效应等运动学结论和时空性质等都可以从洛伦兹变换中直接得出。

光速不变原理

光速不变原理是爱因斯坦的狭义相对论的最基本的出发点。在狭义相对论中，光速不变原理是指在任何情形下观察，光在真空中的传播速度都是一个恒定的常数，不会随光源或观察者所在参考系的相对运动而改变。这个数值是299792458米/秒。光速不变原理是可以通过联立麦克斯韦方程组解得的，而且光速不变原理已由迈克尔生—莫雷实验证实。在广义相对论中，由于所谓惯性参照系不存在了，因此，爱因斯坦引入了广义相对性原理——物理定律的形式在一切参照系都是不变的。这使得光速不变原理可以应用到所有参照系中。

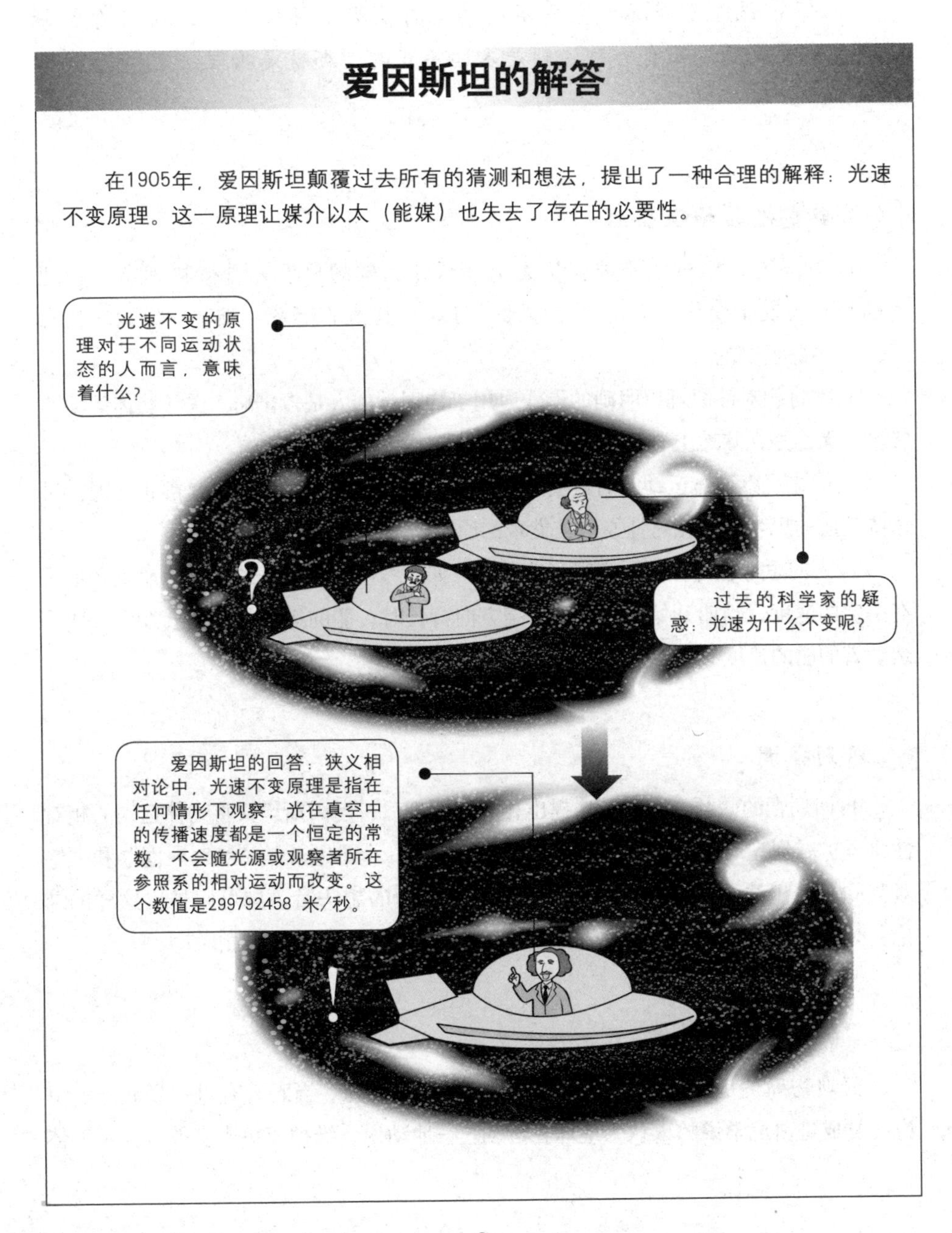

相对性原理

伽俐略提出的相对论

人们常说，不同环境需要不同的生存法则，环境变了，我们的生存法则也需要改变，而有一种法则是永远不变的，那就是物理法则。

不会变化的物理法则

简单来说，相对性原理就是无论谁从什么样的角度来看待物理学，物理法则都不会发生变化。无论是在地球、月球、其他的星系，或者任何运动状态下，它都是不变的。

首次将相对性原理以明确的形式应用于物理学的人是伽俐略。关于物体运动的实验，无论是在陆地上进行还是在航船上进行，结果都是一定的。

人们在观察物体运动的时候会思考一个问题：究竟船是动的还是静止的呢？对这些问题的思考就是相对性原理被发现的原因。

深入的思考也许让问题变得复杂起来。如果考虑船是运动的，那么船就必定具有一定的速度，当船开始笔直地朝一定方向行驶时，船的运动状态就会发生改变，运动着的船的速度又会发生什么样的变化呢？

特别强调

再回到光的话题。在伽利略提出相对性原理后，爱因斯坦又将物体运动的相对性原理扩展到光的研究领域。不过扩充之后带来一个难题就是“绝对时间”和“绝对空间”的想法不再适用了。这是因为，导入新的想法后，则可以推出这样的结论：时间与空间的尺度，在运动状态下会发生变化。这就是狭义相对论。

“萨尔维蒂”大船

经典物理学是从否定亚里士多德的时空观开始的。当时曾有过一场激烈的争论：赞成哥白尼学说的人认为地球在运动——地动说，维护亚里士多德—托勒密体系的人则认为地球是静止的——地静说。地静派有一条反对地动说的理由：如果地球在高速运动，为什么在地面上的人一点也感觉不出来呢？

这个问题的确是不能回避。1632年，伽利略出版了他的名著《关于托勒密和哥白尼两大世界体系的对话》，书中彻底地回答了上述问题。他提到了一艘叫作“萨尔维蒂”的船，它的状态是静止匀速运动。

伽利略说：“把你和一些朋友关在一条大船甲板下的主舱里，你们带着几只苍蝇、蝴蝶和其他小飞虫，舱内放着一只大碗，里面有几条鱼。然后在舱顶上挂一只水瓶，让水滴逐滴滴到下面的一只宽口罐里。

“当船停着不动时，你仔细观察，小虫将以相同的速度在舱内各方向飞行，鱼也向各个方向随意地游动，水滴滴进下面的罐中，你把任何东西扔给你的朋友时，只要距离不变，向这一方向不必比向另一方向费更大的力气。

“你双脚起跳，无论向哪个方向跳，离开原地的距离都是相等的。当你仔细地观察这些情景之后，再使船以任何速度前进，只要运动是匀速，也不忽左忽右地摆动，你将发现：所有上述现象丝毫没有变化。你也无法从其中任何一个现象来确定，船是在运动还是停着不动。即使船运动得相当快，在跳跃时，你将和以前一样，在船底板上跳过相同的距离，你跳向船尾也不会比跳向船头跳得远；你跳到空中时，脚下的船底板向着你跳的相反方向移动；无论你把什么东西扔给你的同伴，无论他在船头还是船尾，只要你站在他对面，你就不需要用更大的力气。

“水滴将像先前一样，滴进下面的罐子里，一滴也不会滴在船的尾部。虽然水滴在空中时，船已行驶了一段距离，但水中的鱼游向水碗前部并不需要用比游向水碗后部花费更大的力气，它们一如既往地悠游于水碗边缘的任何地方并吞吃鱼饵。

“最后，蝴蝶和苍蝇也继续随意地四处飞行，它们也绝不会集中在船尾，这不是因为它们可能长时间停留在空中，脱离了船的运动，而为了跟上船的运动而显示出疲惫的样子。”

“萨尔维蒂”大船道出了一条极为重要的真理：就船中发生的任何一种现象而言，你无法判断船处于什么样的运动状态。这个论断就是我们所说的伽利略相对性原理，而“萨尔维蒂”的大船就是一种惯性参考系。所以说，以不同的速度匀速运动而且又不忽左忽右摆动的船都是惯性参考系。在一个惯性参考系中能看到的现象，在另一个惯性参考系中必定也能毫无差别地呈现。

7 有关“萨尔维蒂”大船

究竟船是动的还是静止的呢

首次将相对性原理以明确的形式应用于物理学的人是伽利略。人们在观察物体运动的时候会思考一个问题：究竟船是动的还是静止的呢？对这些问题的思考就是相对性原理被发现的原因。

结论

关于物体运动的实验，无论是在陆地上进行还是在航船上进行，结果都是一样的。

碗里的鱼游向水碗前部并不需要用比游向水碗后部更大的力气，一如既往地悠游于水碗边缘的任何地方并吞吃鱼饵。

蝴蝶和苍蝇也继续随意地四处飞行，它们也绝不会集中在船尾。

"萨尔维蒂"大船阐述的真理

1632年，伽利略出版了他的名著《关于托勒密和哥白尼两大世界体系的对话》，书中回答当时人们关于地动说和地静说的争论。他提到了一艘叫作"萨尔维蒂"的船，它的状态是静止匀速运动。

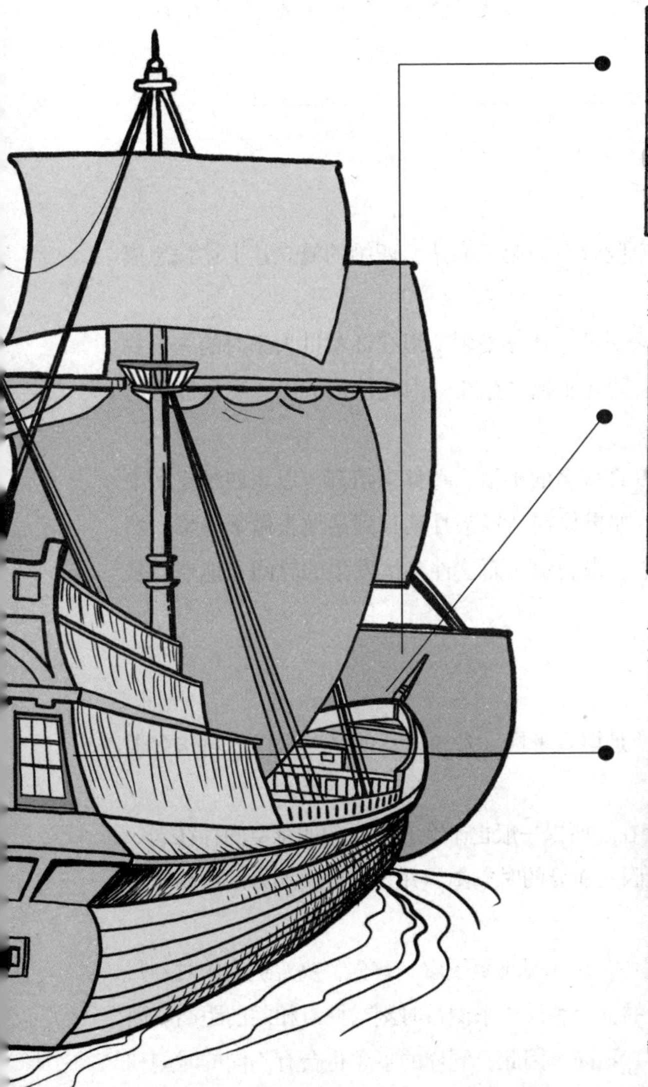

双脚起跳的人，无论向哪个方向跳，离开原地的距离都是相等的。

如果有人把什么东西扔给同伴，无论他在船头还是船尾，只要同伴站在他对面，他就不需要用更大的力气。

水滴将像先前一样，滴进下面的罐子里，一滴也不会滴在船的尾部。

实验结论　"萨尔维蒂"大船道出了一条重要的真理：就船中发生的任何一种现象而言，人们无法判断船处于什么样的运动状态，即我们所说的伽利略相对性原理。"萨尔维蒂"的大船就是一种惯性参考系。

四维
时间与空间的集合

绝对时间或绝对空间并不存在，那么是否意味着每个人都拥有各自不同的时间和空间呢？

事象是什么

怎样才能让各不相同的时间与空间合在一起来表达？四维的概念让上述设想成为了可能。

最先想到四维空间的人是明可夫斯基，他是爱因斯坦在苏黎世大学时的一位数学老师。明可夫斯基认为，时间和空间并非独立存在，因此他创造出一个可以称为四维的数学上的空间。

在这个四维空间里，正发生着许许多多的事情。每件事情都可以用四维空间中的一点来表示，即事象。举例来说，如果你在某年某月某日到某地去做某件事，那么这件事就可以用四维空间里的一个点来表示，而这件事情发生的时间和地点就是事象对应的时间点和空间点。

四维是什么

将不同的事象分成时刻和位置的是填入坐标。必须注意的是：坐标的填法会根据人们不同的运动状态而有所差异。

由于绝对时间或绝对空间并不存在，所以一般也不会有唯一的四维空间存在。一般情况下，所谓四次元时空图指的是因人而异的时空图，并且是根据那人的运动状态而定的。

基于某人的立场，将坐标填入其中，标示见下页图解。首先，决定适当的时刻归零及空间原点，然后由那人持有准确的钟表和尺子来测量时刻与原点相距的距离。因为此钟表和尺子会随着运动中的人而有不同，因此，同样的事象也会有不同的时刻和位置。在不同运动状态下关于各种钟表和尺子的不同变化暂时不做详细介绍。

最初，爱因斯坦只觉得明可夫斯基的想法不过是数学上的改写，似乎并不十分在意。直到后来他创造广义相对论，领悟四维空间的想法时，才发现明可夫斯基的想法非常基础和重要。

发现四维空间

每个人自己的时空坐标系

在每个人自己的时空坐标系中，发生在自己身上的每件事情都可以用四维空间中的一点来表示，这就是事象。

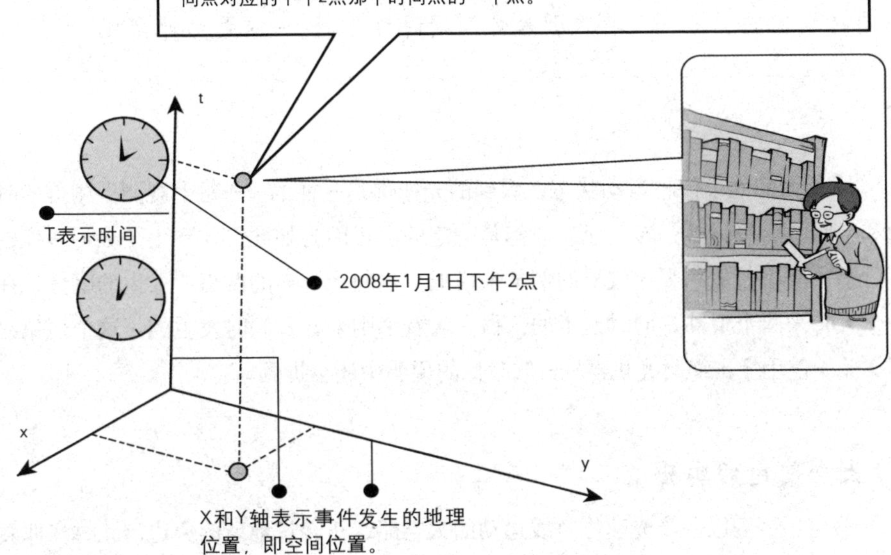

便笺纸上的小人

如果我们在一本便笺纸每一页的不同位置上都画了不一样的小人，那么我们在迅速翻动这本便笺纸时就会看到连续在动的小人。

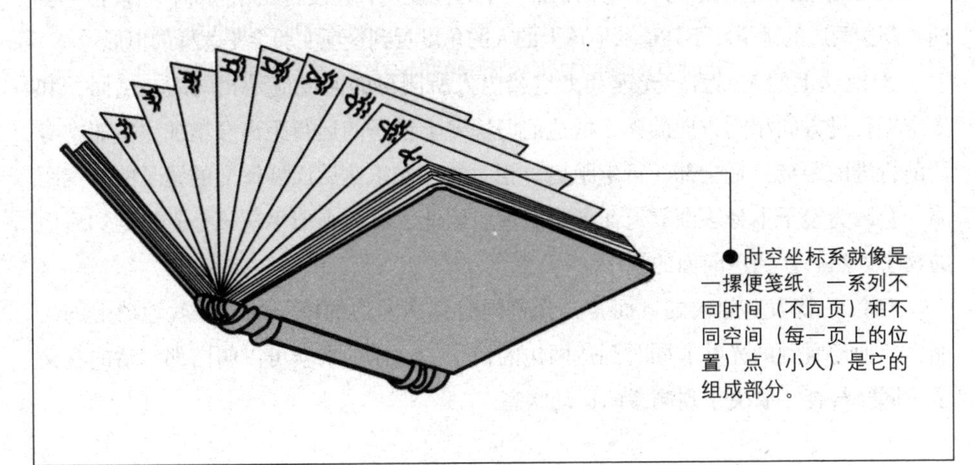

何谓同时

同时也是相对的

令人费解的是，空间上分离的两点发生的两个事件，在一个人看来是同时发生的，另一人看来则未必是同时发生的。 这是为什么呢？

不论人们处于何种运动状态，看到的光速都是一样的——每个观测者测得的时间和空间的衡量标准，转变成光速都是一定的。正因为如此，才产生了多种多样的不可思议的事。举一个比较早的例子来说吧。空间上分离的两点所发生的事件，在一个人看来两个事件是同时发生的，另一人看来则未必是同时发生的。这个现象在下文关于使用宇宙绳时光机器——航时机的说明中还会提到。

太空船内的实验

假定：一艘以一半光速作直线运动的太空船，正经过地球的旁边，此时在那艘太空船内进行下列实验。

在太空船内朝向与行进方向相同的墙壁和朝向与行进方向相反的墙壁上都装上镜子，镜子在墙上的高度相同。在两面镜子之间距离的中心设有发出光信号的装置，它将向方向相反的两面镜子放出光线。

对太空船内的人而言，不论光朝哪一个方向发射，速度都是相同的，所以信号会同时到达两边的镜子。不知道从地球上的人的角度看到这项实验会是怎样的情形。

对地球上的人而言，光速和太空船内人所测得的速度应是相同的。然而，和太空船行进方向相同方向的光，抵达前面墙壁上镜子的运行距离会增加太空船本身往前行进的距离，是全部的行走距离。相对的，光抵达后面墙壁上的镜子的行走距离，会因为镜子本身逐渐靠近而愈来愈短。因此，看起来似乎应该是光先到达后面的镜子，然后才到达前面的镜子。

所以，就太空船内的人而言，光是同时到达两边的镜子的，但就地球上的人而言，他们看到的光并非同时到达两边的镜子。这样一来就可以明白那句话的含义了，同时与否，取决于观测者的运动状态。

大胆做一次实验

太空船里的镜子反光实验

这是以一半光速做直线运动的太空船，正经过地球的旁边。

在两面镜子之间距离的中心设有发出光信号的装置，向方向相反的两面镜子发出光线。

在太空船内朝向相反的墙壁的同一高度的位置各装一面镜子。

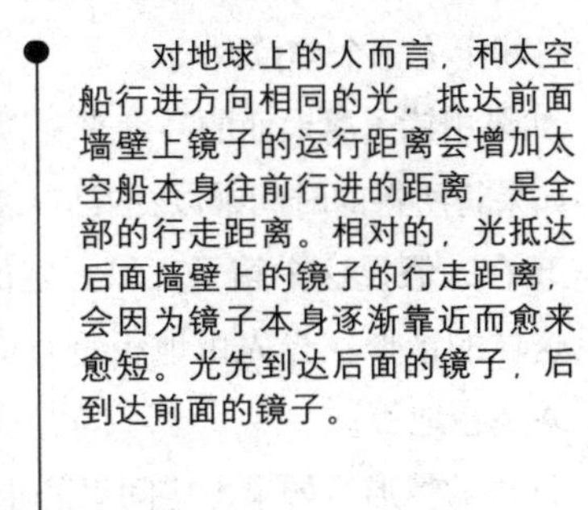

对太空船内的人而言，不论光朝哪一个方向发射，速度都是相同的，光会同时到达两边的镜子。

对地球上的人而言，和太空船行进方向相同的光，抵达前面墙壁上镜子的运行距离会增加太空船本身往前行进的距离，是全部的行走距离。相对的，光抵达后面墙壁上的镜子的行走距离，会因为镜子本身逐渐靠近而愈来愈短。光先到达后面的镜子，后到达前面的镜子。

实验结论　就太空船内的人而言，光是同时到达两边的镜子的；但就地球上的人而言，他们看到的光并非同时到达两边的镜子。因此，同时与否，取决于观测者的运动状态。

钟表变慢

光速恒定带来的奇特现象之一

接下来要说的是，就算两只相同的手表，也会由于钟表本身运动状态的不同而使得显示的时间不同。研究结果则表明：运动中的钟表会变慢。

光的钟表实验

光的钟表实验如下：

首先，在天花板上吊上一个挂有镜子的箱子，在地板上放置光源。当光向上射出时，会从天花板的镜子反射回地板。钟表的用途在于，将光由地板射出并返回地板的时间定为一个单位时间。

如果用镜子离地面的高度来除以光速，就可以得出光由地板到达天花板所需时间；如果将所得的时间乘以2的话，就可以知道光往返所需的时间。

现在，假设这个箱子正以一定的速度做匀速直线运动。箱子里面的人是否会看见这样的情形：光先由地板垂直朝上运动，到达天花板后又被反射垂直朝下运动，并到达地板？

同样的情形，如果由房间里静止不动的人来看，又会是什么样的呢？

实验结论

由地板所发出之光，看起来似乎只有箱子本身运动部分倾斜地上升，经天花板上的镜子反射后，再度倾斜地下降抵达地板。

总的来说，较之箱内人所见到的，箱子外面的人看到的情形是，光似乎走了更长的距离，换句话说，就是说光必须多走箱子运动的那段距离。因此，房间里的人所测得光的往返时间，是用那人所见的光所移动的距离除以光速得到的。

由于光速不论在谁看来都是相同的，因此可以得知房间里的人所测得光的往返时间，会比箱子里的人测得的时间更长。

正因为如此，运动中的钟表由静止的人来看，会发现比起自己的钟表长了1个单位的时间。

运动中的钟表的实验

我们将测定光行走时间的计时器分别置于静止的容器和运动的容器中，然后开始测量光线从容器底到天花板的往返时间。

静止的箱子

假设测试者在失重静止的箱子里测量光速，那么用箱子的高度来除以光速就可以得出光由地板到达天花板的时间；如果将所花的时间翻一倍的话，即可以知道光往返所需的时间。

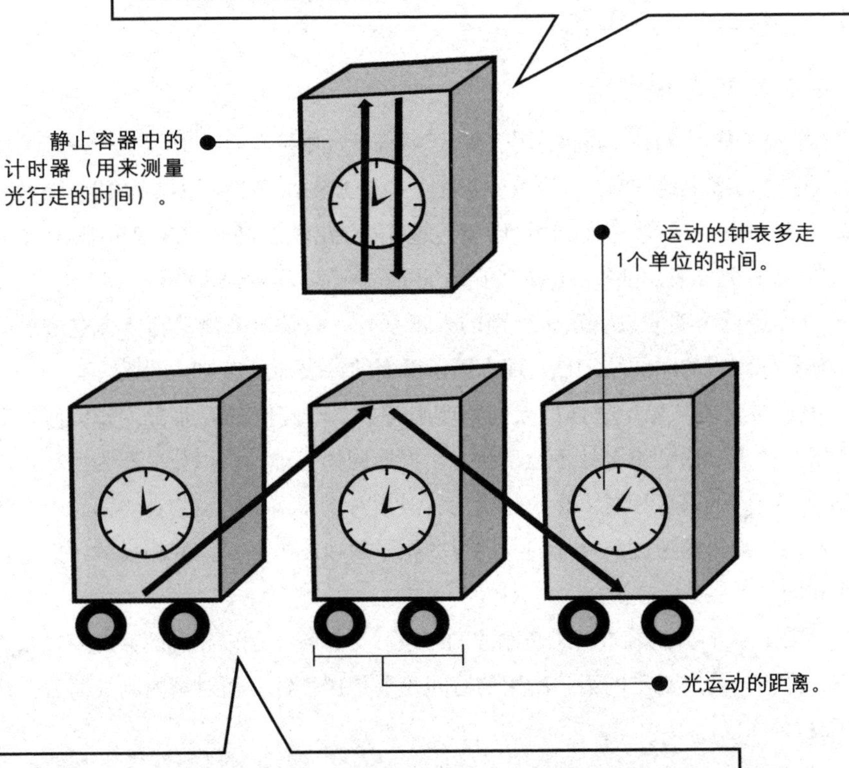

现在这个箱子正以一定的速度做匀速直线运动。箱内的人所看到的光线的直射和反射跟箱子静止时的情形基本一样，但箱外的人会看到不同的情况。箱外的人看到的是光线的运行路径为先倾斜地上升，经天花板上的镜子反射后，再倾斜地下降，箱外人看见的光线要比箱内人看到的光线多走一段距离。

运动的箱子

实验结论　光速是恒定的，但是箱外的人所测出的光往返的时间会比箱子里的人测得的时间更长。正因为如此，运动中的钟表由静止的人来看，会发现比起自己的钟表多走了1个单位的时间。

测定值会缩小

光速恒定带来的奇特现象之二

现在要思考的问题是，在光速恒定的前提下，测得的运动状态下的物体的长度是否也会有所变化呢？

箱子过隧道的实验

为了解决这个问题，我们借用前文那个测量运动中钟表会变慢的箱子来进行实验。

此时的实验是这样的：假设箱子会通过一定的路线，我们在这段路线上放置着一个隧道（屏障物）；接着，我们设想箱子穿过隧道需要花费的时间。由前文的那个实验我们可以知晓，从箱外来看的话，运动中的箱子里面的钟表时间会走得更慢。

现在进行一项假设，箱子外面的人正拿着一只钟表来测量箱子穿过隧道的时间，如果他测得的时间是10秒，那么箱子里面的钟表却只走了5秒而已。

我们再试着从箱子里面的人的角度来考虑，对箱内的人而言，如果认为他是处于静止状态，而隧道是处于运动状态。根据同样道理，再以公交车为例，当汽车发动时，车内的乘客相对汽车是静止的，但相对于车站是运动的。再回到箱子的例子，箱内人测得的速度与外面的人测得的箱子的速度方向是恰好相反的，但是大小几乎相同。

现在，我们再试着重新思考刚才的假设。尽管箱子是以相同的速度穿过相同的隧道，由箱外的人来看的话，所用的时间几乎是10秒钟；而对箱内的人而言，却只用了5秒钟而已。

令人费解的实验结果

乍听之下实验结果令人费解，不过参照下列说明进行思考的话，疑惑就会全部解开了。总归一句话，由箱内的人来看的话，运动中的隧道长度会比静止时测得的长度更短。为了更容易地理解这个道理，我们可以更简单地表述上述实验的结论：如果将隧道移开的话，所有的东西包括尺子，一旦发生了运动，其运动方向的长度看起来都会缩小。

把运动状态下的人的时间和空间的尺度与静止中的人的时间和空间之尺度相比

较的话，可以发现二者的显著不同。而造成这变化的原因在于不论处于何种运动状态下的人来测量，所得之光速都是完全相同的。

在此之前，科学家曾提议使用以太（能媒）为媒介物，现在则可以说完全没有这个必要。至于变化的程度，则取决于速度的大小。如此一来，运动速度越快，时间走得越慢，而寿命则可以延长。然而，就实际问题而言，由于光是以每秒30万千米的惊人速度行走，但它并不曾对我们的人生有多大影响。

这里顺带提一下那个安德堡号的速度，大概是每秒100千米左右吧。这个变化之所以被提出来讨论，不过是因为和光速相比，它拥有令人无法忽视的运动速度。

物体运动方向的长度变化

箱子过隧道的实验

由前文的实验我们可以知晓箱子里面的钟表时间会比箱子外面的钟表的时间走得更慢。为什么箱子以同样的速度过隧道，箱子里外的人却测出不同的时间呢？

把实验情景看作箱子朝隧道运动

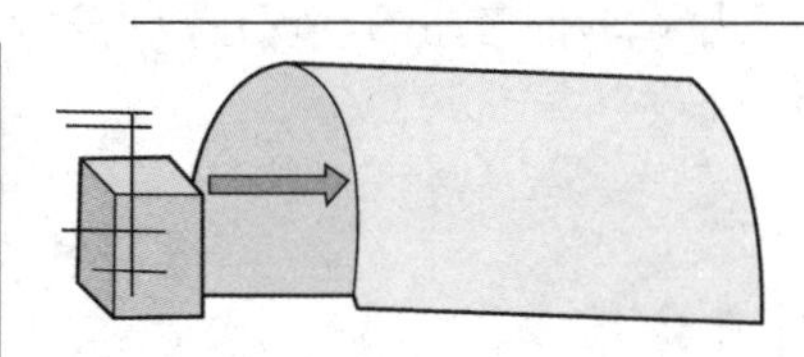

箱内人测出的隧道长度变短了。

分析
物体运动方向的长度会变短

我们先假设，箱子外面的人测得箱子穿过隧道的时间是10秒，而箱子里面的人测得的时间为5秒而已。对于箱内的人来说，箱子在发生运动时，隧道的长度会比静止时测得的长度更短，即所有的东西在发生运动时，其于运动方向上的长度看起来都会缩小。

把实验情景看作隧道朝箱子运动

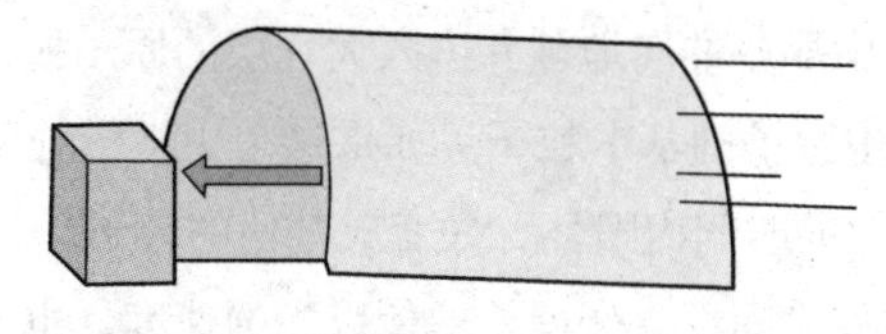

实验结论　理论上人可以长生不老。运动状态下的人的时间和空间的尺度与静止中的人的时间和空间之尺度是显著不同的，造成这种变化的原因就在于光速的恒定。运动速度越快，时间走得越慢，而人的寿命则可以延长。不过任何速度与每秒30万千米的光速相比，都是可以忽略不计的。

验证时间变慢

穿过大气层的中微子流

运动中的钟表会变慢这一结论，是否会让你觉得这与我们的现实生活格格不入呢？我们现在以自然界存在的现象来说明这个观点。

狭义相对论与生活常识

对于运动中的钟表时间会变慢这一现象，我想，一定有许多人明白了它的道理，却觉得这与我们的日常生活中的现象并不符合吧！不过，这个结论是经历无数个实验后，被精确地证实了的。

无论怎样巧妙地建构而成的理论，如果不经受实验的洗礼，就一定不能成为正规的理论。

狭义相对论的预言，乍看之下让人觉得与我们的常识相差甚远，但是它的的确确是通过了层层试验的考验的。现在，我就来举一个自然界实际发生过的时间变慢的例子吧!

中微子的寿命延长了

在宇宙空间里，存在着多种多样的种类相同的被称为宇宙射线的原子核，它们在宇宙中盘旋飞翔着。

其中那些冲向地球并进入大气层的原子核，在和大气层中的原子相撞后，会产生名叫中微子的基本粒子。如果这个中微子处于静止状态的话，会在一百万分之一秒这么短的时间内毁坏，并变成其他的粒子。

假如时间没有变慢，即使以光的速度，也只能走数百米，是绝对无法走完到地面这么长的距离的。

按照这样的推断，在数十千米高的上层所产生的中微子，是来不及及时到达地面的。然而，中微子的存在是我们在地面上测得的。这是因为中微子以接近光速的速度运动着，因此就我们在地面上的观测结果来说，它的寿命是大大地延长了。

冲进大气层的宇宙线原子核

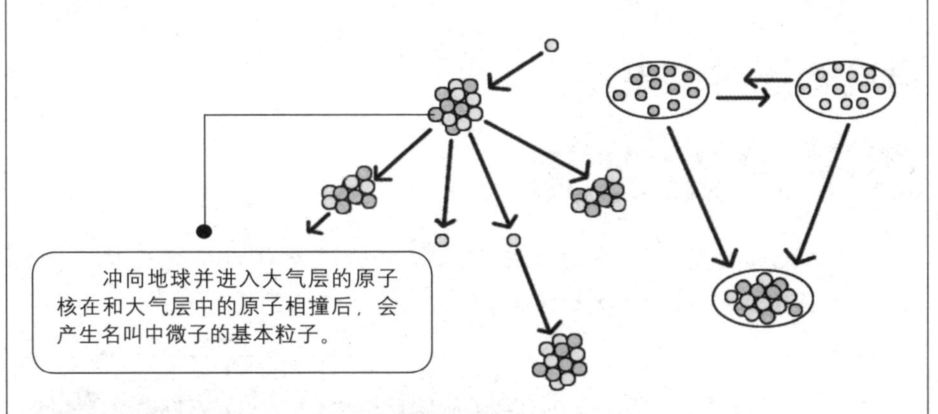

宇宙中存在着多种多样的宇宙线的原子核，它们在宇宙中盘旋飞翔着。如果中微子处于静止状态的话，会在一百万分之一秒这么短的时间内毁坏，并变成其他的粒子。

结 论

推断：假如时间没有变慢，即使以光的速度，中微子流在进入大气层后也只能走数百米，绝对不会到达地面。因此，我们可以根据地面上存在中微子推测，中微子以接近光速的速度运动着，所以它的寿命是大大延长了——时间变慢了。

相 关 链 接

什么是宇宙射线　宇宙射线是来自宇宙中的一种蕴涵着相当大能量的带电粒子流，主要由质子、氦核、铁核等裸原子核组成的高能粒子流，也含有中性的伽马射线和能穿过地球的中微子流。它们在星系际、银河和太阳磁场中得到加速和调制，其中一些最终穿过大气层到达地球。1912年，德国科学家韦克多·汉斯在空气电离度的实验中发现，电离室内的电流会随海拔升高而变大，从而认定电流是来自地球以外的一种穿透性极强的射线所产生的，即“宇宙射线”。

再度相逢时谁更年轻

双子吊诡之谜

我们把相对论中一些看上去令人费解的现象称为吊诡或反论。现在，我们就来思考双子吊诡的问题。

事实上，狭义相对论和我们的日常生活全无矛盾之处，只要好好思索，就可以理出头绪，解决疑问。举一个具有代表性的例子来说吧。

双子吊诡实验

双子吊诡（反论）又称为双子佯谬。（在下文关于时光机器的介绍中我们还会提及这个例子。）为了让讲述更为浪漫，这一次，我们不说孪生兄弟，而从一对同年的恋人说起。

公元2500年，男孩搭乘了太空船前往距离太阳4光年的一个恒星探险。女孩则留在地球，等待恋人归来。4光年指的是光走4年才能到达的距离。男孩到达目标恒星后，就立刻转向直接返回地球。

假定他所搭乘的太空船的速度为光速的80%，他去目标恒星需要5年，返回也需要5年，往返总共耗时10年。如果他是20岁时去往恒星的话，那么在女孩30岁时男孩才会回来。不过，当男孩回来时，男孩却只度过了6年的时间，是26岁。而在地球上等他归来的女孩，却已经30岁了。

我们再进行假设，如果太空船的速度逐渐接近光速的话，那么男孩的时间会大幅减慢，也就是说，如果男孩的太空船以光速的99%来飞行的话，他往返只要花1年左右的时间。

究竟谁的谁更年轻

这一切说起来可真诡异！

以男孩搭乘的太空船为参照物，地球才是那个正在运动的物体。按照这样的推理，运动中的钟表的时间会变慢，衰老更慢的应该是留在地球上的女孩吧?如果真是这样的话，男孩返回地球的时候，上了年纪的就应该是他自己，而不是女孩。

究竟哪一种分析才是正确的呢?会不会是狭义相对论出了差错呢?

再见面时谁更年轻

公元2500年，男孩搭乘了太空船前往距离太阳4光年的一个恒星探险。女孩则留在地球，等待恋人的归来。男孩到达目标恒星后，就立刻转向直接返回地球。根据运动使时间变慢的原理，当他们再度重逢时，年纪将不再相同，但是，究竟谁更年轻呢？

分析一

假定将男孩搭乘的太空船的速度定为光速的80%，他去目标恒星需要5年，返回也需要5年，往返总共耗时10年。如果他是20岁时去往恒星的话，那么女孩30岁时男孩才会回来。不过，当男孩回来时，男孩只度过了6年的时间，地球上的女孩却30岁了。

如果男孩的太空船以光速的99%来飞行的话，他往返只要花1年左右的时间。以太空船为参照物，地球才是那个正在运动的物体。按照这样的推理，运动中的钟表的时间会变慢，衰老更慢的应该是留在地球上的女孩，那么男孩返回地球的时候，上了年纪的就应该是他自己，而不是女孩。

分析二

相 关 链 接

吊诡的释疑　吊诡有两种含义：bizarre和paradox。bizarre是稀奇古怪、不同寻常、离奇、奇特、不可思议、荒诞不经的意思；paradox有似非而是、反论、悖论的含义。

男孩更年轻

双子吊诡的解答

对于双子吊诡的问题居然得出了两种截然相反的分析，会不会是狭义相对论出了问题？

虽然经常有人认为相对论是错误的，但是我们现在的观测或实验却表明相对论是没有错误的。事实上，双子佯谬也曾经用实验验证过，结果则验证了相对论的预言——那对恋人中较为年轻的应该是从宇宙航行中返回的男孩。

解题的关键在于，男孩并非一去不返，而是先到达恒星再返回地球的。

前阶段的运动状态是相同的

如果说当时他没有转向而持续飞行的话，由于运动是相对的，所以相对于搭乘太空船的他而言，正在运转中的地球对他没有任何妨碍或冲突。因此，对男孩而言，留在地球上的女方的钟表，会比他自己的钟表走得更慢一些。虽然男孩或女孩都坚持认为自己的表走得更慢，但是由于双方的运动状态是完全同等的，所以他们的观点并没有什么矛盾之处。

后阶段的运动状态是不同的

然而，若是男孩到达恒星后又转向回来时，故事可就不一样了！

从此时起，双方的运动状态就不是同等的了。

暂且不考虑太空船出发时和抵达时加速或减速的那些时间，假设男孩在转向之前和转向之后，都以一定的速度进行直线运动的话，那么在进行直线运动的那段时间里双方的运动状态可以说是完全相同的。而且，当太空船转向时，首先得减速，直到速度为零，再转向返回地球。

这时，太空船经历的运动状态是减速、速度为零和加速，在它的运动状态发生变化的时间里，对于处于相对静止状态下的地球而言，太空船是运动的。总而言之，由于太空船处于运动状态下，所以它的时间才会减慢。这也是导致二人年龄出现差异的根本原因。

男孩更年轻的原因分析

现在来分析一下太空船运动状态改变的过程。

匀速直线运动

阶段一：双方的运动状态相同

当他向恒星持续飞行时，由于运动是相对的，所以运转中的地球和太空船的运动状态是完全相同的。

结 论

对男孩而言，地球上的女孩的钟表比他自己的钟表走得更慢一些；同时，对于女孩而言，运动中的男孩的钟表会比她自己的手表走得更慢一些，所以在持续向恒星飞行的这段时间里他们的状态是相同的，而两人的钟表的运行时间也是相同的，两人的年纪变化也是相同的。

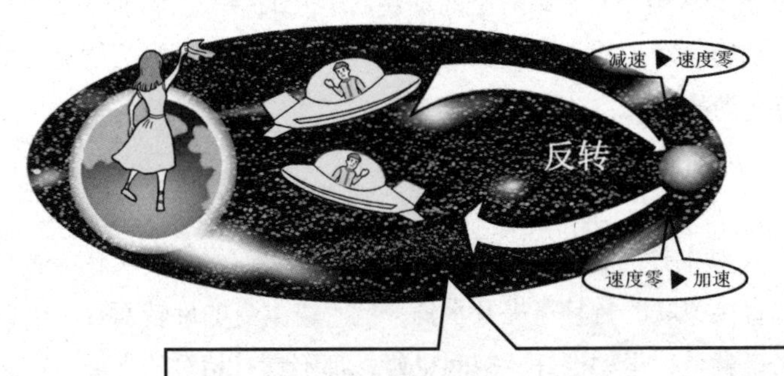

阶段二：双方的运动状态改变

当男孩到达恒星后转向时，太空船需要经过将速度减为零，再转向返回地球，即经历减速、速度为零、加速的运动状态。在它的运动状态发生变化的时间里，对于处于相对静止状态下的地球而言，太空船是运动的。

先减速，直到速度为零，再加速。

结 论

因此，处于运动状态的太空船的时间才会减慢，所以，再度相逢时，男孩更年轻。

水桶实验

牛顿寻找的绝对空间

为了证明绝对空间的存在，牛顿开始了寻找绝对空间之旅。顶着众人的反对意见，牛顿坚持用实验来验证自己的理论。

曾经有很多人都对牛顿提出的绝对空间的理论持有反对意见。他们认为，空间与物体是相互依存的，如果没有了物体，那么空间也就不存在——他们认为不存在牛顿所说的绝对空间。

答案是水桶

答案正是水桶。首先，准备好一只装了水的水桶。接着，用绳子绑住水桶的把手，然后将水桶吊在一棵树的树枝上。接着，使水桶旋转。由于离心力的作用，水面便会逐渐下降。

牛顿认为，这就是由于水桶相对于绝对空间旋转而引发的结果。简而言之，物体一旦进行旋转运动或加速运动，就会出现和离心力一样的能见力；因为能见力是相对于绝对空间而进行运动的。

反对意见

针对以上的言论，反对牛顿的人士提出了以下的反对意见。水桶的旋转与否与绝对空间的存在并没有直接关联。暂且不提及水桶，就宇宙本身的旋转而言，也符合同样的道理。简单来说就是，运动也好，空间也好，都不具有相对的含义。广义相对论否定了绝对空间的存在，即使没有所谓的物质存在，时空也是依然存在的。所以说，两种说法都是错误的。

相 关 链 接

马赫对牛顿“水桶实验”的批判　对牛顿的绝对空间的第一个建设性批评来自奥地利的物理学家和哲学家马赫。在马赫看来，牛顿水桶实验中水面下凹的现象并不能区分究竟是水相对绝对空间的转动，还是水相对于众星体的转动。因此，不能由此得出存在绝对空间的结论。相反的，把水面下凹的现象看作是水相对于众星体转动、被水桶内壁以外的物质吸引和带动造成的要更恰当。

和牛顿有关的水桶实验

牛顿的绝对时空观

牛顿在力学定律（包括惯性定律）里没有明确指明，所谓“静止”“匀速直线运动”和“运动状态的改变”是对什么参考物体而言。为弥补自己理论中这一薄弱环节，他引入了一个客观标准——绝对空间，用以判断各物体是处于静止、匀速运动，还是加速运动状态，如水桶实验所表明的。

“水桶实验”

将一个盛水的桶挂在一条扭得很紧的绳子上，然后放手，如图所示：

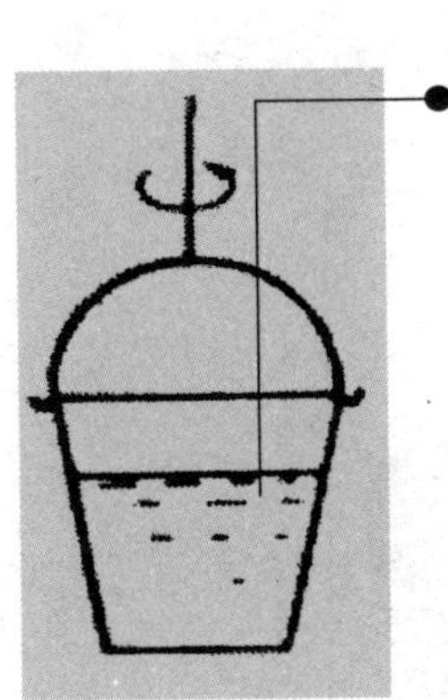

阶段一：开始时，桶旋转得很快，水几乎静止。在黏滞力经过足够的时间使它旋转起来之前，水面是平的。

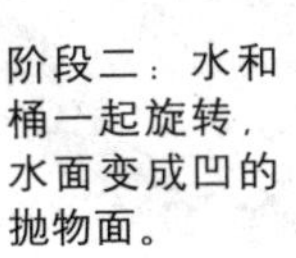

阶段二：水和桶一起旋转，水面变成凹的抛物面。

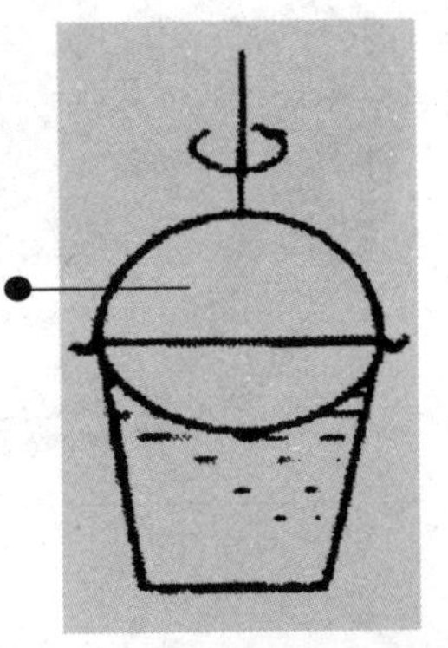

旋转的水桶

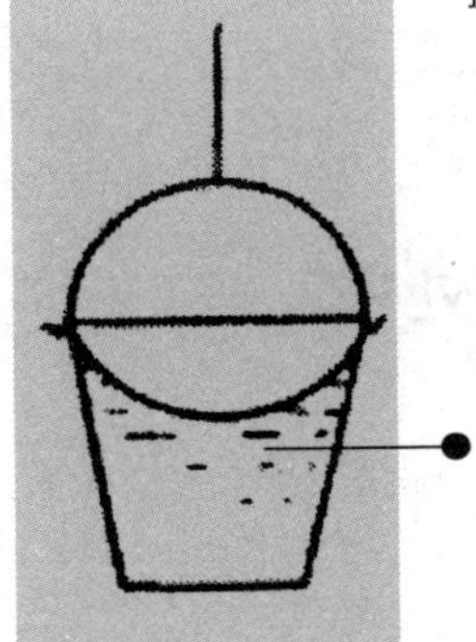

阶段三：突然使桶停止旋转，桶内的水还在旋转，水面保持凹的抛物面。

牛顿的分析

在第一和第三阶段，水和桶都有相对运动，前者水是平的，后者水面凹下；在第二、第三阶段里，无论水和桶有无相对运动，水面都是凹下的。

实验结论 桶和水的相对运动不是水面凹下的原因，根本原因是水在绝对空间里运动的加速度。

第 三 章

膨胀的宇宙

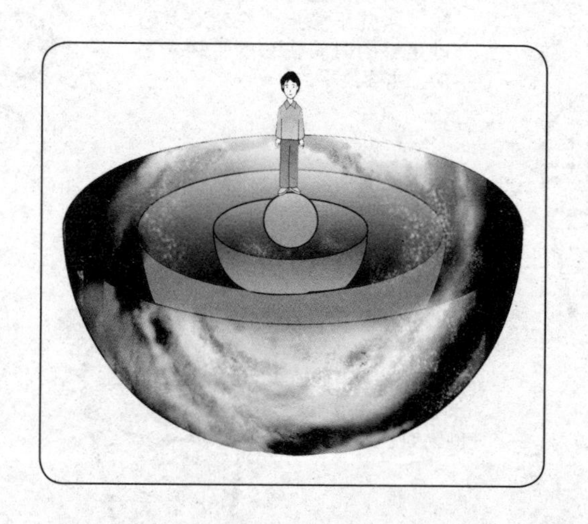

宇宙从何处来，又往何处去?

——霍金

如果说哥白尼的日心说将人们对宇宙的认识从地球扩展到“天”上，那么哈勃的发现又将人类的视野从“天”上扩展到了“天外之天”。但是，哈勃的伟大发现并非一日之功，前辈科学家们的研究成果如色散理论、多普勒效应、光谱分析等为这一发现奠定了基础，而天文观测技术的发展也为哈勃观测河外星系提供了技术支持。

哈勃得出的宇宙膨胀的结论，也使得关于宇宙结构的讨论再次成为科学家们研究的热点。

世纪大发现

宇宙在膨胀

根据大爆炸宇宙论，在距今150亿—200亿年前，宇宙是一大片由微观粒子构成的均匀气体，温度极高，密度极大，且以很大的速率膨胀着。而这种膨胀将使温度降低，使得原子核、原子乃至恒星、星系得以相继出现。

难以理解的膨胀

大爆炸宇宙论英文称作“Big Bang”理论，十分形象。在若干个支持大爆炸宇宙论的观测结果中，“宇宙在膨胀”的结论最为重要。

1929年，科学家发现了宇宙膨胀的证据，并对此产生了赞成和反对的两派，且展开了激烈的争论。到1965年左右，宇宙膨胀的观点获得了世界上大部分科学家的认可，但仍有少数天文学家反对这种说法。

依照一般思维，我们很难理解宇宙膨胀的样子，因为这是空间的不断扩张。人们很容易地把膨胀想象成吹起的气球的样子，也可能会在脑中有这样的场景浮现：在某处发生大爆炸的背景中，恒星和星系从其中飞出，冲向四面八方。无论怎样，在我们的想象中，大爆炸要在一定的空间里发生。但是，如果这次大爆炸指的是整个宇宙，当时并没有让其发生的空间，空间也是由大爆炸起源的，这就很难理解了。

膨胀的空间

膨胀空间的基本概念可通过一项简单的模拟来加以理解。设想在一个气球上点几个点，当气球被胀大时，对每个点而言，另外的点都是离开它而去的。从任意一点来看，离它最近的点以某种速度退行，点离得越远，退行得就越快。退行速度与距离成正比。

但是这个简单的模拟并不能完全说明宇宙膨胀的经过。对于宇宙膨胀的发现，以及空间膨胀是什么样子的，我们将逐一说明。

从大爆炸到膨胀

至于现在的宇宙是一直膨胀下去，还是会在某一时刻转为收缩，也是众口不一的一个命题。

大爆炸之后，先是生成细小的微粒，继而聚集成大团的物质，最终形成星系、恒星和行星等，也就是我们现在所在的宇宙的样子。

大约在50亿年前，宇宙膨胀从减慢变为加速。

在辐射诞生时刻宇宙膨胀减慢。

宇宙开始时以很快的速度膨胀。

宇宙所有的物质都高度密集在一点，从这个极小的点诞生了时间、空间、质量和能量。

在大爆炸发生前，没有空间和时间，也没有物质与能量。

大爆炸宇宙是目前最有说服力的宇宙图景理论。然而，这个理论仍然缺乏大量实验的支持，我们尚不知晓宇宙开始爆炸前的图景。因此，对于这个理论，也存在不少反对的声音。

最初的观测

斯莱弗的发现

20世纪初，美国的天文学家斯莱弗观测了银河系附近的多个旋涡星系，并调查了各个星系释放出来的光的性质，得出了它们正在远离地球而去的结论。

远去的星云

1912年，维斯多·斯莱弗观察了仙女座星云M31的光谱，发现向蓝色方向移去。根据多普勒效应，就可以得出结论，仙女座星云正以每秒30千米的速度飞向地球。斯莱弗马上测量其他的星云，到1914年他一共分析了13个星云，发现有11个是向红的方位移动，2个向蓝的方位移动。到1925年他观测的星云数目达到41个，加上其他天文学家观测的4个星云，一共45个星云中，有43个是红移，2个蓝移。

尽管在当时河外星系的概念还没有确立，天文学家还不能确定，这些今天被称为“星系”的暗弱光斑，究竟是独立的恒星集团，还是银河系中的气体星云。但是，他们根据观测数据，依旧形成了这样一个结论：大部分星云正在高速飞离地球。

星系远离之谜

在观测过程中，斯莱弗发现，大部分星系都以数百万千米的时速远离银河系。我们熟悉的地球上的所有交通工具的时速，都无法与之相提并论。

但是，为什么星系会高速运动？为什么它们中大多数是向远离银河系的方向运动？星系在宇宙空间中的存在如果是不规则的，那么从地球上观测，它们也应该向着各个不同的方向运动。也就是说，应该有靠近银河系的星系，也有远离银河系的星系。而事实是大多数星系在远离银河系，其中应该有什么特别的原因。但对于当时的人们来说，这始终是个不解之谜。

斯莱弗发现星云远去

1912年，斯莱弗把多普勒效应用于仙女座大星云，当时他还没有看出它是一个河外天体。他计算出它以每秒200千米的速度逼近地球。他又对其他星云做了同样的工作，发现所有这些星云和仙女座星云不同，它们都对地球退行，而且速度远远高于普通恒星的视向速度。

星系在宇宙空间中的存在如果是不规则的，那么从地球上观测，它们也应该向着各个不同的方向运动。也就是说，应该有靠近银河系的星系，也有远离银河系的星系。

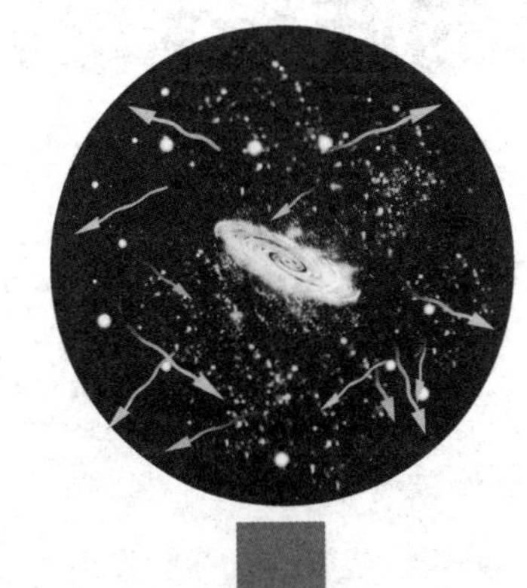

维斯多·斯莱弗，美国天文学家，曾任洛厄尔天文台台长，他的工作主要是对太阳系的观测，他发现了天王星的大气含有甲烷。在太阳系之外，他对星云特别感兴趣。

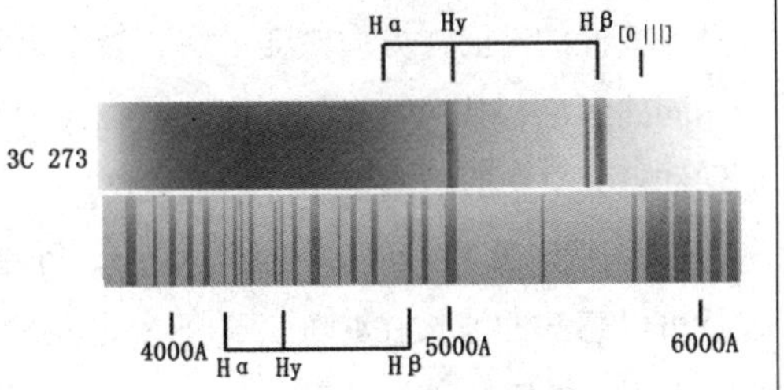

斯莱弗用恒星光谱测量了邻近星系的移动速度。通过测量遥远星系发出的光波是被压缩还是拉伸，来确定它们是在移向我们还是远离我们。

斯莱弗观测到大多数旋涡星云正在远离地球，不过当时他并没有想到这意味着什么，也不认为发现的星云其实是银河系外的其他星系。

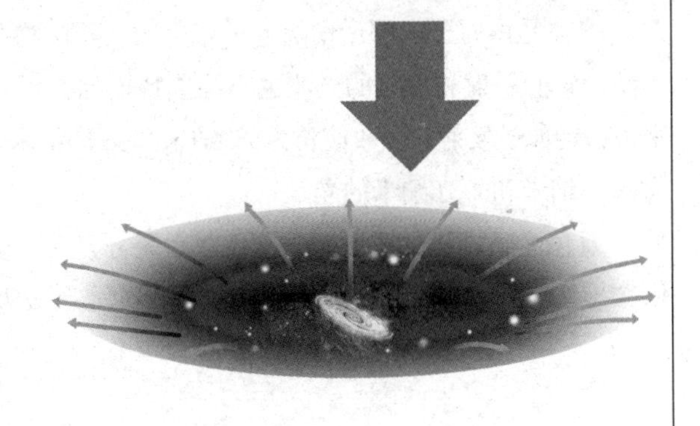

光谱分析的应用

光的波长和颜色

在详细介绍“宇宙膨胀”之前，让我们先了解一下斯莱弗是如何计算星系的速度的。

光的波长

1666年，艾萨克·牛顿发现透过玻璃窗射入的阳光会分成几种颜色。太阳光穿过三棱镜后，同样会分离出如彩虹般的7种颜色。牛顿认为，这种现象的产生，是因为太阳光中混合着几种波长不同的光，波长不同的光通过棱镜时，产生了折射，在进入棱镜的一面，方向改变一些，当它离开棱镜时，又改变一些。这样就分离出了不同的颜色，其中紫光的方向改变最大，红光最小。彩虹的形成与棱镜类似，只是彩虹把天空中的雨滴当作一个个棱镜。

人眼可以感知的部分称为可见光，可见光的波长没有精确的范围。一般人的眼睛可以感知的波长在400—700纳米之间。正常视力的人眼对波长约为555纳米的光，即绿光的感知最为敏感。

分光在天文上的应用

把光的几个波长也就是颜色分开在天文学中称之为分光。从19世纪开始，通过将天体的光分光，明确了很多事实。

光波是由原子内部运动的电子产生的。不同物质的原子内部，电子的运动情况不同，它们发射和吸收的光波也不同。特定的原子发射和吸收特定波长的光。举例来说，钠原子发射和吸收波长为589纳米和589.6纳米的光，而氢原子放射和吸收波长为486.1纳米和653.6纳米的光。

复色光经过如棱镜、光栅等色散系统分光后，被色散开的单色光按波长大小而依次排列的图案，这就是光谱。光谱分析如今已被天文学家广泛采用。

牛顿的色散实验

牛顿的《光学》一书集中反映了他的光学成就。一位著名的英国学者说过："单凭他在光学上的成就，牛顿就已经可以成为科学上的头等人物。"

在光学发展的早期，对颜色的解释显得特别困难。亚里士多德认为，颜色不是物体客观的性质，而是人们主观的感觉，一切颜色的形成都是光明与黑暗、白与黑按比例混合的结果。

1663年，波义耳提出，颜色并不是属于物体的特性，而是由于光线照射到物体上发生变异所引起的，能完全反射光线的物体呈白色，完全吸收光线的物体呈黑色。

笛卡尔、胡克等人主张红色是大大浓缩了的光，紫光是大大稀释了的光。

牛顿认为白光是由各种不同颜色的光组成的，玻璃对各种色光的折射率不同，当白光通过棱镜时，各色光以不同角度折射，结果就被分成颜色光谱。

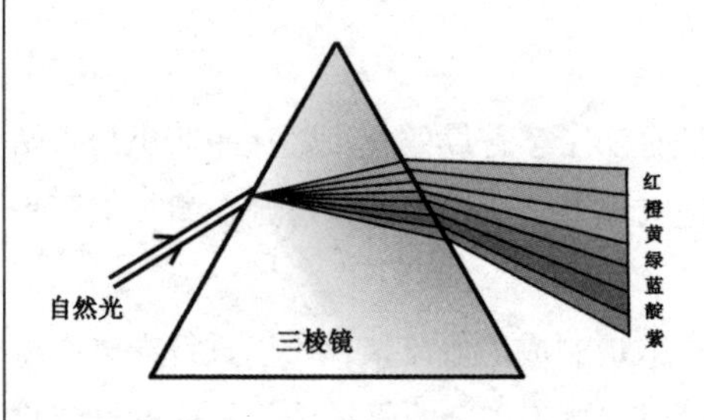

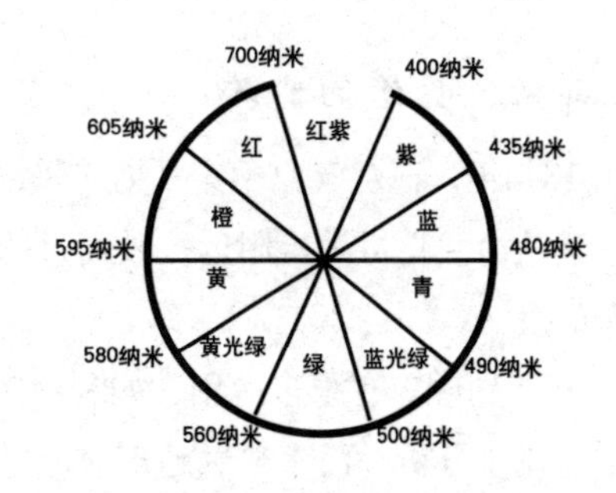

牛顿的三棱镜实验对白光进行分解，通过这个实验，在墙上得到了一个彩色光斑，颜色的排列是红、橙、黄、绿、蓝、靛、紫。牛顿把这个颜色光斑叫作光谱。

可见光是电磁波谱中人眼可以感知的部分，一般人的眼睛可以感知的电磁波的波长在400—700纳米之间。

远去的声音会变低

多普勒效应

在日常生活中，我们大概都碰到过一边鸣笛一边急驰而去的救护车或消防车，那刺耳的笛音也经历了一个由低到高再到低的过程。车辆驶近时，笛音的频率也增高了。

频移现象

1842年，奥地利数学家多普勒注意到了这样的现象：他路过铁路交叉处时，恰逢一列火车驶过，火车从远而近时汽笛声变响，音调变高，而火车从近而远时汽笛声变弱，音调变低。他对这个物理现象产生了极大的兴趣，并进行了研究，发现这是由于振源与观察者之间存在着相对运动，使观察者听到的声音频率不同于振源频率的现象。这就是频移现象，后来被称为多普勒效应。

多普勒认为，声波因为波源和观测者的相对运动而产生变化。在运动波源的前方，波被压缩，波长变得较短，频率变得较高。在运动波源的后面，产生相反的效应，波长变得较长，频率变得较低。波源的速度越高，这样的效应就越大。

同样地，当波源静止而观测者移动的时候也会发生这种现象。

拜斯·贝洛的实验

1845年，荷兰气象学家拜斯·贝洛实验证实了多普勒效应。他让一队小号手站在一辆从荷兰乌得勒支附近疾驶而过的敞篷火车上吹奏，而他自己则在站台上测量音调的改变。

多普勒效应有很多应用，如利用多普勒效应制成的血流仪，可以进行人体内血管中血流量分析；而多普勒超声波流量计可以测量工矿企业管道中污水或有悬浮物的液体的流速。再比如，装有多普勒测速仪的监视器向行进中的车辆发射频率已知的超声波，并测量反射波的频率，就能知道车辆是否在超速行驶。

声波的多普勒效应

多普勒认为，声波因为波源和观测者的相对运动而产生变化。在运动波源的前方，波被压缩，波长变得较短；在运动波源的后面，波长变得较长。

多普勒观察到的现象

克里斯琴·约翰·多普勒，奥地利物理学家、数学家，因提出“多普勒效应”而闻名于世。他的研究还包括光学、电磁学和天文学，设计和改良了很多实验仪器。

远离的时候听起来声音低，接近的时候听起来声音高。

站在前面的人听起来声音高。

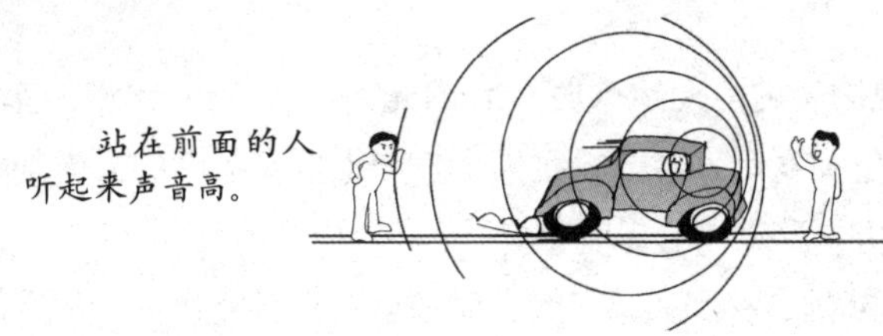

站在后面的人听起来声音低。

对现象的解释

声波长因为声源和观测者的相对运动而产生变化。在运动的波源前面，波被压缩，波长变得较短，频率变得较高；在运动的波源后面，产生相反的效应。

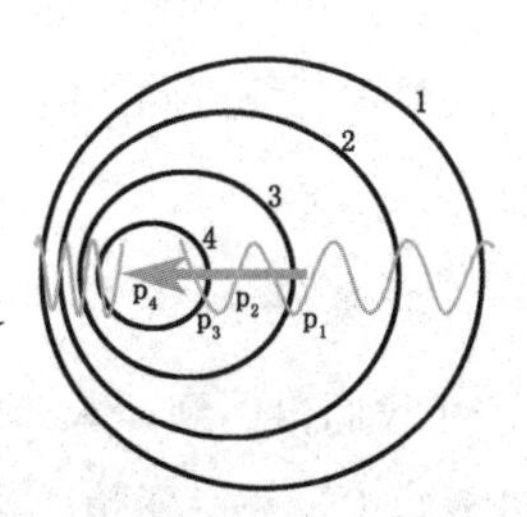

1845年，荷兰气象学家拜斯·贝洛利用这辆敞篷火车证实了多普勒效应。

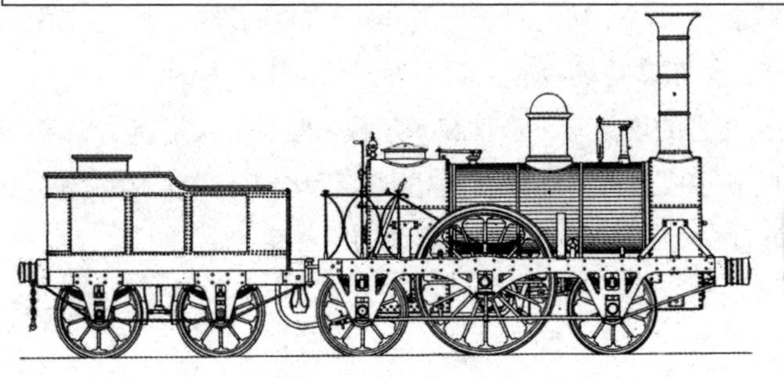

星系在远离的证明

红移和退行速度

光也有波的性质，同样会发生多普勒效应。光波与声波的不同之处在于，光波频率的变化使人感觉到是颜色的变化。

光波的多普勒效应

光波的多普勒效应又被称为多普勒—斐索效应，这是因为法国物理学家斐索于1848年独立地对来自恒星的波长偏移做出了解释，指出了利用这种效应测量恒星相对速度的办法。

一颗恒星向远离观测者的方向运动时，它的光谱就会向红光方向移动，称为红移，因为运动恒星将它朝身后发射的光拉伸了。如果恒星运动的方向是朝我们而来，光的谱线就向紫光方向移动，称为蓝移。

测量多普勒效应引起的红移和蓝移，天文学家就可以计算出恒星的空间运动的速度。从19世纪下半叶起，天文学家用此方法来测量恒星的视向速度，即物体或天体在观察者视线方向的运动速度。红移越大，视向速度越快。

从斯莱弗到哈勃

让我们再回到斯莱弗的发现，他将星系的光进行分光，发现分离后的光，在一些波长上变亮或变暗。这些波长应该是该星系所含原子释放或吸收的光的波长。但是，这些波长与任何原子都不一致。斯莱弗又把这些波长按照相同的比例向波长小的方向偏离，其波长就能与我们已知的原子放射和吸收的波长相一致。斯莱弗认为，原子的波长被拉长了。通过多普勒效应，就不难明白其中的原因。

1922年，威尔逊山天文台的埃德温·哈勃和米尔顿·哈马逊又进行了更多的类似观测。到了1929年，哈勃主要通过将红移和视亮度进行比较，确立了星系的红移与它们到我们的距离成正比的关系，也就是现在所说的哈勃定律。

红移和蓝移

红移

一个天体的光谱向长波（红）端的位移叫作红移，根据多普勒效应，这是天体和观测者相对快速运动造成的波长变化。

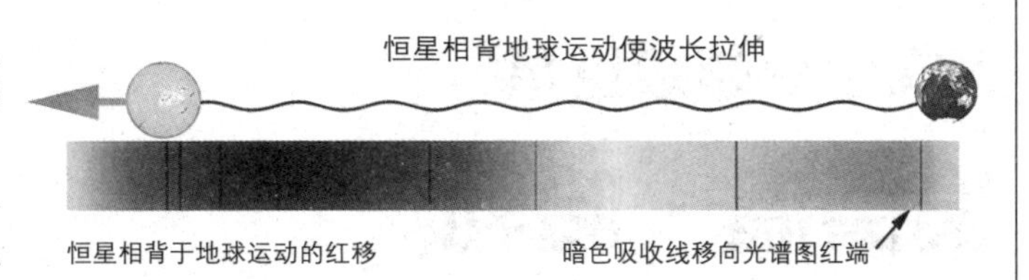

蓝移

当光源向观测者接近时，接收频率增高，相当于向蓝端偏移，称为蓝移。

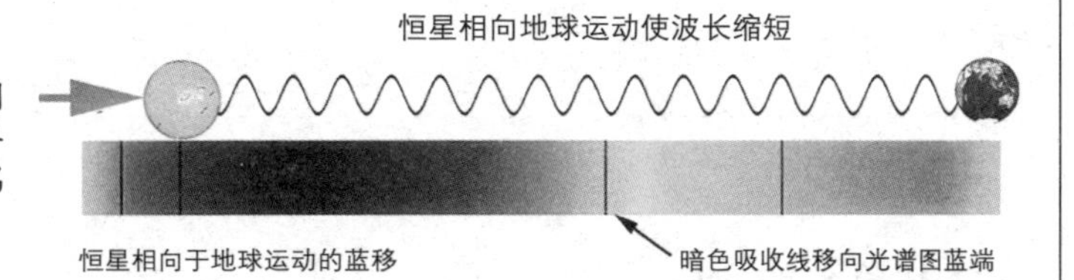

每一种元素会产生特定的吸收线，天文学家通过研究光谱图中的吸收线，可以得知某一恒星是由哪几种元素组成的。

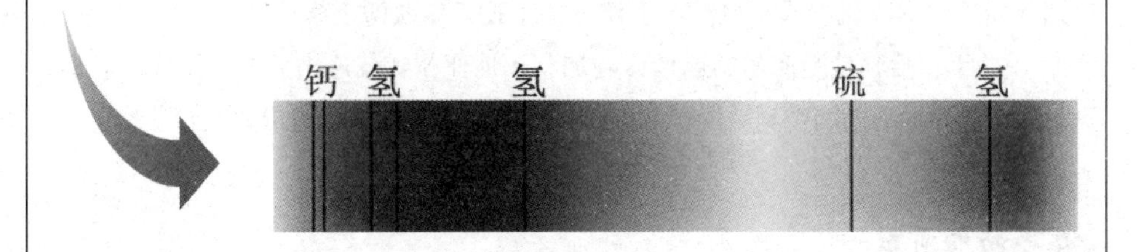

将恒星光谱图中吸收线的位置与实验室光源下同一吸收线位置相比较，可以知道该恒星相对地球运动的情况。

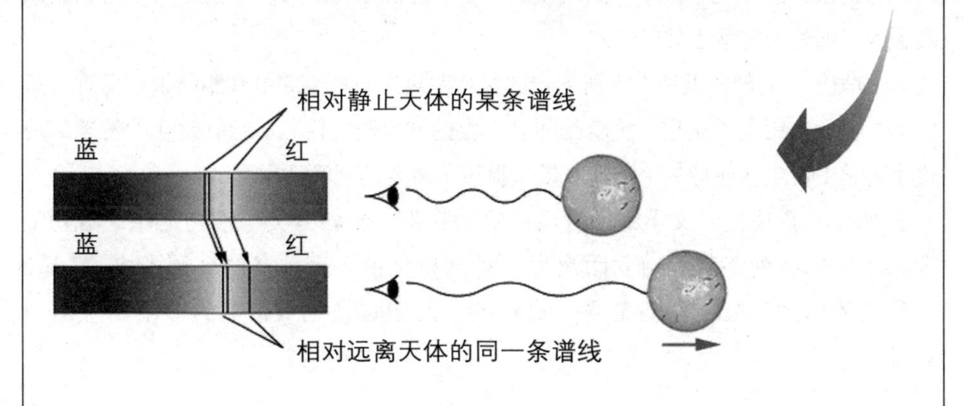

天文学的超级巨星

埃德温·哈勃

美国天文学家哈勃是研究现代宇宙理论最著名的人物之一，是河外天文学的奠基人。他发现了银河系外星系的存在，是提供宇宙膨胀实例证据的第一人。

哈勃的生平

1889年，埃德温·哈勃出生于美国密苏里州，中学毕业后获芝加哥大学奖学金而进该校就读。在校时，他深受天文学家海尔的影响。1910年毕业后，他接受罗德斯奖学金到英国牛津大学女王学院学习法学。1913年回国后取得律师资格，开设了一家律师事务所。但出于对天文学的热爱，哈勃不久就放弃了律师的职业，于1914年到芝加哥大学叶凯士天文台学习工作，并于1917年获博士学位。

1919年，哈勃接受海尔的邀请，赴加利福尼亚州威尔逊山天文台工作。此后，除第二次世界大战期间曾到美国军队服役外，哈勃一直在威尔逊山天文台工作。

哈勃的贡献

哈勃的早期工作主要围绕着星云的研究，1924年，他发现了仙女座大星云M31和三角座旋涡星云M33中的一批造父变星，证明它们都是远在银河系外的河外星系。这是20世纪天文学最重大的成就之一，它导致了河外天文学的诞生，哈勃因此被誉为“河外天文学之父”。

1929年，哈勃根据他本人所测定的星系距离以及斯莱弗的观测结果，发现星系的退行速度与距离成正比。这就是闻名于世的“哈勃定律”。哈勃定律的发现为现代宇宙学中占主导地位的宇宙膨胀模型提供了重要的观测证据。

如今，在现代天文学中已有诸如哈勃隐带、哈勃分类、哈勃定律、哈勃常数、宇宙的哈勃年龄和哈勃距离等一系列以他的名字命名的名词术语。1990年升空的以测定宇宙距离为第一目标的空间望远镜也被命名为“哈勃空间望远镜”。

与哈勃有关的名词

哈勃分类

1925年，哈勃在取得大量观测资料的基础上，创建了第一个星系分类系统，把星系按其形态进行分类。这一分类法一直沿用至今，世称“哈勃分类”，是影响最大、应用最广的一种分类系统。

哈勃常数

哈勃定律的数学表达式为d = v/H，式中的H叫作“哈勃常数”。只要知道了H值和星体的红移量，就能方便地算出任何天体、星系到地球的距离。

哈勃定律

1929年，哈勃把他所测得的各星系的距离和它们各自的运行速度画到一张图上，他发现在大尺度上，越远的星系退行的速度越快。这一正比关系叫作哈勃定律。

宇宙的哈勃年龄

根据宇宙在膨胀的理论，假设宇宙边缘处星系远离我们的速度极限是光速，我们就能容易地用哈勃定律算出宇宙的年龄。

哈勃距离

哈勃常数H的倒数，1/H称为哈勃时间。光在哈勃时间内走过的距离称为哈勃距离，又称哈勃半径。

哈勃隐带

1934年，哈勃完成的星系计数清楚地表明，沿着银河±20°范围内有一个轮廓不规则的带，几乎完全观测不到星系，这条带就叫作隐带。

哈勃空间望远镜

哈勃空间望远镜由美国宇航局主持建造，运行在地球大气层之外的空间轨道上，就好像是建在太空中的一座天文台。它于1990年4月发射升空，是一具口径 2.4米的反射式望远镜。

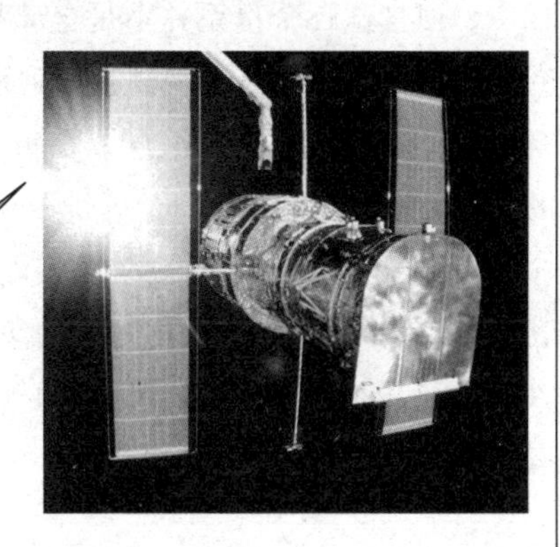

越远的星系远离速度越快

哈勃定律

哈勃定律揭示宇宙是在不断膨胀的，这种膨胀是一种全空间的均匀膨胀。因此，在任何一点的观测者都会看到完全一样的膨胀，从任何一个星系来看，一切星系都以自身为中心向四面散开，越远的星系间彼此散开的速度越大。

哈勃定律的产生

哈勃测量了斯莱弗发现的具有很快的视向退行速度的星系到地球的距离，发现了它们的距离和退行速度之间的特别关系，从而得出了著名的哈勃定律，即河外星系的视向退行速度v与距离d成正比：v = Hd。

哈勃定律又称哈勃效应，等式中的H称为哈勃常数。v以千米／秒为单位，d以百万秒差距为单位，H的单位是千米／（秒·百万秒差距）。哈勃定律有着广泛的应用，它是测量遥远星系距离的唯一有效方法。也就是说，只要测出星系谱线的红移，再换算出退行速度，便可由哈勃定律算出该星系的距离。

哈勃定律的发展

哈勃定律并没有马上得到世人的承认，因为哈勃只是观测了数千个星系中的18个，而且这18个星系并不是全部都在远离。于是他在助手哈马逊的帮助下，研究更多、更远的星系，观测它们到地球的距离与退行速度。到1936年，对1929年观测距离40倍远的星系进行了观测。结果确认了哈勃最初发现的距离与退行速度的比例关系是正确的。

哈勃常数H最初为500，后来又进行了多次修订。现在，人们通常用H_0表示哈勃常数的现代值，并把H称为哈勃参量。20世纪70年代以来，许多天文学家用多种方法测定了H_0，但各家所得的数值很不一致，现在一般认为H值在50—100之间，只有当年哈勃测定值的几分之一。

大爆炸理论的证据

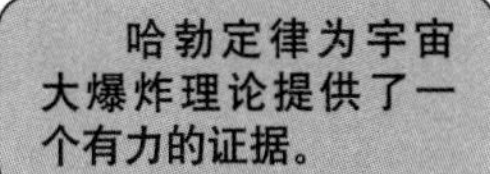

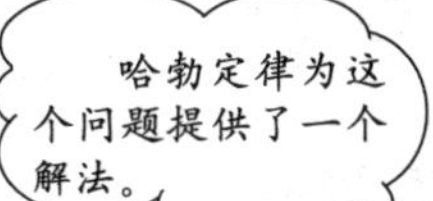

哈勃定律揭示宇宙是在不断膨胀的。在任何一点的观测者都会看到完全一样的膨胀，从任何一个星系来看，一切星系都以它自己为中心向四面散开。

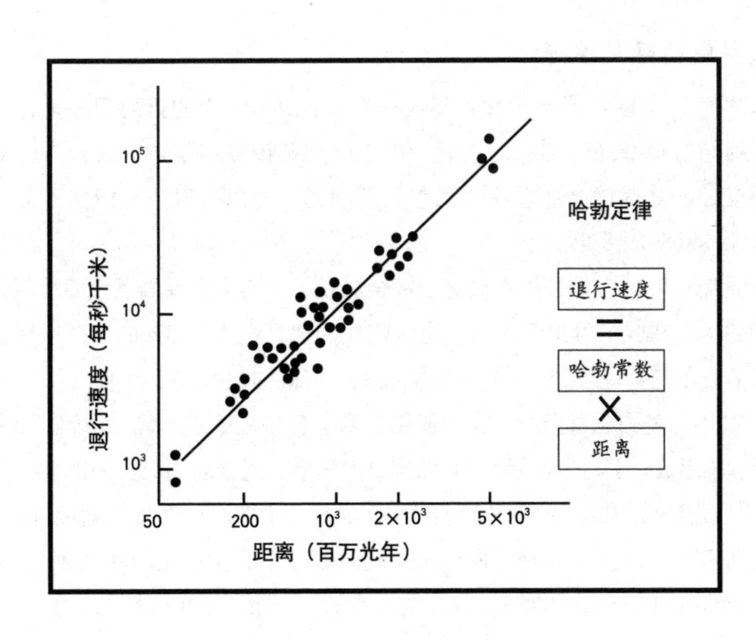

为了观测更远的星系

变大的望远镜

经济发达的美国，连续制造出世界上最先进的天文望远镜。望远镜的口径不断变大，观测到的星系的范围也越来越远。

大型望远镜是天文学的必需工具

为什么天文学研究需要使用大型望远镜呢？原因显而易见，口径越大的望远镜，能够观测到的范围就越远，进入人们视野的星系也就越多。试想一下，望远镜的口径增大为原来的2倍，其表面积就增为原来的4倍。而光的聚集能力与表面积成正比例。而光的行进距离延长至2倍远，亮度就会变成原来的四分之一。这样一换算，望远镜的口径增大到原来的2倍，它所观测的距离也会延伸到原来的2倍远。

前面所讲的斯莱弗的研究以及哈勃的成就，都离不开美国制造的大型望远镜的帮助。

大型望远镜的发展

1897年，美国叶凯士天文台建成一架口径达1.02米的折射望远镜，一度使所有的反射望远镜都黯然失色。然而，由于巨型透镜极难制造，其自身的重量又会导致形变，兼之透镜会严重吸收某些颜色的光，所以折射望远镜实际上已经不再能满足天体观测的要求。

19世纪中叶，人们开始在玻璃上镀金属膜，从而大大提高了镜面反射光线的能力。1908年，在威尔逊山天文台，海尔建成一架口径为1.53米的反射望远镜；1917年，又主持建造了口径2.54米的反射望远镜，后被称为海尔望远镜。

1971年，美国霍普金斯天文台研制了第一台多镜面望远镜，由6个1.8米的卡塞格林望远镜组成，6个望远镜绕中心轴排成六角形，组合后的口径相当于4.5米。1993年，美国又建成了10米口径的凯克望远镜，其镜面由36块1.8米的反射镜拼合而成。

另外在1990年，美国还将哈勃太空望远镜送上太空，它距离地表600千米，排除了地球的混浊大气层的视野干扰，使人类的视野得到了革命性的扩展。

世界上的大型望远镜

1999年

昴星团望远镜(SUBARU)

昴星团望远镜是目前世界上最大直径的单面反射镜，其直径达8.3米，坐落在夏威夷莫纳克亚山上，建造完成于1999年。据称，仅仅是抛光其超大镜面就花去了7年时间。昴星团望远镜使用了主动光学和自适应光学技术，支持镜面的是261个机械手指，它们可以不断调整镜面的形状以获得最佳成像。

超大望远镜(VLT)

1999年，欧洲南方天文台在智利建造了超大望远镜。它是由4台8米直径望远镜组成的一台等效直径达到16米的光学望远镜。这4台望远镜可以组成一个干涉阵，做两两干涉观测，也可以单独使用每一台望远镜。它可以在不同波段观测超新星等遥远天体。

1996年

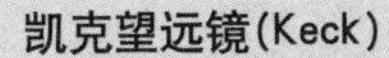

目前世界上最大的光学天文望远镜，位于夏威夷莫纳克亚山。其双子KeckI和KeckII分别在1993年和1996年建成。直径都是10米，由36块直径1.8米的六角镜面拼接组成。通过电脑控制的主动光学支撑系统调节，使镜面保持极高的精度。

1948年

海尔望远镜(Hale)

直径5.08米，坐落在美国帕洛玛山上。它于20世纪三四十年代建造，1948年完成，建造技术在当时堪称奇迹。虽然它已不是目前最大的反射式光学望远镜，但仍在为宇宙探索发挥重要作用。

胡克望远镜(Hooker)

1917年，胡克望远镜在加州威尔逊山天文台建成。其主反射镜直径为2.54米，在其建成后30年，它一直是全世界最大的天文望远镜。正是利用这架望远镜，埃德温·哈勃发现了银河系外的星系，并找到了宇宙膨胀的证据。

宇宙没有边界

无边的宇宙

布鲁诺说：“无数的个别事物远比可数的有限事物更能体现无限的完美。在这个映象中应该包括无限多的世界……我们的地球就是其中一个。……为了包容这无数的物体，也就要有一个无限的空间。”

宇宙无边论的思想渊源

宇宙无边的思想在历史上源远流长，早在公元前，古罗马的卢克莱修就提出了宇宙无限的假说。13世纪德国神秘主义的代表人物艾克哈特从泛神论的观点上强调说：“上帝是一个圆圈，它的中心是处处，而它的圆周是无处。”

到了15世纪，神学家尼古拉，从神学的角度出发，认为神是无限的，通过无限多的事物才能表现出神的无限性，因此宇宙必须是无限的，他还从理论上否定了地球中心说，任何星球包括地球都不可能是宇宙的中心。

后来，布鲁诺受到尼古拉的影响，发展出宇宙无限统一的思想，认为它的中心无处不在，而它周边哪里也不存在。在《论无限、宇宙和世界》一书中，他提出了“无限的空间”的概念。虽然他是从哲学思维而不是从科学的角度提出这个命题的，但也对后世产生了重要影响。

中国古代对于宇宙无限的猜想也早在春秋时期就有了。《庄子》中就有“泛泛乎其若四方之无穷，其无所畛域”的语句，说的就是空间（“四方”）是无穷的，没有界限的意思。东汉的张衡更是明确地表示，“宇之表无极，宙之端无穷”，宇宙的边界并不存在，它的范围是没有穷尽的。

球面上的蚂蚁

我们可以想象一个球面，在上面间隔适当的距离放上蚂蚁。当球的半径变大时，球面也会相应地变大，球面上蚂蚁和蚂蚁之间的距离也就随之变大。无论站在哪只蚂蚁的位置上，都会看到其他的蚂蚁在不断远离。更进一步地说，蚂蚁之间远离的速度与距离成正比，相隔越远的远离速度越快。这与哈勃定律有异曲同工的道理。

尼古拉和布鲁诺的宇宙无限论

15世纪，尼古拉从神学的角度阐述宇宙无限的观点。

宇宙在时空上是无限的，不存在任何把宇宙包入其中的界限。宇宙既然在时空上无限，它就时间来说也就是永恒的，就空间来说也就既无中心也无边界。

可怜的蚂蚁永远也找不到终点。

16世纪，布鲁诺受到尼古拉的影响，抛开神学，从哲学思维出发，形成了自己的宇宙无限论。

宇宙是一，一不仅表示宇宙内部的统一性，而且表示宇宙在数量上也是唯一的。宇宙只有一个，而世界（各种天体系统）的数目则无限多。无限的宇宙不可能有任何边界和中心。

宇宙没有中心

我们不在宇宙的中心

从古至今，关于宇宙中心的猜测有很多，从地心说到日心说，再到以银河系为中心的宇宙模型，都把人类放置在宇宙中心的位置上，其实这不过是强调人类优越感的一种自以为是的想法。

没有中心的假设

我们身边的所有东西看起来都有中心，因此当我们要为宇宙画一个蓝图的时候，自然而然就浮现它的大小、边界和中心位置。但是，如果宇宙是无限的，它的中心又在哪里？再以圆球为例，圆球的球面没有可以称之为中心的地方。同理，想象一根无限伸展的直线，如果非要找到它的中心，那就是两边长度刚好相等的地方。但是对于无限长的直线而言，哪里都可以是中心。因为无论从哪里划分，被分开的任何一边都是无限长的。

我们是宇宙的中心吗？

其实，我们是宇宙的中心这一想法，早在几百年前就被人们舍弃了。布鲁诺曾经提出，在宇宙中，哪里都是中心，没有特别的地方。即使宇宙有中心存在，我们也不会很偶然地就处在中心点上。

如果银河系是宇宙的中心，星系是从银河系飞出的，那银河系恒星的数量会渐渐减少。我们观测到的星系有数万个，每一个星系包含的恒星大约有1000亿颗。按照这样的假设，现在银河系包含的恒星数大约是2000亿，如果再飞出一两个星系的话，银河系就会消失不见。这显然是不合逻辑的。

我们观测到的星系在远离银河系而去，同样地，从其他的星系的位置上看，银河系和其他的星系也都应该是后退的。如果存在一个中心点，从这点上看，星系的退行速度与距离成比例，也就是说，离得越远的星系是越早飞出的，而它们飞出的速度也越快。那么就可以得出这样的结论，星系越古老，具有的能量就越大。而这也与事实不符。

无限即没有中心

大小有限、有边界的东西能确定其中心。

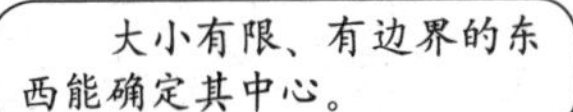
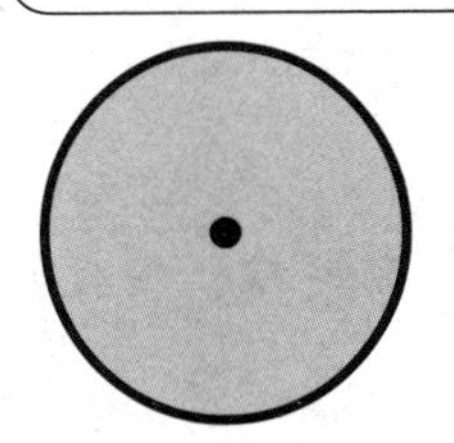
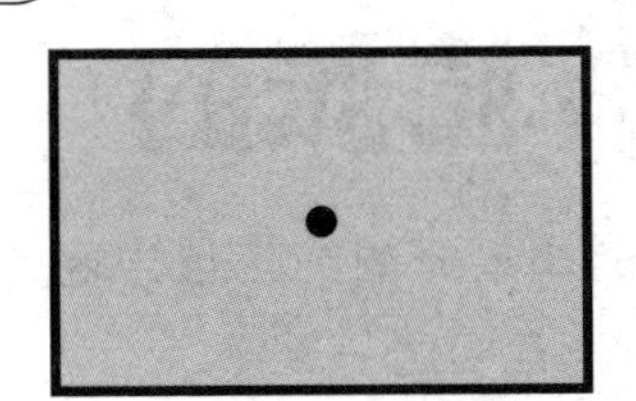
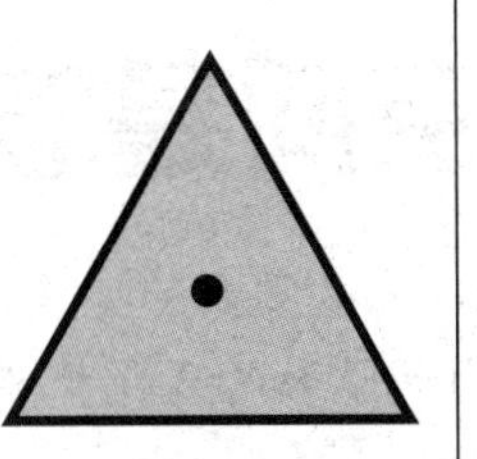

但对于无限来说，没有可以称之为中心的地方。

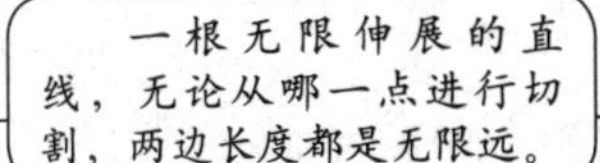
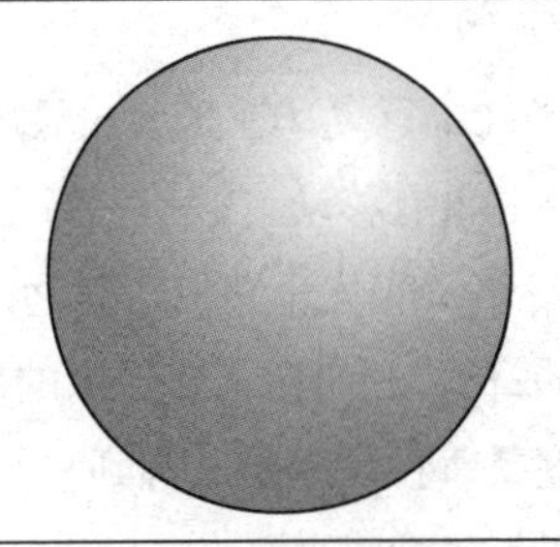

一根无限伸展的直线，无论从哪一点进行切割，两边长度都是无限远。

球面上的任何一个点，都可以作为它的中心，没有与其他点不同的点。

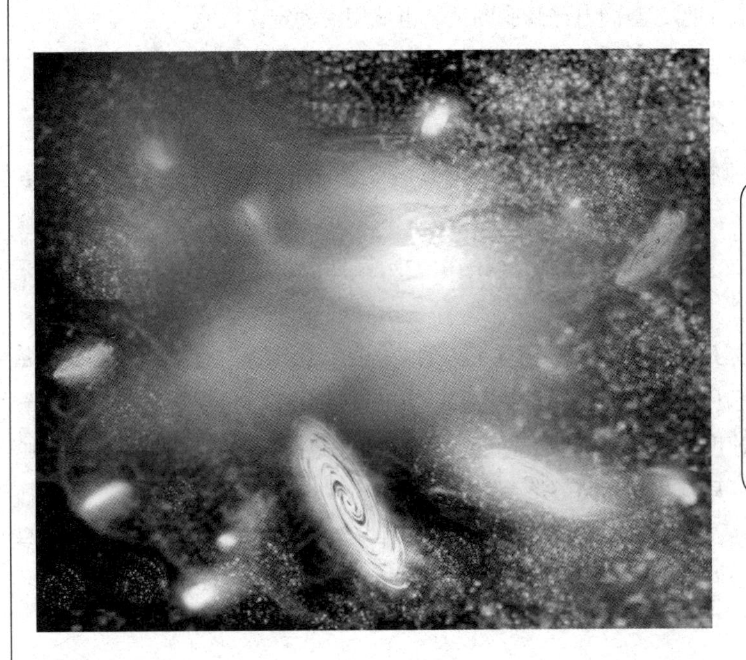

无论站在宇宙的哪个位置，看到的星系都在以与距离成比例的退行速度飞出，在这一点上，不同的位置看到的宇宙是一样的。

不断地加速

空间是怎样膨胀的

以变大的球面上的蚂蚁为例，能很好地说明哈勃定律。但我们尝试用无限长的线代替球面来说明这一原理。

线上的蚂蚁

在一条线上每隔10厘米放一只蚂蚁，然后把线均匀地拉长两倍，虽然处在线上的蚂蚁自己并没有移动，但是它们之间的间距变成了20厘米。

距离发生了变化，它们相对远离的速度又是怎样的呢？如果线在1秒之内伸长为前一秒的2倍，开始距离10厘米的蚂蚁1秒后间距变成20厘米。假设这时它们相对远离的速度是每秒10厘米。等到它们之间的间距从20厘米变成40厘米，远离的速度也随之变成每秒20厘米。

这种蚂蚁不动，直线延伸的模型，能很好地用来说明哈勃定律。宇宙也一样，星系被固定在空间，空间自己膨胀的话，也能用哈勃定律说明。

星系的大小不因宇宙膨胀而变化

宇宙膨胀经常被误解。所谓的宇宙膨胀是星系之间距离增大，并不是各星系在变大。星系的大小不因宇宙膨胀而变化，星系中恒星之间的距离也不因宇宙膨胀而改变。星系中为数众多的恒星相互间的引力刚好抵消，所以星系得以保持原来的形态。

另外，并不是所有的星系都是相互远离的。例如，银河系和仙女座星系就以每秒200千米的速度在相互靠近。在很多星系集中的领域，有时星系之间由于引力导致的相互靠近的速度大于宇宙膨胀的速度。也就是说，星系团之内的星系之间，哈勃定律并不适用，只有相互远离的星系才适用。

哈勃开始只是观测了600万光年范围的18个星系，仅凭这样的观测成果就推导出了哈勃定律，我们不得不叹服他敏锐的洞察力和科学的思维方式。

星系远离的方式

我们把星系比作直线上爬动的蚂蚁，来了解星系是如何相互远离的。

开始时，两只蚂蚁相距10厘米，它们的相对速度为每秒1厘米。

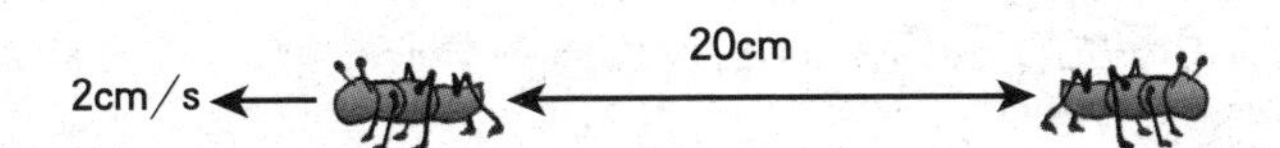

过了一段时间，两只蚂蚁相距达到20厘米，它们的相对速度也增为每秒2厘米。

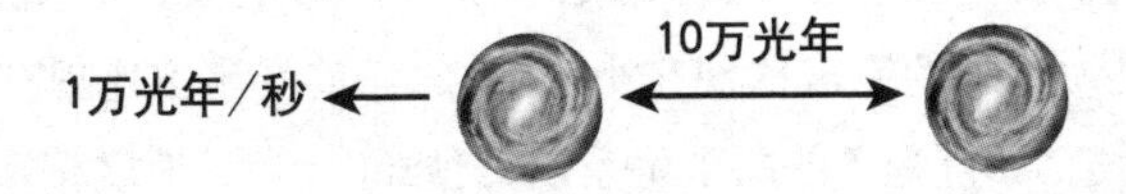

我们把蚂蚁换成两个星系，再看这个模型。

开始时，两个星系相距10万光年，相对退行速度为每秒1万光年。

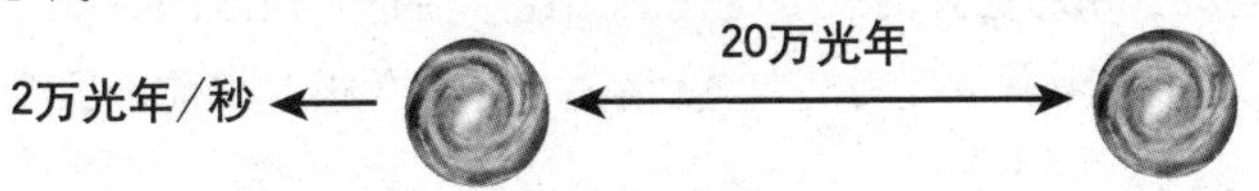

过了一段时间，两个星系之间的距离为20万光年，它们的相对退行速度就增为每秒2万光年。

我们还要排除一个误解，宇宙的膨胀并非指星系变大。

宇宙的膨胀指的是星系之间的距离的变大。

所有的星系重叠在一起

最初的宇宙很小

哈勃定律为我们描绘出了宇宙现在的模样，数以亿计的星系分布在宇宙空间之中，做着相互远离的运动。那么，宇宙在最开始的时候，又是怎样的一幅图景呢？我们不妨运用已知的知识，做一次大胆的推想。

重叠的星系

哈勃定律为我们描绘出宇宙开始的模样。让我们想象一下，宇宙一直处于不断膨胀之中，也就是说过去的宇宙比现在小。那么1年前的宇宙比现在小多少呢？哈勃观测的结果是距离100万光年的两个星系以每秒150千米的速度相远离。这个速度大约是光速的1/2000。

我们以两个星系为例，根据哈勃定律向若干亿年之前推演，时间越往前推，它们之间的距离越短，相对远离的速度越慢。当这个值达至极限的时候，它们之间的速度就变为0，之间的距离也变为0。也就是说，在很久很久以前，这两个星系是重叠在一起的。

无间的宇宙

我们可以把上面的推演运用在广布于浩瀚宇宙之中的任意两个星系上。不论它们之间的距离是几百万光年，还是相距遥远的几百亿光年，也不论它们是拥有数千亿颗恒星的星系，还是更多或更少，当沿时间向前推演的时候，它们最终都是重叠在一起的。

我们再把想象向更广处推进，把这种推演从单一的两两重叠，推进到宇宙中任意星系之间的重叠上。这就像是人们在看电影时的倒带过程，当时间向过去延伸的时候，星系之间的运动是相互趋近式的，而且时间越早，它们的间距越短，它们靠近的速度越小。当向前推进的时间达到无限大的时候，所有的星系都重叠在了一起。

一场宇宙历史的电影

假如我们用胶片把宇宙的历史完整地拍摄下来，那么科学家们就可以停止无休止的猜测和争论了，宇宙的奥秘也会清晰地展示出来。但是，人类的文明史不过几千年，宇宙产生的时候，生命还不存在，这样的电影只能是个美好的愿望。

但是，我们还是可以想象，如果真的存在这样的电影，它会展示给我们什么样的图景影像呢？如果说现在的宇宙是膨胀而来的，那么把电影胶带倒回去，宇宙就是收缩的。

同样地，现在我们知道，星系之间是相互远离的，那么，回溯过去，星系之间应是相互靠近的。在一段时间内，靠近的速度越来越小。

星系之间的距离越来越小，在极限处距离都缩小为0，也就是说，星系们都紧紧靠在一起。这样的影像是宇宙真实的样子吗？

其实宇宙开始产生的时候，星系和人类一样，还没有出现在茫茫宇宙当中，那么，那时的宇宙里有些什么呢，接下来我们会一一揭开它们的面纱。

宇宙的起源

爆炸性的宇宙

既然宇宙一直在不断地膨胀，那么可以合理地设想，在很久很久以前的某个时候，所有的星体都是聚合在一起的，宇宙最初是一个致密的物质核。

宇宙膨胀就是空间膨胀

我们把现在的宇宙假设成一个三维的立方体，其边长为1000万光年。在这个立方体的长、宽、高三边上每隔100万光年放置一个星系，这样每边就可以放置10个星系。这个立方体之中就含有10^3即1000个星系。

空间膨胀的概念，就是指立方体中含有的星系的个数不变，立方体体积变大。那么宇宙是现在的1/8大小的时候，立方体的边长是500万光年，星系的间隔是50万光年。宇宙是现在的1/1000大小的时候，立方体的边长变成100万光年，星系的间隔是10万光年。这样再往过去追溯，星系（物质）会越来越集中，星系分布的密度会越来越高。最终，所有的星系都互相重叠在一起。

超高密度状态下的爆炸

将此过程回溯到宇宙创生的那一刻，可以发现当时宇宙体积为零，也就是说，在那样的宇宙初期还没有出现星系，即使是星系都重叠在一处我们也很难想象。在宇宙初期，非常小的领域内确实存在超出人类想象的高密度状态。

宇宙就是在这种超高密度的状态下发生爆炸的。这也就是“Big Bang”，宇宙大爆炸理论，是根据天文观测研究后得到的一种设想。大约在150亿年前，宇宙所有的物质都高度密集在一点，有着极高的温度，因而发生了巨大的爆炸。大爆炸以后，物质开始向外大膨胀，就形成了今天我们看到的宇宙。

难以理解的奇点

按照前面的推理，所有的星系都在宇宙开始时重叠在一起，那么，宇宙最开始时，所有的物质就集中在一个密度和质量都极大的点上。这个点是大爆炸的初始点，也就是所谓的奇点。我们试图描述一下奇点的样子。

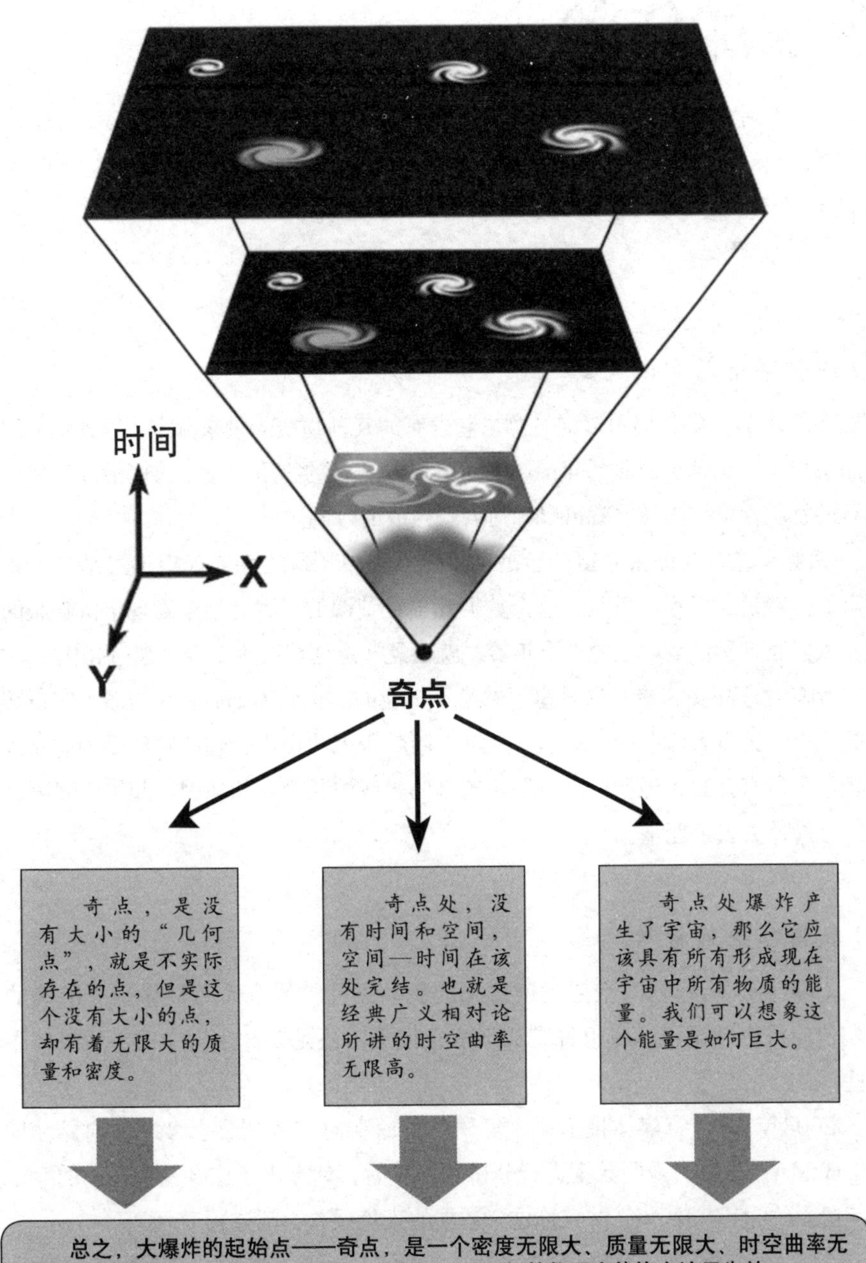

总之，大爆炸的起始点——奇点，是一个密度无限大、质量无限大、时空曲率无限高、热量无限高、体积无限小的“点”，一切已知的物理定律均在这里失效。

地球比宇宙更古老吗

宇宙的年龄

随着时间的推移，科学家们对宇宙的年龄不断地作出修正，获得的数据也越来越精确。事实上，这种修正的意义不仅在于数据本身，因为现今的许多研究都是以宇宙诞生的那一刻为起点。

哈勃得出的宇宙年龄

地球上岩石的年龄可以通过测量它含有的某种物质的量来测定。这种物质因放射而减少，含量越少岩石的年龄越老。将测到岩石的物质含量与火山活动形成的新岩石的物质含量作比较，就可以知道岩石生成的时期。

相对来说，要测量宇宙的年龄就不这么简单了。哈勃曾经得出过结论，认为宇宙的年龄是20亿年。可是，这个数据几乎是荒谬的。因为哈勃发现宇宙膨胀的时候，人们通过测量地球上的岩石年龄，就已经知道地球诞生至今已超过40亿年。

地球比宇宙更古老，这种事当然是不可能的。正因为如此，在当时，宇宙膨胀论的观点不为世人所接受。在这一点上，哈勃也无法做出合理的解释。因此哈勃也不相信宇宙有开始，他便把远方星系传来的光线波长变长的原因，归结于光因长距离行进后，失去了能量。

数据越来越精确

1994年，从哈勃太空望远镜得来的新数据使得研究者可以做出更准确的估计。他们得出结论说宇宙也许有80亿岁，但是这还是要比宇宙中的一些星体年轻一些。

2008年3月，有媒体报道说，美国科学家在对“威尔金森微波各向异性探测器”(WMAP)传回的观测数据进行分析和计算后，计算出了迄今最为精确的宇宙实际年龄，约为137.3亿年，并宣称这个数据的正负误差不超过1.2亿年。

地球和宇宙的年龄

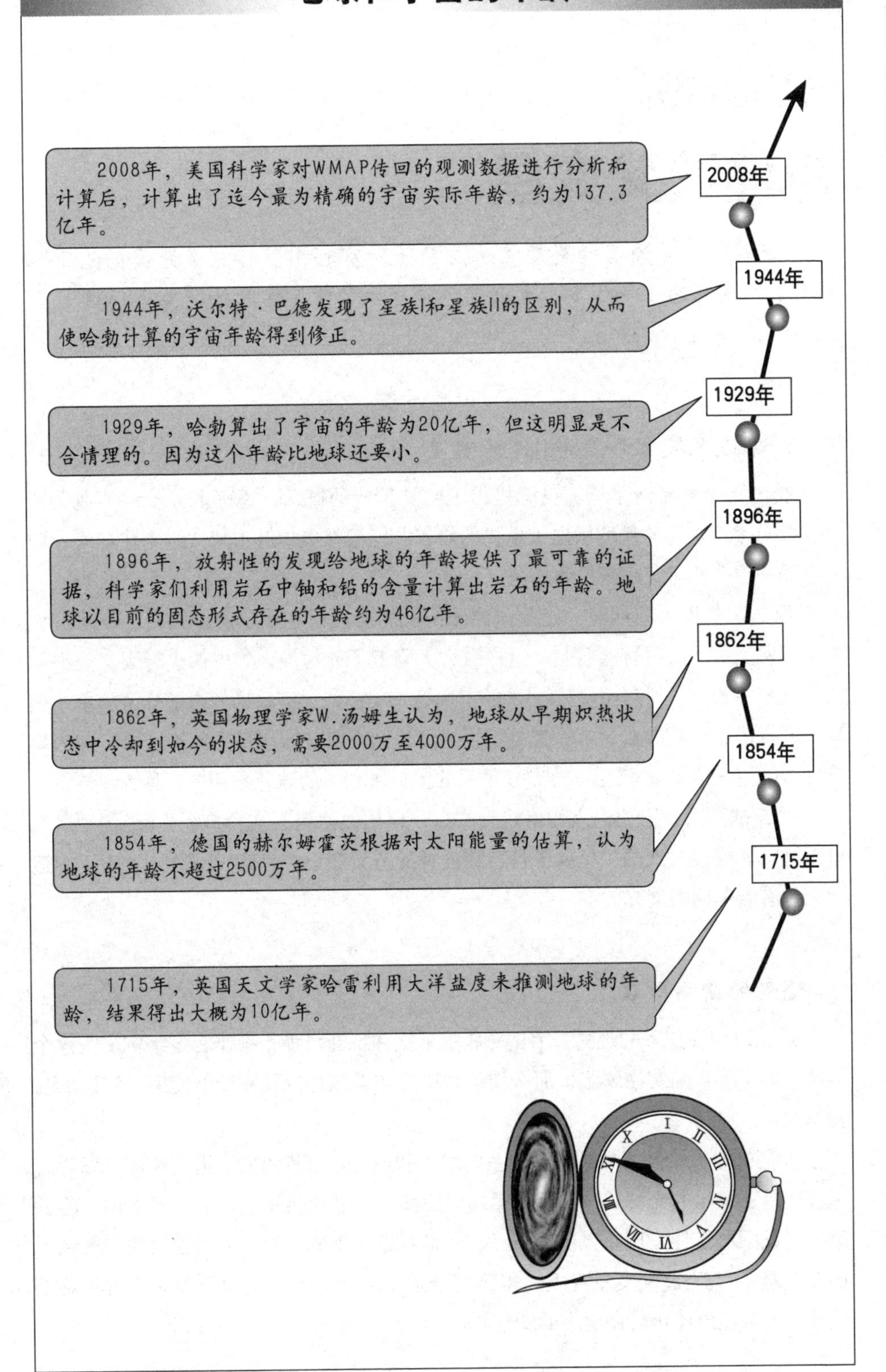
2008年，美国科学家对WMAP传回的观测数据进行分析和计算后，计算出了迄今最为精确的宇宙实际年龄，约为137.3亿年。
2008年
1944年，沃尔特·巴德发现了星族I和星族II的区别，从而使哈勃计算的宇宙年龄得到修正。
1944年
1929年，哈勃算出了宇宙的年龄为20亿年，但这明显是不合情理的。因为这个年龄比地球还要小。
1929年
1896年，放射性的发现给地球的年龄提供了最可靠的证据，科学家们利用岩石中铀和铅的含量计算出岩石的年龄。地球以目前的固态形式存在的年龄约为46亿年。
1896年
1862年，英国物理学家W.汤姆生认为，地球从早期炽热状态中冷却到如今的状态，需要2000万至4000万年。
1862年
1854年，德国的赫尔姆霍茨根据对太阳能量的估算，认为地球的年龄不超过2500万年。
1854年
1715年，英国天文学家哈雷利用大洋盐度来推测地球的年龄，结果得出大概为10亿年。
1715年

哈勃的错误

两种造父变星

新的造父普通星的发现意味着几乎所有利用红移测量距离的星系都比先前的估算远了一倍多，也解开了地球年龄比宇宙年龄还要老的谜团。

星族I造父变星和星族II造父变星

德国天文学家沃尔特·巴德提出了两类星族的概念，正确区分了两类造父变星，并对宇宙距离的尺度做出了重要的修正。巴德在威尔逊山天文台工作期间，曾与哈勃一道合作研究超新星和星系。

第二次世界大战期间，巴德因德国侨民的身份留守威尔逊山天文台，附近城市洛杉矶实行了战时灯火管制，这样就大大降低了光污染，为巴德进行天文观测创造了良好的条件。他利用口径2.5米的望远镜首次在仙女座星系的内部分解出单个恒星，并提出了星族的概念：一类是年轻的恒星，主要分布在星系的旋臂中，称为星族I。另一类是年老的恒星，分布在星系的中央区和晕的球状星团中，称为星族II。

“二战”后，巴德进入帕洛玛天文台，使用帕洛玛天文台口径为5米的望远镜继续进行研究，发现两类星族各自有其独特的造父变星，星族I造父变星和星族II造父变星有着不同的周光关系。

哈勃的错误所在

通过对河外星系的观测，宇宙膨胀的证据在不断增加，很难否定宇宙膨胀这个事实。如果宇宙确实在膨胀，那么使哈勃得出错误结论的就在于他使用了错误的哈勃系数。

我们知道，哈勃系数是由到星系的距离和退行速度推出的。退行速度可以通过调查从星系发出的光波长拉伸程度得出。距离可以利用星系的造父变星求出。哈勃第一次试图测定仙女座星系的距离，将星族II造父变星的周光关系错误地应用到了仙女座星系星族I造父变星身上，得到的结果是80万光年。这也令他对宇宙年龄错误地估计为比地球年龄还要小的20亿年。

星 族

星族是指银河系以及河外星系内，大量在年龄、化学组成、空间分布和运动特性都十分接近的天体的某种集合体。

1927年，布鲁根克特在《星团》一书中提出了星族这一概念。

1944年，巴德通过观测，认为银河系以及其他旋涡星系的恒星可以分为两大类星族I和星族II。前者的恒星主要集中在星系外围的旋臂区域，后者的恒星主要集中在星系核心部分。

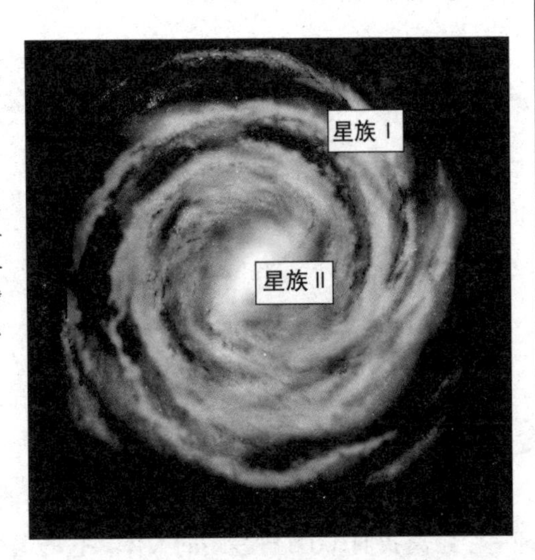

这也是哈勃计算得到错误的宇宙年龄的原因，他采用的是不同星族的造父变星的数据。

1957年，天文学家们认为星族I和星族II的划分过于简单，又把银河系里的恒星划分为五个族，即晕星族（极端星族II）、中介星族II、盘星族、中介星族I（较老星族）和旋臂星族（极端星族I）。

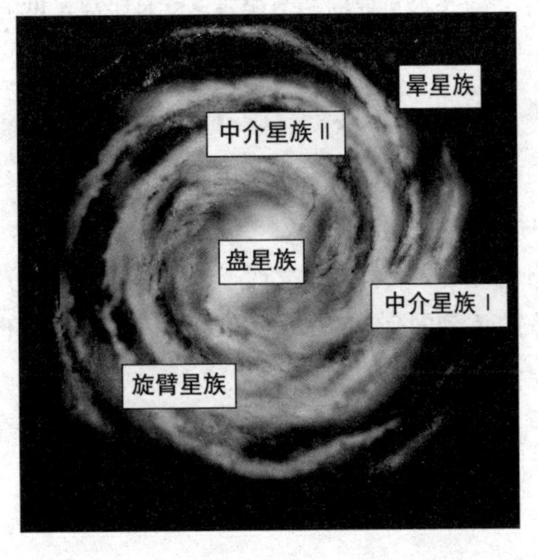

五个星族的年龄相差很大，从晕星族到旋臂星族依次递减。它们在化学组成上也有差别。一般来说，较老的星族所含有的重元素百分比要比年轻星族的低。

以光速远离的星系

人类看不到的宇宙

用地球到星系的距离和星系的退行速度来确定哈勃系数，而一旦哈勃系数被承认，宇宙膨胀的观点被接受，就可以通过测量退行速度来推算地球到星系的距离。

哈勃常数

哈勃在1929年给出了哈勃常数的第一个数值，H_0=513千米/（秒·秒差距），即一个距离我们100万秒差距的天体，它的退行速度是每秒513千米（1秒差距大约是3.26光年）。按照大爆炸理论，H_0等于50，意味着宇宙的年龄介乎130亿到165亿年之间。若H_0值是100，就意味着宇宙年龄介乎65亿年到85亿年之间，而实际数字则取决于宇宙的物质密度。

直至20世纪90年代哈勃太空望远镜升空前，天文学家观测计算到的H_0依然是介乎50与100之间。造成这样大的误差的主要原因有两个，一是退行速度的误差，虽然天文学家利用光谱及多普勒效应，已经很准确地找到个别星系的退行速度，但由于与邻近星系及星系团的引力作用，这个退行速度便不完全是因宇宙膨胀而产生；二是最重要的一个误差，就是距离量度的不确定。

宇宙的尽头

距离我们越远的星系，退行速度越快。当速度值达到每秒30万千米，即光速的时候，这个星系即使发再亮的光，我们也无法观测到它的存在了。因为退行速度大于等于光的传播速度之时，这个星系发出的光线永远也到不了地球。也就是说，我们能看到的宇宙的尽头，也就是以秒速30万千米远离的星系所在的地方。

看不见的宇宙尽头

根据哈勃定律，越远的地方的星系的退行速度越快，当距离远到一定程度，星系的退行速度越来越快。

当它快至以光速远离我们的时候，就意味着这个星系发出的光永远也到不了地球。

如果宇宙的年龄是科学家所说的137.3亿年，那么就意味着我们可观测的宇宙在137.3亿光年的地方达到尽头。

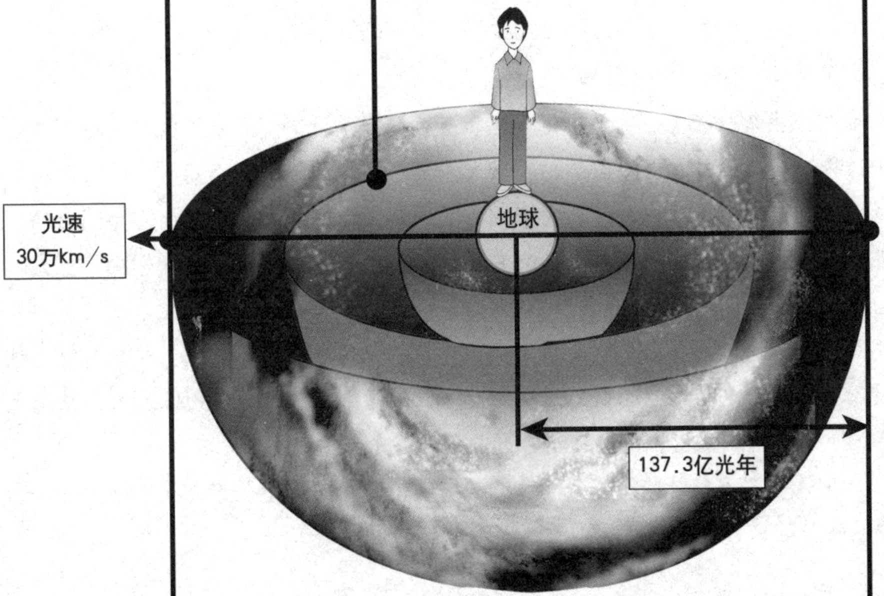

光速

30万km/s

地球

137.3亿光年

我们观测不到光速运行的星系。

我们看不到137.3亿光年之外的宇宙。

根据这个数据，可以得出哈勃常数H_0=73km/（s · Mpc）。

宇宙会永远膨胀吗

宇宙的未来

如果宇宙始于最初的大爆炸，那它未来又会变成什么样子呢？是永远膨胀下去，还是在什么时候停止膨胀转而收缩呢？

开放宇宙和闭合宇宙

按照大爆炸模型，宇宙在诞生后不断膨胀，与此同时，物质间的万有引力对膨胀过程进行牵制。如果宇宙的总质量大于某一特定数值，那么总有一天宇宙将在自身引力的作用下收缩，造成与大爆炸相反的“大坍塌”，这样的宇宙是闭合的。如果宇宙总质量小于这一数值，则引力不足以阻止膨胀，宇宙就将永远膨胀下去，即为开放宇宙。

这个道理就好像我们在地球上向上抛球，将球向正上方抛起，一会儿就落到地上。球向上的速度因地球引力而渐渐变慢，最后落下。抛出的速度越大，球由上升转为下落的时间就越长，上升的位置也越高。

但无论宇宙是开放的还是闭合的，要下个确切的结论是难以实现的。这是因为要给宇宙称重，无论从实际观测或理论推导都很困难。

临界质量

有趣的是，无论宇宙是开放或闭合的，它的质量都必须非常接近临界质量。这是因为，如果宇宙的质量太大，造成引力太大，宇宙便会在膨胀后不久就开始收缩，那样的话，宇宙的寿命就不会太长。恒星和星系还来不及形成，宇宙就死了。地球上的人类就更不可能出现了。如果宇宙质量太小，宇宙就会膨胀得太快，物质很快就变得非常稀薄，不足以聚集成恒星、星系，同样地，生命也不会在这样的环境中产生。

也就是说，无论宇宙的质量太大或太小，都是不合理的，都不会形成星系，人类也不会产生。宇宙的质量与临界质量不能相差太大。

宇宙的开放和闭合

闭合宇宙

向上抛出一颗球	球因重力，速度变慢，在临界点处速度为0	球开始下落
宇宙开始膨胀	宇宙因自身引力，膨胀变慢，最终停止膨胀	宇宙开始收缩

开放宇宙

向上抛出一颗球	球继续上升	球克服地球引力的束缚，飞向宇宙
宇宙开始膨胀	宇宙继续膨胀	宇宙无限膨胀，直至死亡

热寂还是大坍塌

宇宙的终结

我们可以预言宇宙的两种极端的命运：继续膨胀直到热寂，或者是大坍塌。大坍塌之时，无处不在的引力最终使膨胀停止，并且使所有的物质不可抗拒地回聚到一起，从而形成一个最终的奇点。

热寂

19世纪时，克劳修斯提出了热力学第二定律和熵的概念，并于1867年提出了热寂说，他认为，将热力学第二定律推广到宇宙之中，便得出宇宙熵趋于极大值的结论。熵的总值永远只能增加而不能减少，宇宙的熵达到极限状态，宇宙就会停止变化，成为一个死寂的永恒状态。

同样地，按照开放的宇宙理论，宇宙物质的万有引力不足以使膨胀停止，却消耗着宇宙的能量，使宇宙缓慢地走向衰亡。在很多很多年之后，所有的恒星都已燃烧完毕，所有的宇宙物质衰变、消亡了，宇宙最终变得寒冷、黑暗、荒凉而空虚。

大坍塌

牵制宇宙膨胀的万有引力的大小，取决于宇宙物质的质量。当其数值大于临界质量之时，万有引力就会使宇宙膨胀的速度变慢，最后变成0。在从膨胀到收缩的转折点过后，宇宙的体积开始缩小，收缩的过程起初很慢，随后越来越快。在最后的时刻里，引力成为占绝对优势的作用力，它毫不留情地把物质和空间碾得粉碎。在这场“大坍塌”中，所有的物质都不复存在，一切“存在”的东西，包括时间和空间本身，都被消灭，最后只剩下一个时空奇点。

于是，我们可以这样描绘宇宙的历史，宇宙由大爆炸开始，至大坍塌终结。在这个过程中，由于引力的作用，出现了物质，出现了生命，并进化出了人类。但是，这不过是宇宙运动极其短暂的一瞬。大爆炸中诞生于无的宇宙，最终又归于无。

两种终结宇宙的猜想

热寂说

1867年，德国物理学家克劳修斯把热力学第二定律推广到整个宇宙，得出了宇宙"热寂说"。

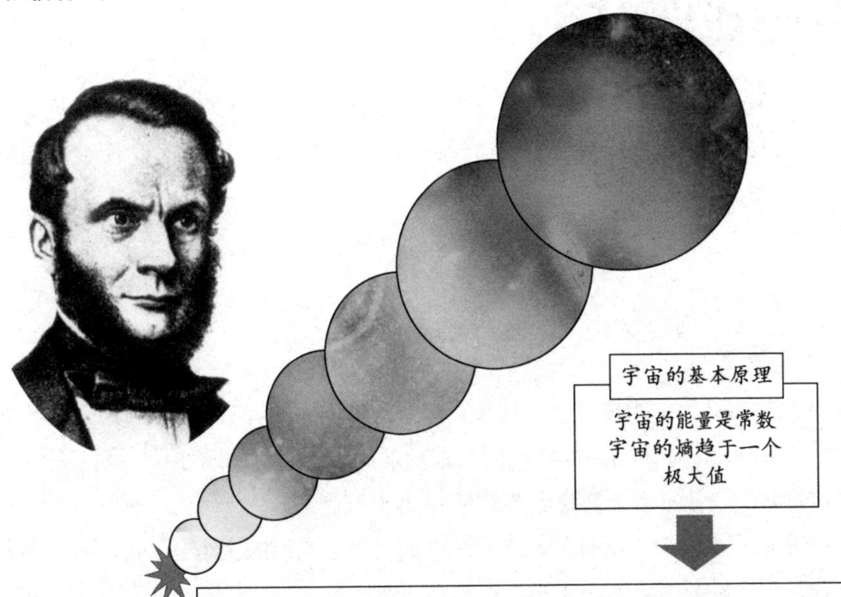

宇宙越接近于其熵为一最大值的极限状态，它继续发生变化的机会也越少，如果最后完全达到了这个状态，就不会再出现进一步的变化，宇宙将处于死寂的永远状态。

大坍塌

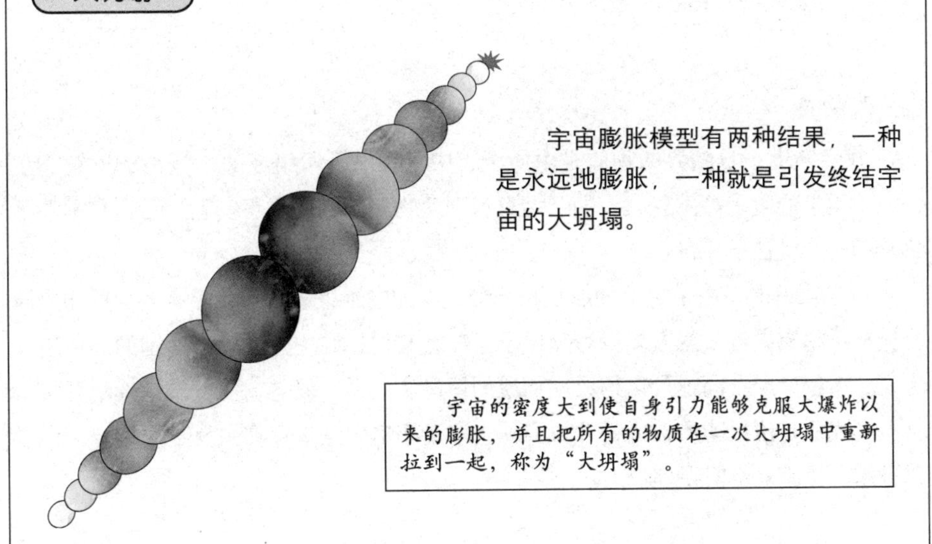

宇宙膨胀模型有两种结果，一种是永远地膨胀，一种就是引发终结宇宙的大坍塌。

宇宙的密度大到使自身引力能够克服大爆炸以来的膨胀，并且把所有的物质在一次大坍塌中重新拉到一起，称为"大坍塌"。

“空荡荡”的宇宙

宇宙的物质

宇宙是由什么物质组成的？人们会自然生出这样的想法，宇宙是由天空中闪烁的星星组成的。其实，这个答案并不精确。而且，随着科学家们的发现，这个答案越来越不正确。

普通物质

天文学家认为，组成恒星、行星、星系的物质，或者叫普通物质，只占宇宙总质量的不到5%。另外25%可能是由尚未发现的粒子组成的暗物质。剩下的70%可能是暗能量——让宇宙加速膨胀的力量。

宇宙中存在着数以亿计的与太阳一样的恒星，它们的大小、密度不同，有红巨星、超巨星、红超巨星、中子星、白矮星、造父变星、新星、超新星等。恒星在空间常常聚集成双星或三五成群的聚星，然后再组成星系、星系团。而以弥漫形式存在的星际物质，如星际气体和尘埃，高度密集就形成形状各异的各种星云。

另外，除了发出可见光的恒星、星云等天体，宇宙中还存在紫外天体、红外天体、X射线源、γ射线源以及射电源等。

反物质

我们知道，自然界的物质是由质子、中子和电子所组成的。但是20世纪30年代，带正电的电子被发现，人们开始意识到反物质的存在。事实上，任何基本粒子都有相应的反粒子存在。

反物质的原子由带负电的原子核与带正电的电子组成。自然界有多少种物质原子，在反物质世界中就有多少种反原子，而且它们在结构上是没有区别的。更进一步说，大量反原子同样可以构成反物质的恒星和星系。但是，要分辨远处星系是由物质构成还是由反物质构成，并不容易。对于宇宙中是否存在由反物质构成的恒星或星系，目前只停留在理论上。

镜像反转的反世界

科学家猜想，就像我们在照镜子时看到“镜中的我”一样，宇宙中有一个与我们的物质世界十分相像的反世界存在，它由反恒星、反星系等所有的反物质构成。

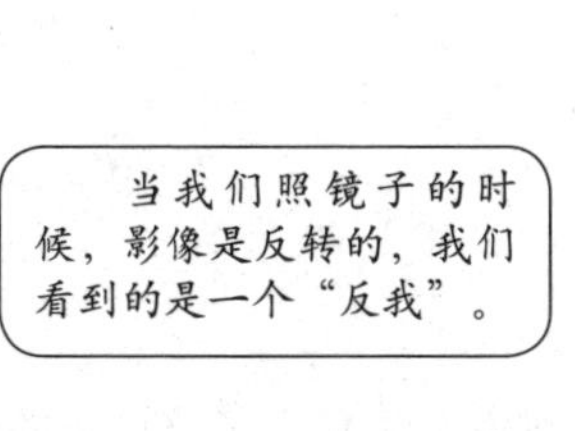

反物质就好比是镜中反转的物质，构成反物质的反原子由反电子、反质子等构成。

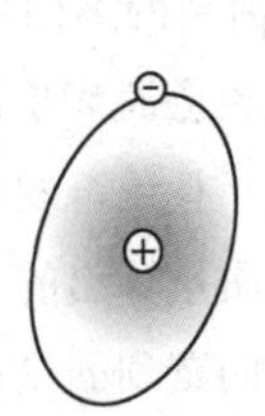

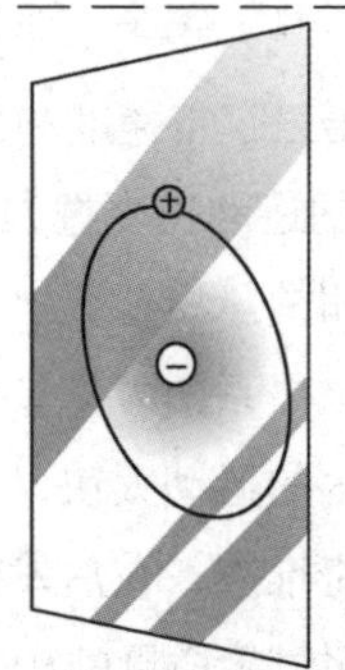

电子带负电荷，质子带正电荷。而反电子是正电子，反质子是负质子。

在自然界中寻找反物质难度很大，科学家们在实验室中制造出了正电子、负质子等反粒子，但是要将正电子与负质子组成反原子尚十分困难。

假如宇宙中既有星系又有反星系，那么正反物质相遇时，就必然会湮灭。所以宇宙中是否有反物质天体存在，还是一个无法解答的命题。

暗物质发现的经过

扎维奇的发现

现在，暗物质已成为当代宇宙学和粒子物理学中最重要的研究对象之一。但是我们是看不见暗物质的，那么科学家们是如何发现这些看不见的物质的呢？

关于暗物质存在的推测

20世纪30年代，瑞士天文学家弗里兹·扎维奇首先预言了暗物质的存在。当时他正在对后发座方向上一个能看见的星系团——后发座星系团进行研究。他对星系团中星系的运动产生兴趣。通过观测，扎维奇发现星系在星系团中高速运动着。我们知道，地球卫星的速度一旦大于第二宇宙速度，就会脱离地球，飞入宇宙空间。同样还存在脱离太阳系的第三宇宙速度和脱离银河系的第四宇宙速度。

那么星系团中的星系的运动速度过大，应该也会脱离星团而飞向宇宙。这个宇宙速度同样可以根据星系团的总质量算出。但是，扎维奇发现，后发座星系团中星系的运动速度要远大于由该星系团可见星体的总质量算出的飞出宇宙的临界速度。也就是说，星系在星系团内的运动太快，光靠我们看到的星系团物质的引力不能将它们束缚住。由此，扎维奇推测，在后发座星系团中有看不见的物质，这些看不见的物质的质量应该是星系团恒星质量的10—100倍。

银河系也有暗物质

到了20世纪50年代，天文学家根据银河系的自转轮廓，推算出了银河系的质量。然而他们发现，这个值要远大于通过光学望远镜发现的所有发光天体的质量之和。因此科学家们判断，银河系中也有此前人类没有发现的物质，并给这类物质起了一个普遍化的名称——暗物质。

后来几十年间，对宇宙整体的研究也表明，星际空间深处隐藏着多得多的能将星系束缚在星系团中的暗物质，其总质量可能是可见物质的10—100倍。

暗物质的预测

20世纪30年代，瑞士天文学家弗里兹·扎维奇发现，在星系团中，看得见的星系只占总质量的1/300以下，而99%以上的质量是看不见的。他预测了暗物质的存在。

科学家认为，通过测量星系外围物质转动的速度可以估算出星系范围内的总质量。计算的结果发现，星系的总质量远大于星系中可见星体的质量总和。据此推测，暗物质约占物质总量的20%—30%。

UGC10214星系是天文学家们发现的一个典型，它的物质不停地向外围流出，但又看不到别的星系存在于它周围。所以猜测在该星系的旁边存在着一种“暗星系”。

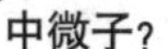

重子？

重子可以分成两类，一类被称为核子，即质子、中子、反质子和反中子。另一类被称为超子，这类重子比核子重。

中微子？

一种与其他粒子只具弱相互作用，穿透力却超强的粒子。

轴子？

暗物质构成粒子之一。它的质量可以为任何值。

弱相互作用重粒子？

暗物质构成粒子之一，是一种中性、重质量的弱相互作用粒子。

暗物质是什么？目前，科学家们已经预测出了一些组成暗物质的可能粒子。

第四章

大爆炸、黑洞和宇宙演化

当你面临着夭折的可能性，你就会意识到，生命是宝贵的，你有大量的事情要做。

——霍金

从太阳系到银河系，从河外星系到星系团，人们对于宇宙空间的认知不断扩张。但是，宇宙在时间轴上的景象是怎样的呢？宇宙什么时候开始形成，怎样形成的？宇宙中的大小天体又是怎样形成和演变的呢？大爆炸理论给这些问题做出了解答，描绘出了宇宙的演变史。

大爆炸起初只是一个并不为人关注的理论猜想，之后却得到了观测事实的支持。哈勃定律、宇宙微波背景辐射及宇宙氦丰度都为大爆炸理论提供了强有力的证据。

宇宙膨胀和光的波长

拉长的光波

前面我们已经提到，运动的光源会改变光波的频率和波长，这样我们可以根据星系光谱的红移和蓝移，测量星系运动速度，从而得出它离我们的距离。现在我们再详细说明光波的变化。

光是一种电磁波

1864年，英国科学家詹姆斯·克拉克·麦克斯韦在总结前人对电磁现象的研究的基础上，建立了完整的电磁波理论。他断定电磁波的存在，并推导出电磁波与光具有同样的传播速度。1887年，德国物理学家赫兹用实验证实了电磁波的存在。之后，人们又进行了许多实验，证明光也是一种电磁波。

电磁波与声波不同的是，即使没有媒质，它也能传播。比如光波不用凭借任何媒质，就可以在真空中传播。如果硬要说有媒质的话，空间就是它的媒质。虽然可见光的波长范围很小，只占电磁波中很窄的一个波段，但是光的性质以及它与物质间的相互作用与电磁波相同。光可以为物质所发射、吸收、反射、折射和衍射。

红移的产生

光是由不同波长的电磁波组成的，我们在上一章中已经提到，在光谱分析中，光谱图将某一恒星发出的光划分成不同波长的光线，从而形成一条彩色带，也就是光谱图。一个天体的光谱向长波（红）端的位移叫作红移。这是由光的多普勒效应所致，即当光源和观测者相对快速运动时造成了光的波长发生变化。在宇宙膨胀的过程中，光传播的媒质被延长了，光的波长同时也被拉长。

遥远的星系远离我们而去，它们的红移随着它们的距离增大而成正比地增加。这就是说，一个天体发射的光所显示的红移越大，该天体的距离越远，它的退行速度也越大。反过来说，天体越远，光的波长改变越大，红移越大。

麦克斯韦的电磁学

麦克斯韦建立的电磁场理论，将电学、磁学、光学统一起来，是19世纪最值得称道的物理学成果之一。

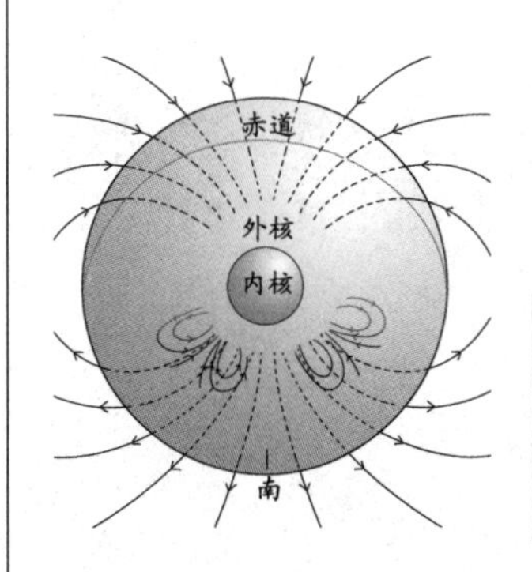

在此之前，电和磁看起来似乎是互不相干的现象，雷电风暴和太阳光也没有和地球的磁场联系起来。

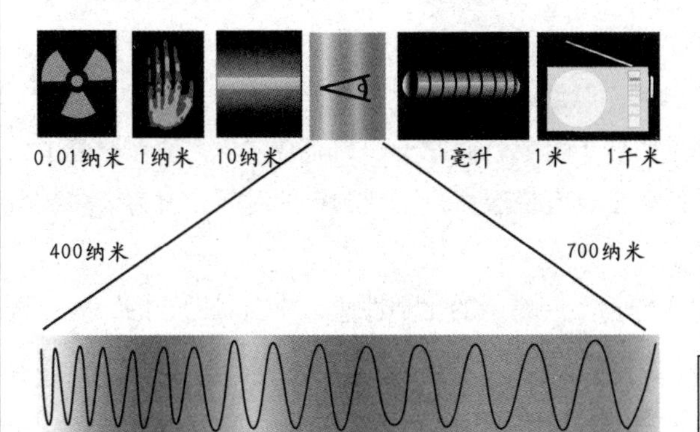

光也是电磁波，是由在时空中以光速传播的振荡的电场和磁场组成的。

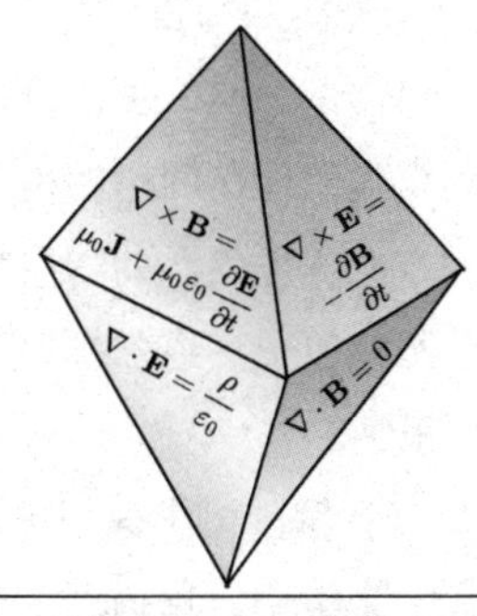

麦克斯韦用四个方程式解释了所有的电和磁的不同行为。从光的辐射及电流到地球的磁场。

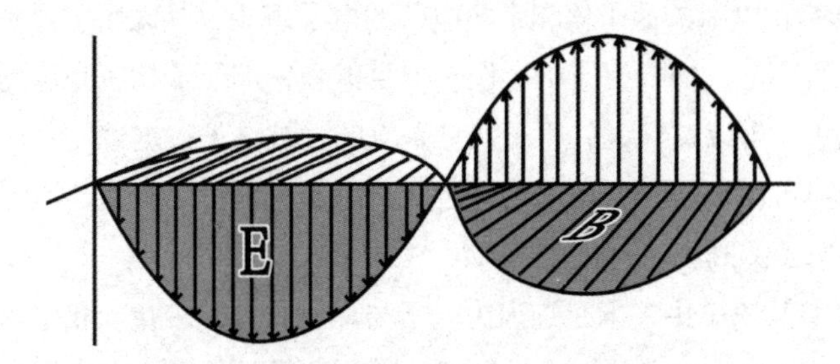

电场和磁场可以孤立存在。但一般来说，电场随时间变化的话，就会产生磁场。而磁场随时间变化也会产生电场。

物质构成的基本单位

原子核和电子

在炼金术盛行的中世纪，炼金士们执着于通过把没有价值的物质通过混合、加热等方法，制造出高价值的金，在一定程度上，这是对物质结构的探索。

自然界物质的基本单位

对于物质的构成，早在公元前400年，古希腊哲学家德谟克利特就提出原子的假说。到19世纪初，英国物理学家约翰·道尔顿提出原子说。虽然当时道尔顿所用的术语与我们现在使用的稍有不同，但他清楚地表述了原子、分子、元素等概念，认为世界上各种各样的物质都是由原子组成，而原子种类非常之少，他在原著中已列出了20种原子。道尔顿的学说非常具有说服力，不到20年的时间，就为大多数科学家所采纳。

后来，俄国化学家门捷列夫根据不同原子的化学性质，将当时已知的63种元素排列在一张表中，这就是元素周期表的雏形。为纪念门捷列夫，第101号元素被命名为钔。现在，元素周期表中元素数目已增至103种。

原子的构成

原子由带正电荷的原子核和带负电荷的电子组成，其大小主要是由最外面的电子层的大小所决定。如果把原子比作一个足球场，那原子核就是球场中央的一处针尖大小的地方。可以这样说，原子几乎是空的，被电子占据着。另一方面，尽管原子核的体积只占原子体积的几千亿分之一，但是它的密度极大，原子核极小的体积里却集中了原子99.95%以上的质量。

电子没有从原子中飞出，是因为电子与原子核分别带负、正电荷，它们之间产生相互吸引的作用力。这就好像是地球、木星这样的行星，被太阳的引力吸引着，不能飞出太阳系，两者是同样的道理。

原子论

远在公元前5世纪，德谟克利特已为人们描述了“原子”。但直到19世纪初，才由道尔顿提出了近代的原子论。

德谟克利特探讨了物质结构的问题，提出了古典的原子论思想。他认为万物的本原是原子和虚空，原子是一种最后的不可分割的物质微粒。

约翰·道尔顿继承了古希腊朴素的原子论，创立了近代原子学说。

化学元素由不可分的微粒——原子构成，它在一切化学变化中是不可再分的最小单位。

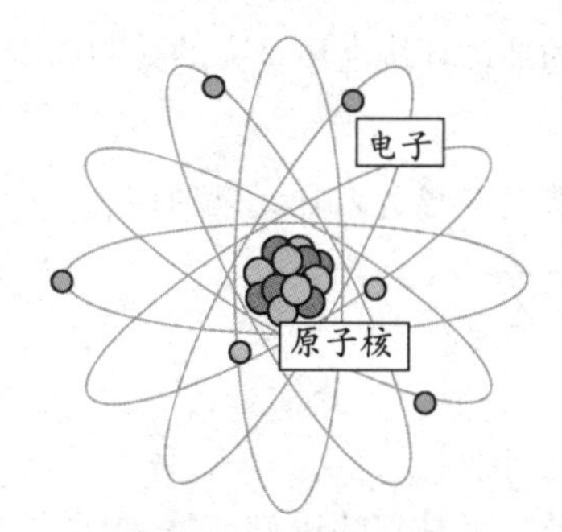

同种元素的原子性质和质量都相同，不同元素原子的性质和质量各不相同，原子质量是元素的基本特征之一。

不同元素化合时，原子以简单整数比结合。推导并用实验证明倍比定律。如果一种元素的质量固定时，那么另一元素在各种化合物中的质量一定成简单整数比。

门捷列夫为每种元素建立一张长方形的卡片，上面写着元素符号、原子量、元素性质及其化合物。然后他把这些卡片钉在实验室的墙上排了又排，就是用这种玩扑克牌的方法，门捷列夫花了大约20年的工夫，终于在1869年发表了元素周期律。这张表把看似互不相关的元素统一起来，组成一个完整的体系。它的发明是近代化学史上的一个创举。

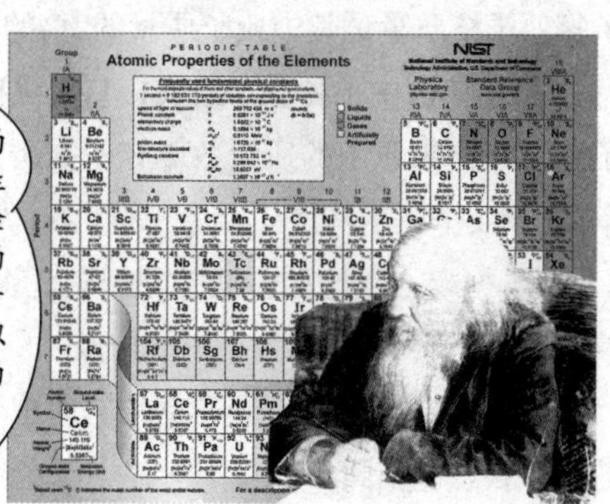

原子核的构成

质子和中子

要探寻宇宙是如何形成的，就必须再深入地了解物质的构造。原子中电子带的负电荷与原子核的正电荷相互抵消。那么，原子核中带正电荷的粒子又是什么呢？我们将其称为质子。

带正电荷的质子

1919年，英国物理学家欧内斯特·卢瑟福任卡文迪许实验室主任时，用α粒子轰击氮原子核时，发现了质子。氢原子的原子核由一个质子构成，质子的质量是电子的1836倍。就像质量小的地球环绕在质量大的太阳周围一样，质量小的电子也环绕在质量大的质子周围。

原子核中所含的质子数等于该元素在元素周期表中的序数。氦原子中有两个电子，氦的原子核也有两个质子。

不带电的中子

氦的原子核有2个质子，可是它的质量却是4个质子的质量，这就说明在原子核中还有其他的物质存在。1932年，英国物理学家查德威克利用α粒子撞击铍原子核，发现了中子的存在。中子不带电荷，但质量与质子的质量大致相等。这就解开了氦原子核质量是其中质子质量的2倍的难题。

原子核由中子和质子组成，它们统称核子。原子核内质子数和中子数之和叫核子数，又称为原子的质量数。核子数决定了元素的种类。举例来说，氦原子核由2个质子和2个中子构成。碳原子核由6个质子和6个中子构成，氧原子核由8个质子和8个中子构成。再比如，铁的原子核，由26个质子和26个中子构成，铀原子的原子核则由92个质子和140多个中子构成。

核子在核内不是静止不动的，而是处于一定的运动状态。运动状态不同，相应的能量状态也不同。

分解原子核

1931年，约里奥·居里夫妇公布了石蜡在“铍射线”照射下产生大量质子的新发现。查德威克知道后，立刻着手进行实验，结果发现了“中子”。他也因此获得1935年诺贝尔物理学奖。

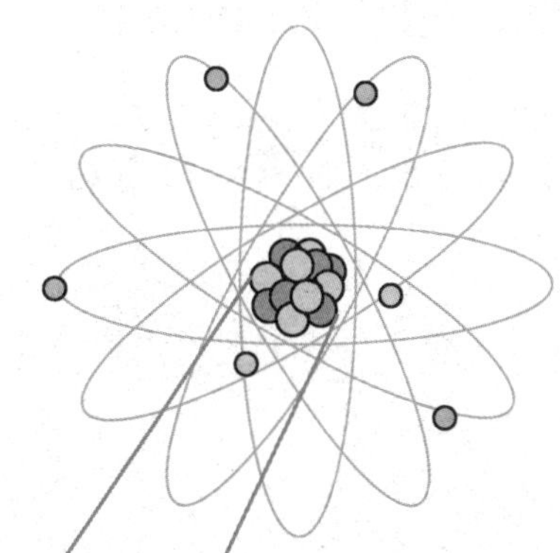

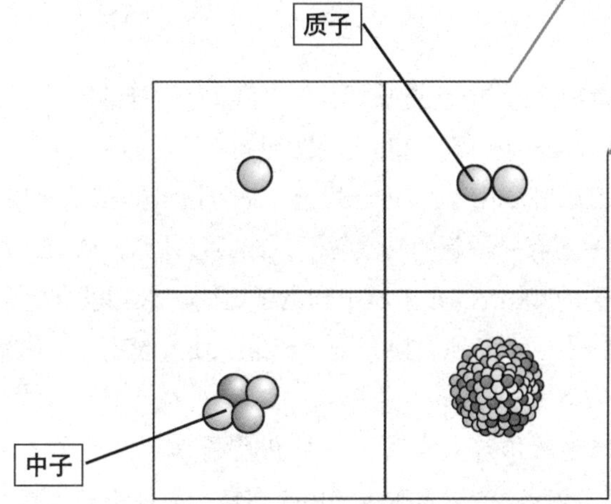

1919年，卢瑟福任卡文迪许实验室主任时，用α粒子轰击氮原子核后射出粒子，命名为proton，这个单词是由希腊文中的“第一”演化而来的。

稳定的原子核	放射性原子核
一类原子核能够稳定地存在，不会自发地发生衰变，称为稳定的原子核。	另一类原子核则不能稳定地存在，它会自发地转变为别的原子核，称为放射性原子核。

制造原子核的能量

汤川秀树的发现

我们知道，原子核与电子之间靠电磁作用相互吸引。可是，中子不带电荷，那么，质子和中子又是靠什么紧密地结合在一起呢？

介子理论

万有引力在像天体这样质量大的物体上起作用，但在像质子这样的质量微小的粒子上，万有引力的影响比电磁力还要小。质子和中子紧密地排在一起的巨大能量来自何方？直到1935年，日本物理学家汤川秀树建立了介子理论，为这个问题做出了解答。

汤川秀树认为，原子核中还有一种新的基本粒子，他通过计算，认为这种粒子的质量约为质子的1/10、电子的200倍，介于质子和电子之间。人们就称它作“介子”。汤川假设，正是质子和中子不断地交换介子，产生了强大的核力，使得原子核保持稳定。

1947年，英国物理学家鲍威尔等人发现了一种新粒子，并将其命名为π介子，证实了汤川秀树理论的正确性。汤川秀树也“由于在核子力理论的基础上预言了介子的存在”，成为第一个获得诺贝尔奖（1949年）的日本人。

核裂变和核聚变

20世纪40年代，在对原子核的研究中，科学家们发现将因核力紧密结合的原子核裂变和聚变，并了解到这种变化会产生巨大的能量。

一些像铀、钍等质量非常大的原子核在吸收一个中子以后会分裂成两个或更多个质量较小的原子核，同时放出巨大的能量，这种能量又使别的原子核接着发生裂变……这种过程持续进行下去，称为链式反应。

核聚变是指氘、氚等质量小的原子，在超高温和高压等条件下，原子核互相聚合，生成新的质量更大的原子核，同样会伴随着巨大的能量释放。

举例来说，原子弹的爆炸就是核裂变的过程。太阳发光发热的能量来源，就是它内部的原子核的核聚变。

核反应

核反应是指入射粒子（或原子核）与原子核（称靶核）碰撞导致原子核状态发生变化或形成新核的过程。其过程可分为核裂变和核聚变。

质子和中子不断地交换介子，产生了强大的核力。

核力是使核子组成原子核的作用力，属于强相互作用力的一类。

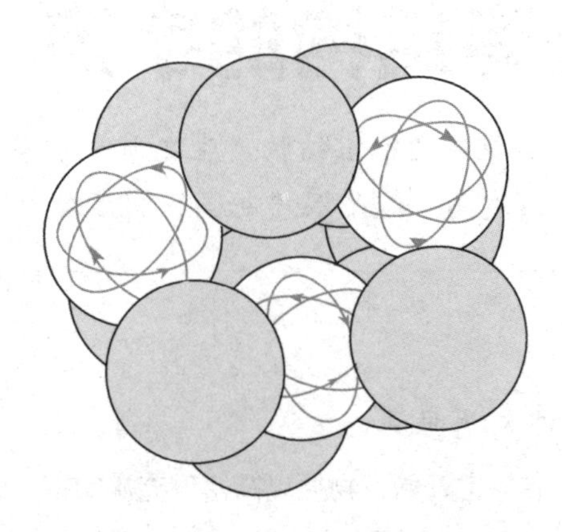

原子核在其他粒子的轰击下产生新的原子核，这个过程称为核反应。

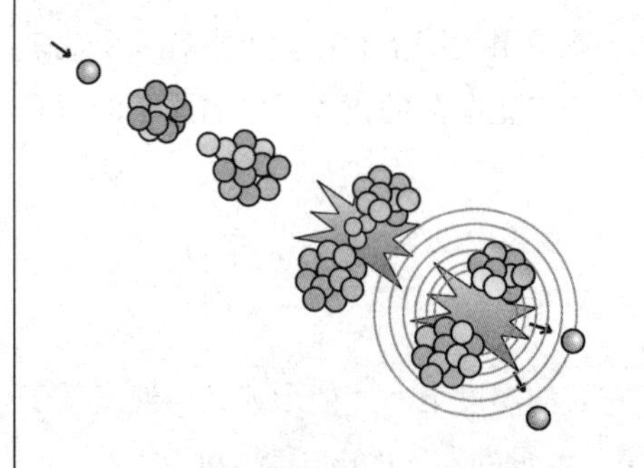

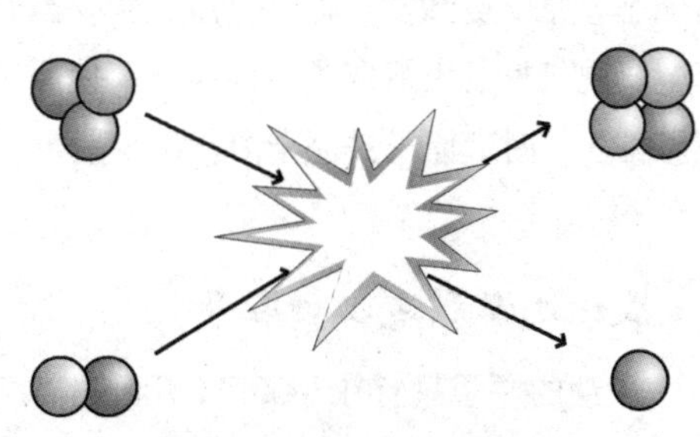

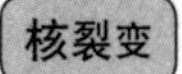

核裂变

又称核分裂，是一个原子核分裂成几个原子核的变化。是指由重的原子，主要是指铀或钚，分裂成较轻的原子的一种核反应形式。

核聚变

是指由质量小的原子，在一定条件下发生原子核互相聚合作用，生成新的质量更大的原子核，并伴随着巨大的能量释放的一种核反应形式。

热宇宙的物质形态

没有结构的宇宙

在现在的宇宙结构产生之前，宇宙是由大片的微观粒子构成的均匀气体，温度高，越早温度越高，密度越大。

什么叫电离

在宇宙开始，物质以高密度充满宇宙，和光频繁地发生冲突。电子被锁定在原子中，是因为原子核的正电荷和电子的负电荷因电场力相互吸引。但是，当它与具有高能量的光碰撞时，电子就会脱离原子飞出。这是因为电子的运动因为光的碰撞获得能量变得更加剧烈，原子核电荷的力量不足以牵制电子，电子就脱离了原子。这种中性原子失去电子成为正离子的过程就叫作电离。

中性原子处于基态，当它受到其他粒子的碰撞，获得一定能量时，将跃迁到较高能态。原子被激发，称为受激原子。当原子获得更大能量时，就可能有一个或多个电子脱离核的束缚成为自由电子，使原子成为带正电荷的正离子。当原子的所有电子都失去时，原子被完全离化。

散乱地激烈运动的粒子

中性的原子只有在3000K（开氏温度）左右的温度下，才能形成，当温度低于3000K时，电子与原子核就会结合成中性原子，大量的发光的电子就会消失。

但是在宇宙形成的初期，温度高达10000K时，粒子四处飞逸，不停地发生碰撞，其运动能太大，导致中性的原子不能形成。也就是说，宇宙的初期不存在原子，原子核和电子散乱地激烈地运动着。

再往前推，当温度高达10亿K时，粒子热碰撞使得原子核也发生瓦解。换句话说，原子核也是宇宙演化产生的。我们可以得出这样的结论，在宇宙初期，连原子核也不存在，质子、中子和电子散乱地激烈地运动着。

宇宙早期的混乱状态

宇宙开始时……

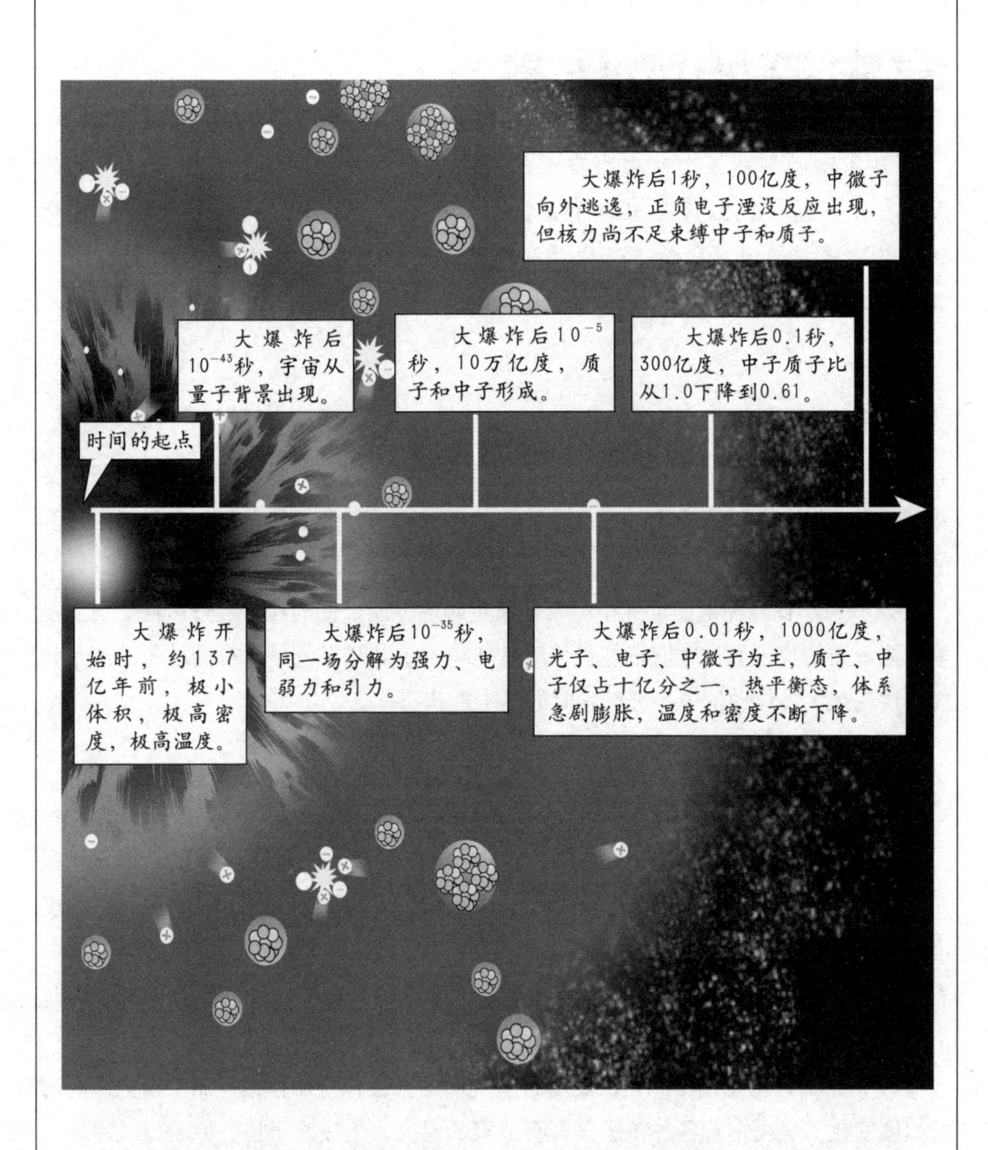

宇宙的早期，温度极高，密度也相当大，整个宇宙体系中只有一些微小的粒子存在，就像是一锅沸腾的粒子汤。

热平衡下的均匀温度

宇宙开始的状态

在宇宙的早期，大片由微观粒子构成的均匀气体在热平衡下有着均匀的温度。这一统一的温度是当时宇宙状态的重要标志，因而称宇宙温度。气体的绝热膨胀将使温度降低，使得原子核、原子乃至恒星系统得以相继出现。

热平衡状态

前一节我们说到，宇宙早期，原子、原子核都不存在，是许多散乱的粒子们激烈运动的世界。科学家们认为，这些粒子包括了质子、中子和电子，但是，质子和中子只占其中的十亿分之一，其主要成分是如电子、光子、中微子等轻粒子。

这些粒子在高能量的世界中频繁地发生碰撞，能量低的粒子经过碰撞会得到能量，能量高的粒子通过碰撞把能量传给其他粒子。其结果就是所有的粒子的能量相同，这就是大爆炸理论中宇宙开始时的热平衡状态。

宇宙温度

在整个宇宙当中，温度无处不存在。无论在地球上还是在月球上，也无论是在赤热的太阳上还是在阴冷的冥王星上，所有的星体所处的空间位置不同，温度也千差万别。例如，太阳表面温度是6000℃，而处于离太阳较远位置的冥王星的表面温度却只有－240℃。再如银河系里的牛郎星与织女星，人们看到的只是闪烁小亮点，它们的表面温度却在10000℃上下。

宇宙中的行星温度不同，决定着行星上面是否适合生命存在。而宇宙大爆炸时的温度变化，也决定着各种粒子是否有适宜的温度，生成原子核、原子以及星体、星系。我们把大爆炸理论中宇宙开始热平衡状态时的温度称为宇宙温度。之后，随着宇宙的膨胀，空间尺度迅速增大，宇宙密度与温度迅速下降，相互作用也减弱。当温度下降到3000K时，原子形成。

宇宙中的温度

宇宙温度计

C F

温度	名称	说明
100 000℃	星云	宇宙中有些地方会形成各种各样的云雾天体，也就是星云。有的星云内部温度高达100000℃，密度也非常高。
6 000℃	太阳表面	太阳的表面温度达到6000℃。太阳放出大量的光和热，给我们的生活带来生机。
－160℃	水星背面	离太阳最近的水星，因为没有大气的调节，向阳面的温度最高时可达430℃，但背阳面的夜间温度可降至－160℃。
－220℃	天王星	因为距离太阳遥远，天王星大气层云上端温度约在－220℃，表面显淡蓝色。
－240℃	冥王星	冥王星从太阳上所接收到的光和热，只有地球从太阳得到的几万分之一，因此，冥王星上是一个十分阴冷的黑暗世界。
－260℃	星际尘埃的温度	在寒冷的宇宙空间，星际尘埃的温度可低达－260℃。
－270.15℃	宇宙微波背景辐射	宇宙微波背景辐射是“宇宙大爆炸”所遗留下的布满整个宇宙空间的热辐射，反映的是宇宙年龄在只有38万年时的状况，其值为接近绝对零度的3K。
－273.15℃	绝对零度	绝对零度，即绝对温标的开始，是温度的极限，当达到这一温度时所有的原子和分子热运动都将停止。这是一个只能逼近而不能达到的最低温度。

元素是什么时候生成的

伽莫夫的困扰

在各种不同天体上，氦丰度相当大，而且大都是30%。用恒星核反应机制不足以说明为什么有如此多的氦。

氦丰度的疑惑

前面我们介绍过原子核的形成。在恒星中，2个质子，2个中子聚合形成氦原子核。但是恒星中形成的氦并不释放出来。在恒星中质子变成氦原子核后，3个氦原子核聚合成6个质子、6个中子的碳原子核。生成的碳原子核和氦原子核聚合生成氧原子核（质子8个、中子8个）。

就这样，在恒星中原子核之间聚合形成更重的原子核。在这个过程中恒星生成的氦应该基本上不存在了。即使有生成氦的新恒星，氦应该还在恒星中，在现在的宇宙中应该观测不到。但实际情况并非如此，在各种不同天体上，氦丰度相当大，而且占30%的比例。而且通过对比较原始的星际气体的观测发现，在银河系和许多河外星系中，氦基本上是均匀分布的。这和许多重元素的非均匀分布形成了鲜明的对照。

氦的形成

现在的宇宙只有在恒星中才能生成氦。氦是质子之间相互碰撞融合形成的，可是质子都带正电荷，相互之间应该是排斥的。为了克服互相排斥的电场力，使质子相互碰撞，将质子锁定在小的领域里，减小相互之间的距离，就必须以快速碰撞。它可以在超高温、超高密度的环境中实现。恒星中基本上是这种状态，所以在恒星中能生成氦。

但是，美籍俄裔物理学家伽莫夫认为，现在宇宙中观测到的大量的氦不是由恒星生成的。氦在恒星生成之前就已存在，也就是超高温、超高密度的宇宙开始时就已存在。

元素起源研究简史

元素起源是宇宙物质的形成和演化问题的一个组成部分。元素起源理论是在元素宇宙丰度的测定、现代核结构理论和宇宙起源理论的基础上逐步完善起来的。

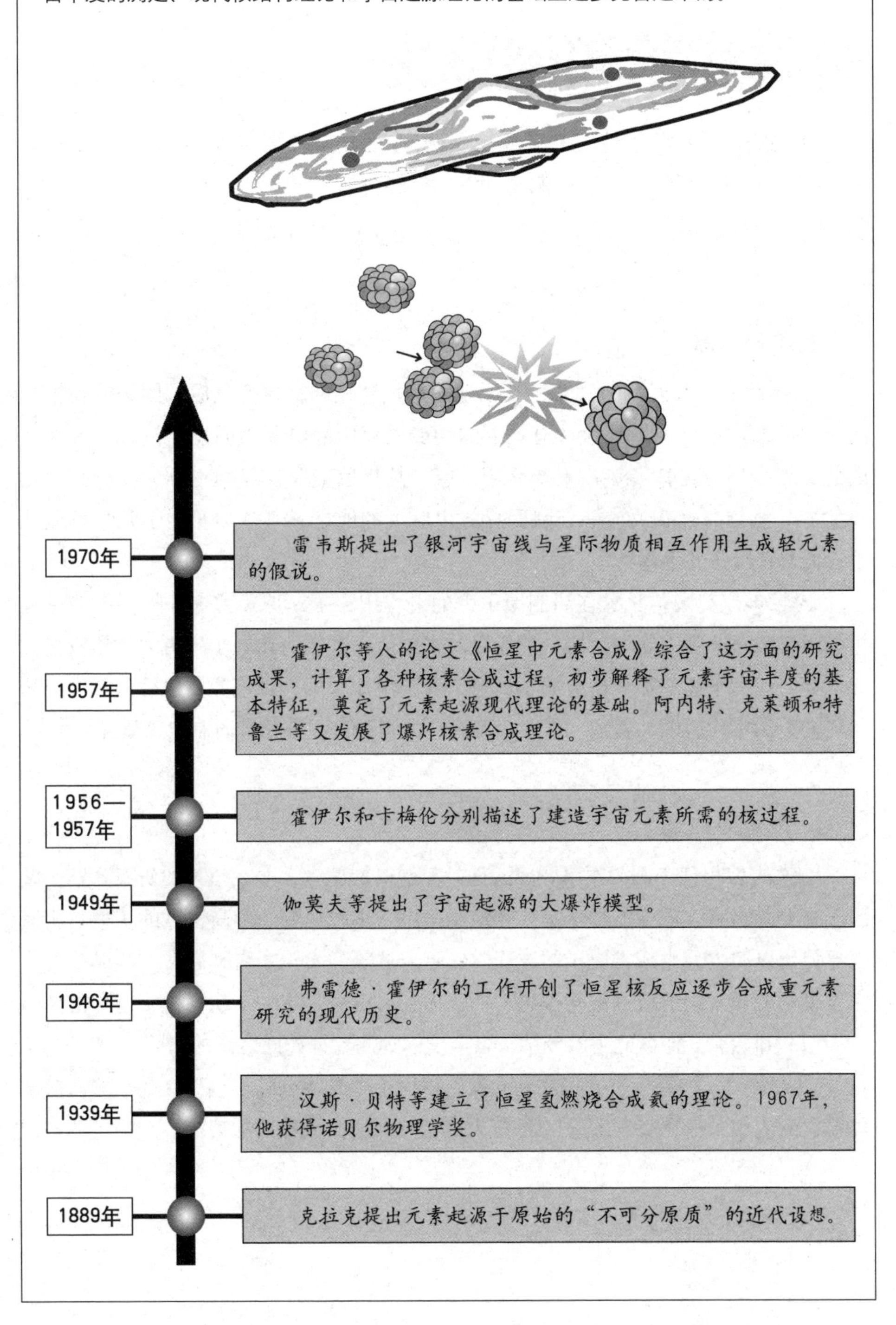

大爆炸的闪现

氢弹实验和伽莫夫

其实除了恒星内部，还有能生成氦的场合，那就是氢弹爆炸的时候。氢弹正是利用核聚变的原理制成的。

氢弹的原理

氢弹是一种毁灭性的武器，其原理就是氘和氚的核聚变反应。因必须在极高的压力、温度条件下，轻核才有足够的动能去克服静电斥力而发生持续的聚变，因此，聚变反应也称“热核聚变反应”或“热核反应”。氢弹也称为热核弹或热核武器。氢弹的聚变反应能在瞬间释放出巨大的能量，其威力相当于几十万至几千万吨TNT炸药发生爆炸。

1942年，美国科学家在研制原子弹的过程中，推断原子弹爆炸提供的能量有可能点燃轻核，引起聚变反应，并想以此来制造一种威力比原子弹更大的超级弹。1952年，在太平洋的埃卢格鲁博小岛上，美国爆炸了第一颗氢弹。之后从20世纪50年代初至60年代后期，美国、苏联、英国、中国和法国都相继研制出了氢弹。

伽莫夫的假想

伽莫夫曾担任美国的军事顾问，他是氢弹的提案者，并在氢弹的研究开发上做出了重要的贡献。氢弹的爆炸是人为地制造出一个超高温、超高密度的环境，使聚变反应得以产生，生成氦原子的过程。伽莫夫从氢弹实验中得到启发，形成了关于宇宙最初的元素的形成过程的假想，他认为，宇宙也是从一个超高温、超高密度的“火球”开始的。他以此来解释宇宙氦丰度的观测数据如此之高的原因。

有人要问，如果宇宙大爆炸真的发生过，那爆炸留下的痕迹是什么？那么根据伽莫夫的假想，现在宇宙超过1/4的氦丰度就是那团“火球”的遗痕。

氢弹的原理

氢弹就是利用装在其内部的一个小型铀原子弹爆炸产生的高温引爆的核聚变。反应过程中放出巨大的能量，杀伤力非常恐怖。

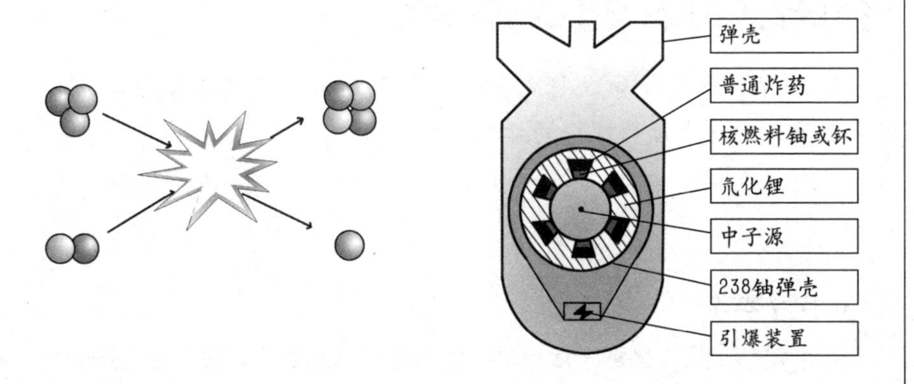

大爆炸刚开始，由于高温高密度，粒子无法以我们现在所知的物质形式出现。然而宇宙的温度随着它的膨胀而下降，运动速度减慢了的粒子在各种力的影响下很快“黏结”在一起。

从一到无穷大

宇宙开始的3分钟

1948年，伽莫夫等人将元素形成的假想同宇宙膨胀理论联系起来，就成为后来的热大爆炸理论的开端。

αβγ理论

20世纪40年代，伽莫夫指导学生阿尔菲研究元素合成的理论。1948年，阿尔菲提交的博士论文在《物理学评论》上发表。伽莫夫说服了物理学家汉斯·贝特，将其名字署在了论文上。这样一来，阿尔菲、贝特、伽莫夫三个人名字的谐音恰好是希腊字母的前三个，即α、β、γ。当这篇关于宇宙大爆炸模型的论文以三人的名义，在1948年4月1日愚人节那天发表后，在很长一段时间里，大爆炸宇宙论被简称为“αβγ理论”。

3分钟造就一个宇宙

宇宙初始时，是一团混沌，在绝高温度和绝高密度之下，连最基本的粒子也无法产生。但随着宇宙的扩张，温度随之降低，当温度降至10^{10}K的时候，就出现了电子、中子和质子。这个时候离大爆炸伊始也不过1秒钟。

之后，宇宙继续扩张，温度继续降低，又过了2秒钟，也就是宇宙产生的3秒钟后，温度差不多降为10^{9}K时，氢和氦原子核就形成了。这是因为随着温度的降低，原初的粒子开始发生聚变反应，形成了原子核，这就是最初的元素的形成过程。有了这些最初的元素，就好像有了搭建摩天大楼的砖瓦，它为其他新元素的形成提供了最基本的原材料。氢和氦在不断的聚变反应中，成为碳、氧等等其他元素。

3分钟过后，现在宇宙的基本元素就都形成了，这也就搭建起了宇宙的雏形。也就是说，宇宙的最初3分钟，就造就了它最基本的框架。

3分钟与137亿年

最初的1秒钟过后，宇宙的温度降到约100亿K，这时的宇宙是由质子、中子和电子形成的一锅基本粒子汤。3分钟过后，随着这锅汤继续变冷，核反应开始发生，生成各种元素。这些物质的微粒相互吸引、融合，形成越来越大的团块，并逐渐演化成星系、恒星和行星，在个别天体上还出现了生命现象。然后，能够认识宇宙的人类终于诞生了。

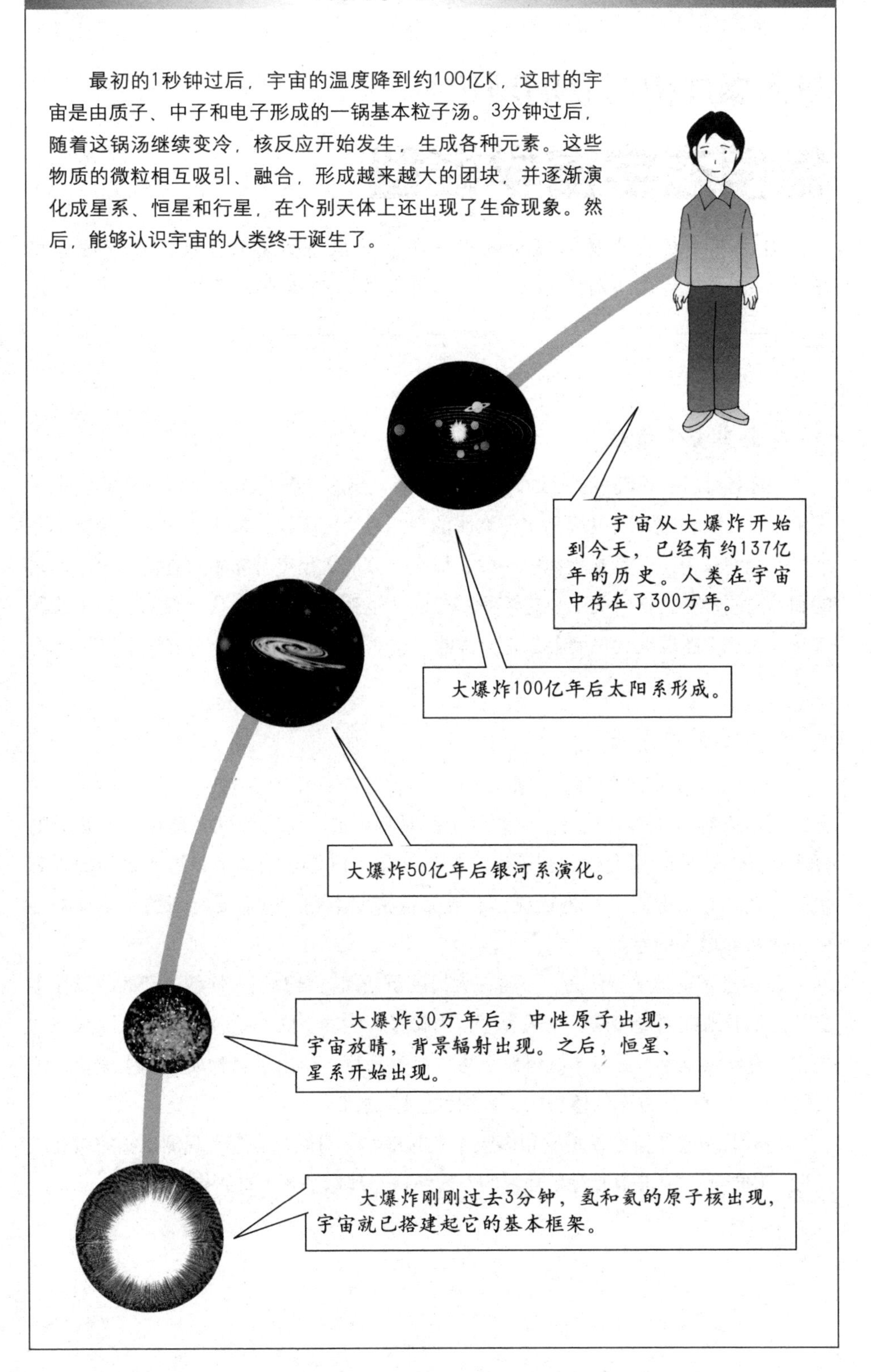

与大爆炸相对立的理论

稳恒态宇宙学模型

在伽莫夫提出大爆炸理论的同一年，稳恒态宇宙学也被三位英国天文学家提出，而且在当时，这个观点比大爆炸理论更有人气。

完全宇宙学原理

1948年，几位年轻的天文学家，赫尔曼·邦迪、托马斯·戈尔德和弗雷德·霍伊尔，以哈勃定律的发现和宇宙膨胀的观测事实为支撑，提出了“完全宇宙学原理”。他们认为，既然时空是统一的，那么天体的大尺度分布不仅在空间上是均匀的和各向同性的，在时间上也应该是不变的。也就是在任何时代、任何位置上观测者看到的宇宙图像在大尺度上都是一样的，这一原理称为“完全宇宙学原理”。

永恒不变的宇宙

根据完全宇宙学原理，物质的分布不仅在空间上是常数，而且不随时间变化。而宇宙空间的膨胀在时间和空间上都是均匀的。宇宙空间在膨胀，而物质的分布却并不随着时间变化，密度不会发生变化。可是我们知道，星系之间的距离增大，其分布状况就会变得稀疏，若要保持密度不变，就需要有新的星系填补因宇宙膨胀而增大的空间。

稳恒态宇宙学模型认为，宇宙在大尺度下任何时候都是一样的。新的物质在宇宙各处不断地被创造出来，来填补宇宙因膨胀产生的空间。这种状态从无限久远的过去一直延续至今，并将永远继续下去。经过计算，得出了新物质的创生速率，每100亿年中，在1立方米的体积内，大约创生1个原子。

尽管稳恒态宇宙学模型有很多吸引人的特点，却很容易遭受观测事实的质疑或反驳。1965年，宇宙微波背景辐射的发现使这一理论基本上被否定了。

永恒不变的宇宙

英国天文学家弗雷德·霍伊尔（右）、赫尔曼·邦迪（中）及托马斯·戈尔德（左）在1948年后提出了稳恒态宇宙学模型。这是一门形式美妙的理论，充满了纯哲学的观念。

该理论认为，宇宙并不是在某个瞬间诞生的，而是一直存在的，是无限和永恒的。

和大爆炸理论中的宇宙一样，稳恒态宇宙也是在自发地、持续地膨胀着。

星系之间相互远离，并不断被新的星系取代，而新的星系则是由自发诞生的粒子组成的，这些粒子来自虚无，并受到一种未知规律的支配。

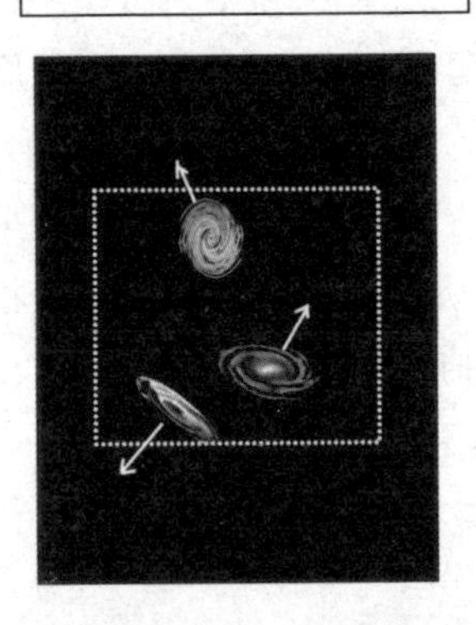

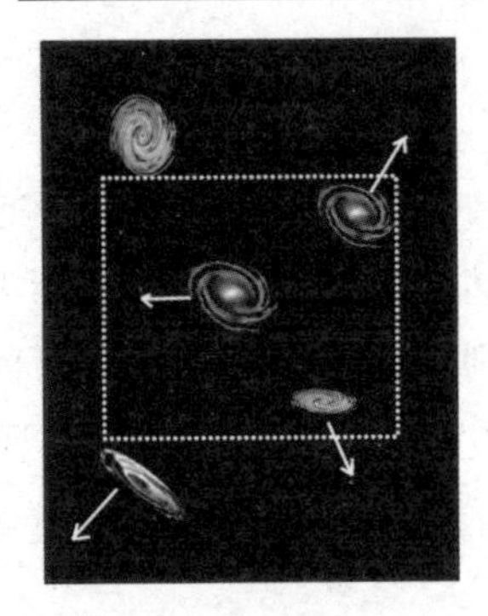

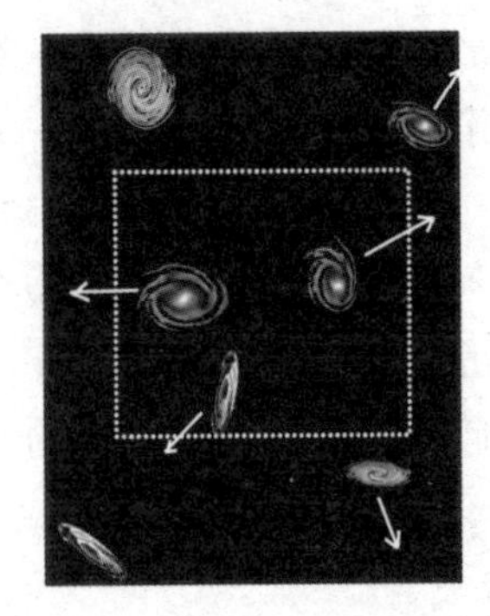

这一理论在今天有了一个变相的继承者，即所谓的准稳恒态宇宙论，是由印度人贾扬·纳利卡尔（左）和美国人乔弗雷·伯比奇（右）于2000年提出的。宇宙仍然是永恒的而不是在某个瞬间被创造出来的，但它持续在密度和温度两个临界相之间摇摆，通过巧妙的构思，使这一理论与实际观测结果“完美吻合”……

大爆炸理论的先驱

弗里德曼和勒梅特

在哈勃发现宇宙膨胀之前就有人预言了宇宙在膨胀。他们是俄罗斯的气象学家、数学家弗里德曼和比利时的天文学家、神父勒梅特。

标准宇宙学模型

1922年，俄罗斯的弗里德曼根据爱因斯坦的广义相对论，建立了弗里德曼宇宙模型，或称为标准宇宙学模型。这个模型认为，宇宙在膨胀，并可能有两种结果，一种是会无限膨胀下去，另一种则是宇宙膨胀到最大程度后，又开始收缩，最后所有的星系又都挤在一起。

弗里德曼还引入了一个参量，即宇宙平均物质密度。如果宇宙平均物质密度小于临界密度，物质的引力不够大，宇宙将无限膨胀下去，最后星系以稳恒的速度相互离开；若二者相等，宇宙刚好避免坍塌，星系分开的速度越来越慢，趋向于零，而永远不为零；宇宙平均物质密度大于临界密度，膨胀就转为收缩。

弗里德曼揭示了宇宙可能的动态变化，为大爆炸学说打下了理论基础。

“宇宙蛋”和“超原子”

1927年，比利时的勒梅特提出现代大爆炸假说。他指出宇宙是膨胀的，这与几年前弗里德曼的发现相同，而勒梅特又特别指出了星系可能是能够显示宇宙膨胀的“实验粒子”。原始的宇宙是挤在一个“宇宙蛋”之中，这个“宇宙蛋”容纳了宇宙的所有物质。一场“超原子”的突变性爆炸把它炸开，经过几十亿年的时间，形成了现在还在退行的星系。

勒梅特的思想在当时并未产生很大影响，但却被后来的伽莫夫所重视。伽莫夫和他的同事们按照勒梅特和弗里德曼的思路进行研究，终于使大爆炸理论被人们所熟知。

大爆炸理论的先驱

弗里德曼根据爱因斯坦的广义相对论推测出宇宙是不稳定的，最小的扰动也会使它膨胀或收缩。他得到了宇宙在膨胀这一结论。

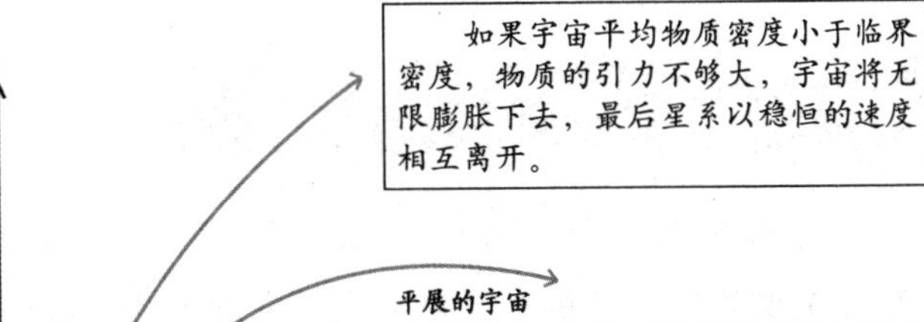

如果宇宙平均物质密度小于临界密度，物质的引力不够大，宇宙将无限膨胀下去，最后星系以稳恒的速度相互离开。

若二者相等，宇宙刚好避免坍塌，星系分开的速度越来越慢，趋向于零，而永远不为零。

宇宙平均物质密度大于临界密度，膨胀就转为收缩。

勒梅特同样根据爱因斯坦的广义相对论得出宇宙在膨胀的结论。与弗里德曼不同的是，勒梅特特别指出星系可能是能够显示宇宙膨胀的“实验粒子”。

宇宙起源于一个“原始原子（宇宙蛋）”，这个原始原子是只比太阳大30倍左右却含有我们今天所见宇宙中全部物质的球。

这个球在过去200亿到600亿年间的某个时刻以前，像一个不稳定原子核的裂变那样发生爆炸而创造了膨胀的宇宙。

电话公司发现的电波噪声

大爆炸理论的证据

对大爆炸理论看法的改变起决定性作用的证据，是在1965年发现的宇宙微波辐射。然而这个发现却是在无意间得到的。

挥之不去的噪声

美国贝尔实验室建立了一座高灵敏度微波天线，用于卫星通信实验。实验结束后，贝尔电话公司年轻的工程师阿诺·彭齐亚斯和罗伯特·威尔逊希望用它做一些射电天文研究，在正式开始研究以前，他们决定先进行严格的测试和校准。他们调试那巨大的喇叭形天线时，出乎意料地接收到一种无线电干扰噪声。

这些噪声是不是附近的城市噪声？他们把天线对向纽约，结果没发现任何特别的状况，这意味着这种频率的噪声并非来自纽约。之后，他们发现，不管把天线对着哪个方向，烦人的噪声总是挥之不去，即使把天线指向太空，噪声依然存在。

来自宇宙的声音

威尔逊和彭齐亚斯当时想，既然噪声与方向无关，是不是天线本身出了问题。他们在检查以后发现，天线里面住了一对鸽子。他们花了两个星期来清除鸽粪，并把鸽子送到了离贝尔实验室最远的分公司。鸽子事件之后，二人本以为噪声的根源已经清除，但是他们发现奇怪的无线电噪声仍然不断。

二人又对天线进行了彻底的检查，可是无论怎样测试都残留有原因不明的杂音。这个电波的波长2毫米。从地球上某个方向发出的电波，需要将天线对准那个方向才能接收到。可是不管把天线对准哪个方向都有这个杂音，而且24小时从不间断。于是他们得出结论，这个杂音是从宇宙传来的。但是他们并不知道这个杂音是如何从宇宙传来的。

发现解开宇宙之谜的电波

彭齐亚斯和威尔逊接收到的噪声不是来自城市，也不是来自住在天线中的鸽子，他们得出结论，这个杂音来自遥远的宇宙。

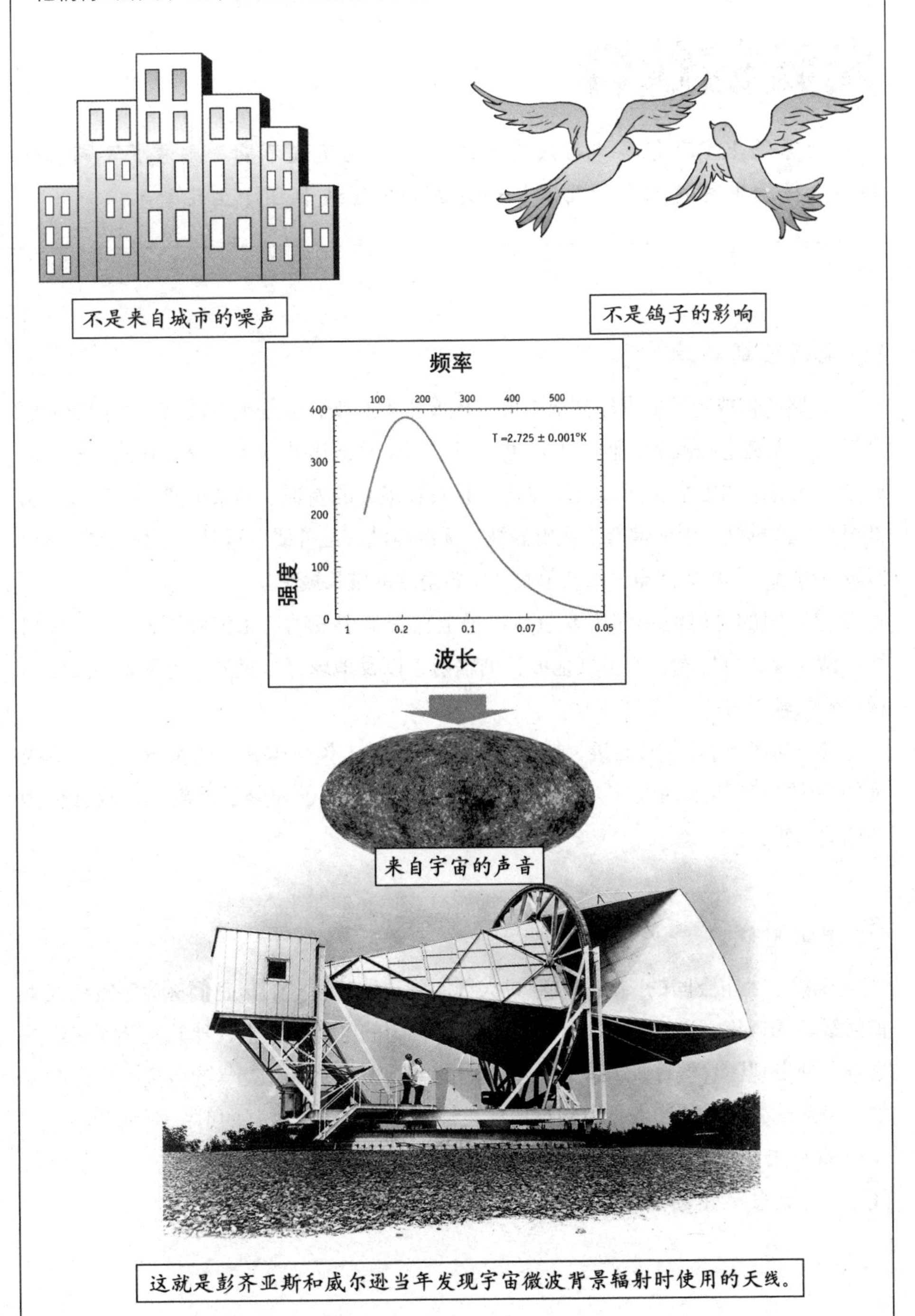

这就是彭齐亚斯和威尔逊当年发现宇宙微波背景辐射时使用的天线。

空中交织着各种电磁波

光波的伙伴

地球的上空有很多电磁波交织在一起，电磁波不同，则波长不同。例如，电视的电波波长有好几米，而雷达的电磁波长可小至几毫米。

电磁波的种类

按照波长或频率的顺序把所有的电磁波排列起来，就是电磁波谱。我们前面已经说过，光是电磁波的一种，但可见光只占到电磁波谱的一小部分。其他波段的电磁波与光的本质完全相同，只是波长和频率有很大的差别。如果按照它们的频率由低至高依次排列，电磁波有工频电磁波、无线电波、红外线、可见光、紫外线、X射线及γ射线。其中无线电的波长最长，宇宙射线的波长最短。

宇宙间的电磁波辐射主要包括恒星上核聚变引发的宇宙射线、X射线、γ射线、紫外线、可见光、少量其他波长的辐射，以及地球等行星的红外辐射以及宇宙微波背景辐射等。

电磁辐射所衍生的能量，取决于频率的高低。频率越高，能量越大。频率极高的X射线和γ射线可以产生巨大的能量，足以令原子和分子电离化，故被称为"电离"辐射。

宇宙射线

来源于宇宙空间的一些射线穿过大气层到达地球，我们把它们称为宇宙线或宇宙射线。1912年，奥地利物理学家赫斯带着密闭的电离室乘坐气球升至5000多米的高空。他发现随着气球的升高，电离室内的电流也变大了，空气的电离度也持续增加。赫斯认为电流的增大是由来自地球之外的一种穿透性极强的射线所导致的。

这种来自太空的穿透辐射被称为"赫斯辐射"，后来被正式命名为"宇宙射线"，是来自宇宙空间的高能粒子流的总称。

宇宙中的电磁波

电磁波是电磁场的一种运动形态。电与磁可说是一体两面，变动的电会产生磁，变动的磁则会产生电。变化的电场和变化的磁场构成了一个不可分离的统一的场，这就是电磁场，而变化的电磁场在空间的传播形成了电磁波。

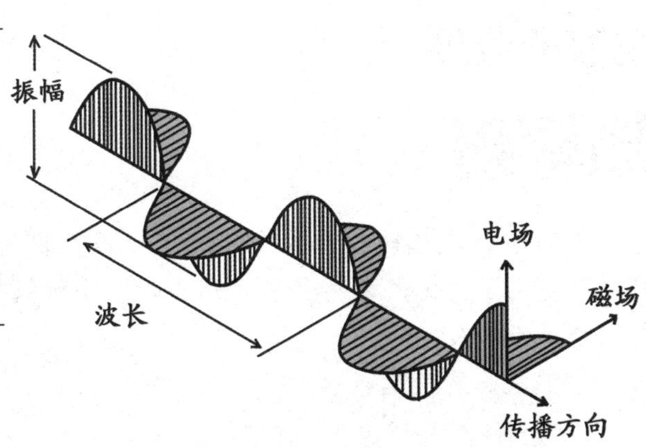

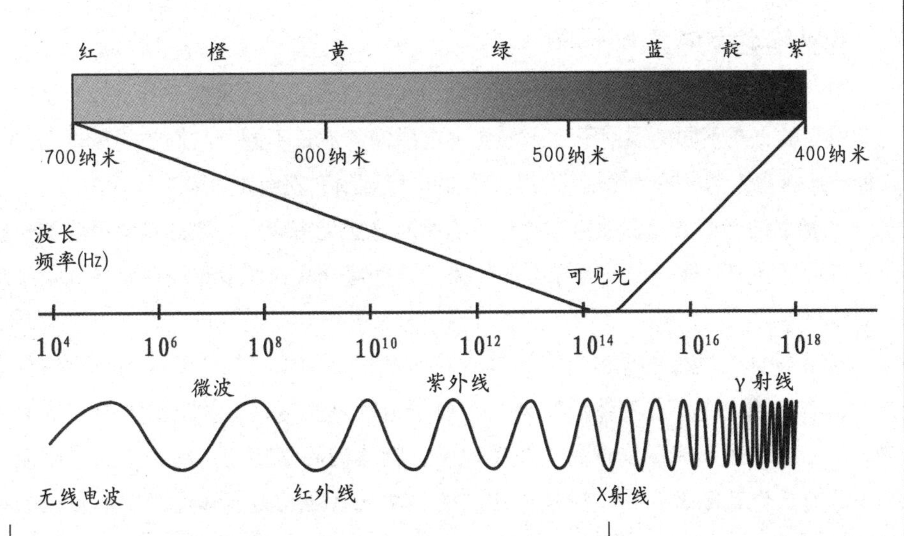

宇宙间的电磁波辐射包括宇宙射线、γ射线、X射线、紫外线、可见光、红外线以及宇宙微波背景辐射等。它们的波长依次递增。

MESSUNGEN BEI BALLONFAHRTEN
1919
1883-1964
NOBELPREIS 1936
VICTOR FRANZ HESS
DISCOVERED THE COSMIC IONIZING RADIATION BY BALLOONFLIGHTS
KOSMISCHE STRAHLUNG

1912年，赫斯带着密闭的电离室乘坐气球升至5000多米的高空，发现了宇宙射线。

电波的温度

热辐射

我们知道，把铁放在火上烤，过一段时间它就会变红。我们看到铁的颜色发生了变化，说明当温度升高时，铁所辐射的光的波长也发生了变化。这是为什么呢？

电磁波长与温度的关系

任何物体在任何温度下，都不断吸收、发射电磁波。这是由于分子或原子的热运动引起的，在不同的温度下发出的各种电磁波的波长不同，它们的能量也不同。这种波长随物体本身的特性及其温度变化的电磁辐射，就叫作热辐射。

热辐射的光谱波长覆盖范围理论上可从 0 直至无穷大，一般的热辐射为波长较长的可见光和红外线。由于电磁波的传播无需任何介质，所以热辐射是在真空中唯一的传热方式。

加热物体，物体的温度升高，其中粒子的运动加剧，物体释放的电磁波频率增大，波长随之变短。物体温度越高，粒子运动越激烈，释放出的电磁波的频率越大，波长越短，能量也越高。简单地说，物体的温度变化，释放出的电磁波的频率和波长也就随着变化。测量电磁波的频率或者波长就能知道释放电磁波的物体的温度。

绝对温度

在我们日常生活中使用的温度，是把水在标准大气压下结冰的温度定为0度，把水沸腾的温度定为100度，然后将其100等分。这个温度叫作摄氏温度。

我们已经知道，温度代表了物质内部运动的激烈程度，因此与物体的运动相结合来定义温度，运用起来就会很方便。于是就产生了绝对温度，并把粒子平均能量最低时的温度定为绝对温度0K。

绝对温度0K用摄氏度表示是零下273度，计算彭齐亚斯和威尔逊发现的电波杂音的能量温度的话，大约是绝对温度3K。

读取电磁波的能量

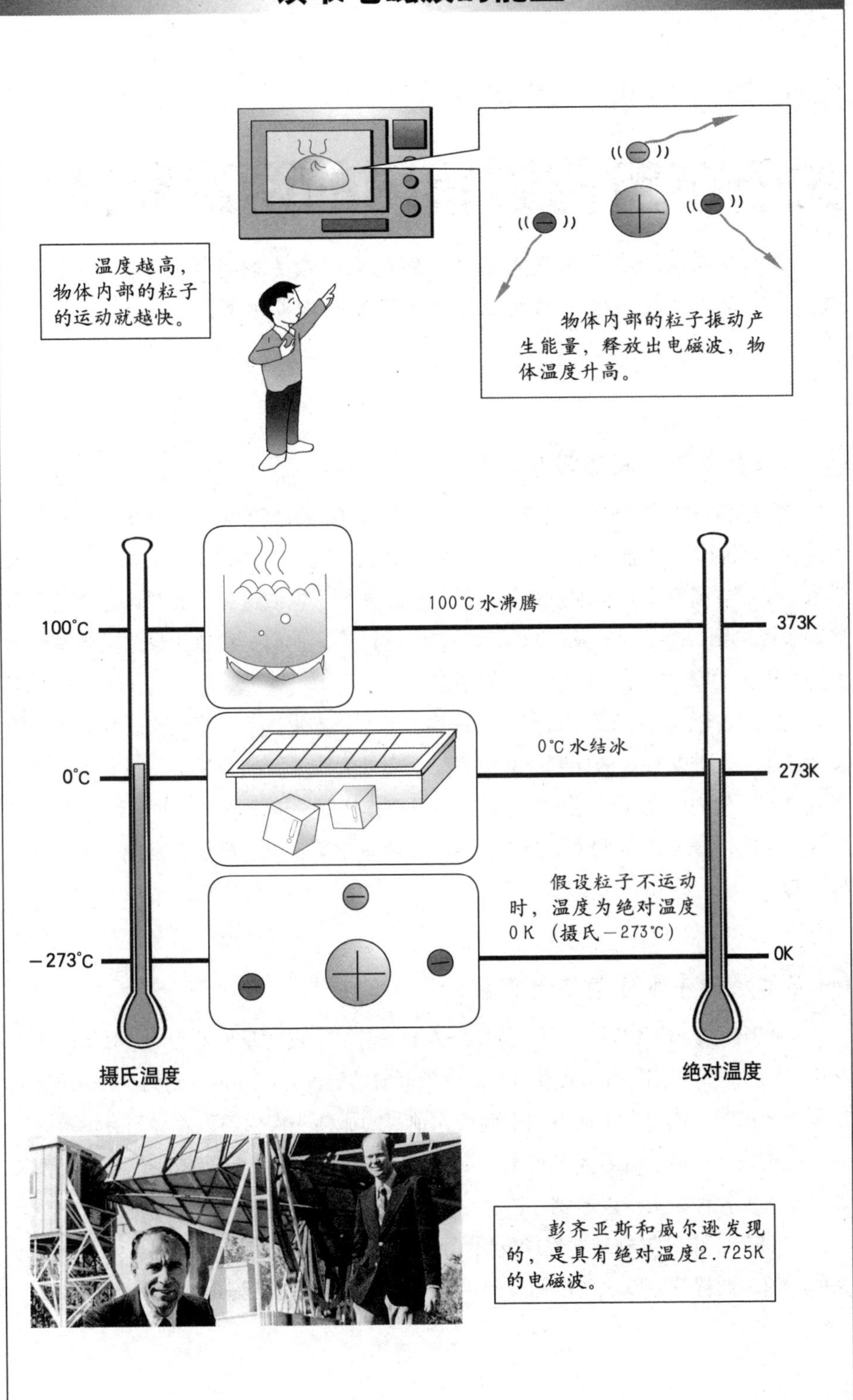

彭齐亚斯和威尔逊发现的，是具有绝对温度2.725K的电磁波。

电波杂音带来的诺贝尔奖

关于宇宙背景辐射的两次获奖

当彭齐亚斯和威尔逊发现来自宇宙的电波杂音的时候，他们并没有意识到，这次“误打误撞”的发现将为他们带来诺贝尔奖。

“误打误撞”获得诺贝尔奖

彭齐亚斯和威尔逊在一番波折之后，他们知道测听到的电波杂音来自遥远的宇宙。但是他们依旧不能确定这些噪声究竟是什么。这时，彭齐亚斯听说普林斯顿大学有一个正在研究宇宙早期残余辐射的小组，便打了电话过去。当时，这个小组由迪基教授领导，接了彭齐亚斯的电话后，经过讨论，他们一致认为贝尔实验室测到的挥之不去的噪声正是他们要寻找的辐射。

之后，彭齐亚斯和威尔逊向《天体物理学》杂志投送了一篇论文，他们为这篇文章起了一个非常朴素的标题《4080兆赫处额外天线温度的测量》。在文中，他们正式宣布了他们的发现，但并没有对这一发现作任何宇宙学意义上的解释。

1978年，彭齐亚斯和威尔逊获得诺贝尔物理学奖，以表彰他们发现了宇宙背景微波辐射。

第二次因宇宙背景辐射获奖

1989年，美国宇航局（简写为NASA）发射了宇宙背景探测卫星（COBE）。利用COBE，科学家准确地测量出宇宙背景辐射的温度为2.725K。同时，COBE还测量到，宇宙背景辐射在不同方向上确实如预言的那样非常均匀，差异只有十万分之一。但正是这个微小的差异显示了宇宙早期的形态，也正是这个微小的差异，使得如今宇宙中各种物质得以形成。

2006年，诺贝尔物理学奖颁发给了NASA的约翰·马瑟及伯克利加州大学物理系的乔治·斯穆特，以表彰他们发现了宇宙微波背景辐射的黑体形式和各向同性。

两次诺贝尔奖

发现微波背景辐射的天线

彭齐亚斯和威尔逊“误打误撞”发现来自宇宙的电波杂音，就是宇宙背景微波辐射。1978年，彭齐亚斯和威尔逊因此获得诺贝尔物理学奖。

威尔逊

彭齐亚斯

宇宙背景探测卫星（COBE）

约翰·马瑟

约翰·马瑟和乔治·斯穆特利用宇宙背景探测卫星（COBE），发现了宇宙微波背景辐射的黑体形式和微弱各向异性。2006年，他们因此获得诺贝尔物理学奖。

乔治·斯穆特

充满整个宇宙的电磁辐射

宇宙微波背景辐射

宇宙微波背景辐射的发现在近代天文学上具有非常重要的意义，它给了大爆炸理论一个有力的证据，并且与类星体、脉冲星、星际有机分子一起，并称为20世纪60年代天文学“四大发现”。

具有黑体辐射谱

微波背景辐射的最重要特征是具有黑体辐射谱，在0.3—75厘米波段，可以在地面上直接测到；在大于100厘米的波段，银河系本身的超高频辐射掩盖了来自河外空间的辐射，因而不能直接测到；在小于0.3厘米波段，由于地球大气辐射的干扰，也要依靠气球、火箭或卫星等空间探测手段才能测到。从0.054厘米直到数十厘米波段内的测量表明，背景辐射是温度近于2.725K的黑体辐射，习惯称为3K背景辐射。

黑体谱现象表明，微波背景辐射是极大的时空范围内的事件。因为只有通过辐射与物质之间的相互作用，才能形成黑体谱。由于现今宇宙空间的物质密度极低，辐射与物质的相互作用极小，这就是说，我们今天观测到的微波背景辐射必定起源于很久以前。

各向同性

微波背景辐射的另一特征是高度的各向同性。首先是小尺度上的各向同性，在小到几十弧分的范围内，辐射强度的起伏小于0.2%—0.3%。其次是大尺度上的各向同性，各个不同方向辐射强度的涨落小于0.3%。这个微小的涨落起源于宇宙在形成初期极小尺度上的量子涨落，它随着宇宙的暴胀而放大到宇宙学的尺度上，并且正是由于温度的涨落，才造成宇宙物质分布的不均匀性，最终得以形成诸如星系团等的一类大尺度结构。

大爆炸强有力的证据

背景辐射

宇宙微波背景辐射是大爆炸的遗痕，就如同爆炸产生的回声般，为大爆炸宇宙模型提供了有力的证据。

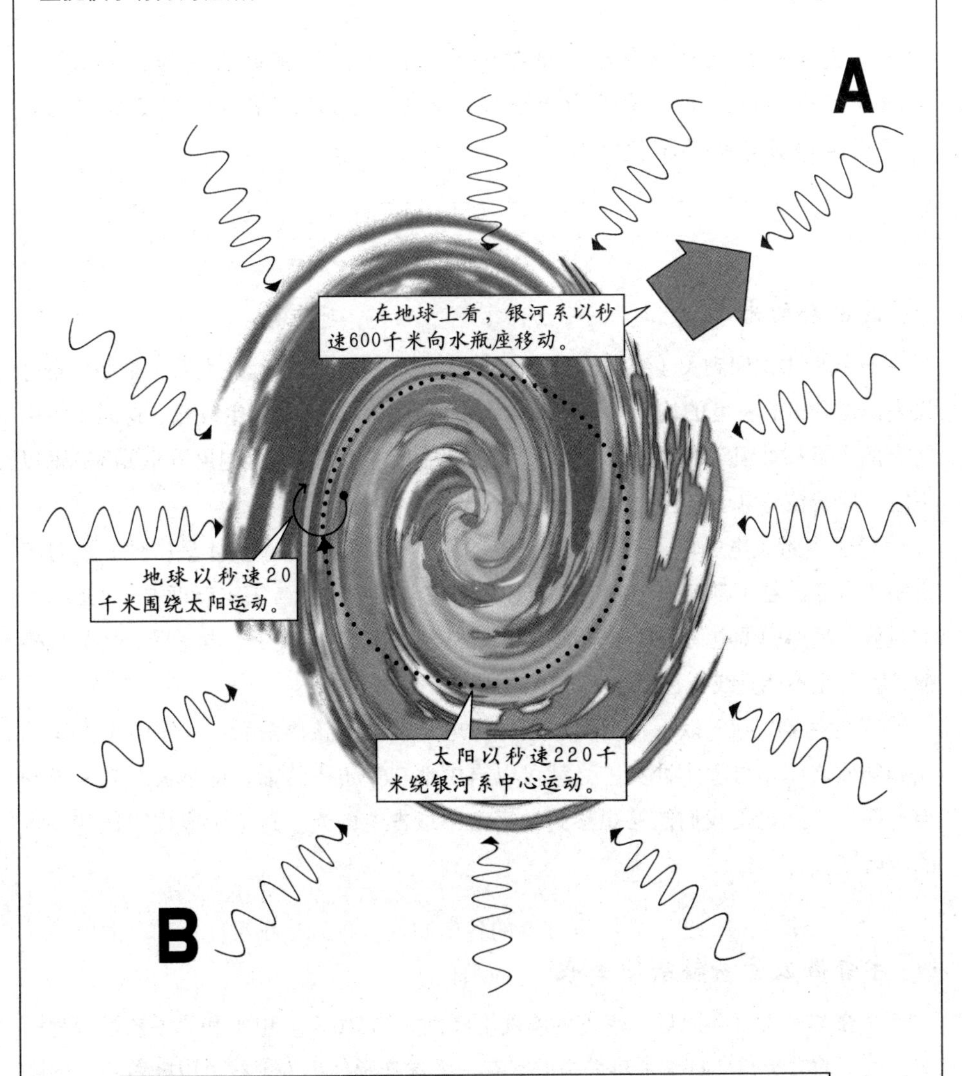

从宇宙所有方向发出的宇宙微波背景辐射都是2.725K的电波，可是因为地球在宇宙中的运动，从A方向来的电波比2.725K稍高，相反从B方向来的电波比2.725K稍低。

原子的形成使宇宙透明化

宇宙放晴

当大爆炸发生38万年后，最早的原子问世。宇宙的温度降至3000K，氢原子可以形成，其不至于由于碰撞而破裂。此时，宇宙终于变得透明，光可以传播数光年而不被吸收。

最古老的光

让我们再次回到关于宇宙的过去的讨论上来。宇宙大爆炸发生后，早期宇宙是极高温度和极高密度的均匀气体，随着宇宙的膨胀，温度降低生成氦。这时宇宙中所有的中子都被锁定在氦原子核中。宇宙的温度继续降低，当温度降低到3000K以下时，原子核与电子复合生成氢原子并放出光。

原子中带负电的电子围绕在带正电的原子核周围，原子整体呈中性。这时宇宙中带电荷的粒子都消失生成中性原子，宇宙开始中性化。宇宙温度在3000K以上的时候，高温中带电荷的粒子运动，释放、吸收光，光与质子、电子频繁反复地碰撞，因此光不能直线行进。

温度达到3000K以下，当大多数自由电子被原子核俘获后，在宇宙中交织的光和物质之间不再发生冲突，光就可以自由地在宇宙中传播，即宇宙对光来说变得透明了，这也是我们能够观察到的宇宙中最古老的光。这个阶段也叫作“宇宙的放晴”。

宇宙微波背景辐射的由来

大爆炸约38万年以后，宇宙的温度下降到大约3000K，电子和原子核结合为原子。电子的大量减少打破了热平衡的状态，大爆炸辐射出的射线可以随着宇宙的膨胀自由地传播出去，这就是宇宙微波背景辐射的源头。之后，宇宙不断膨胀，温度降低，辐射的射线的波长也不断变长，一直降低到微波的范围。

回望宇宙“婴儿时代”

微波背景辐射是宇宙大爆炸的“余烬”，均匀地分布于宇宙空间。测量宇宙中的微波背景辐射，可以回望宇宙“婴儿时代”的场景，并了解宇宙中恒星和星系的形成过程。

宇宙放晴后，交织的光和物质之间不再发生冲突，光就可以自由地在宇宙中传播，即宇宙对光来说变得透明了，这也是我们能够观察到的宇宙中最古老的光。

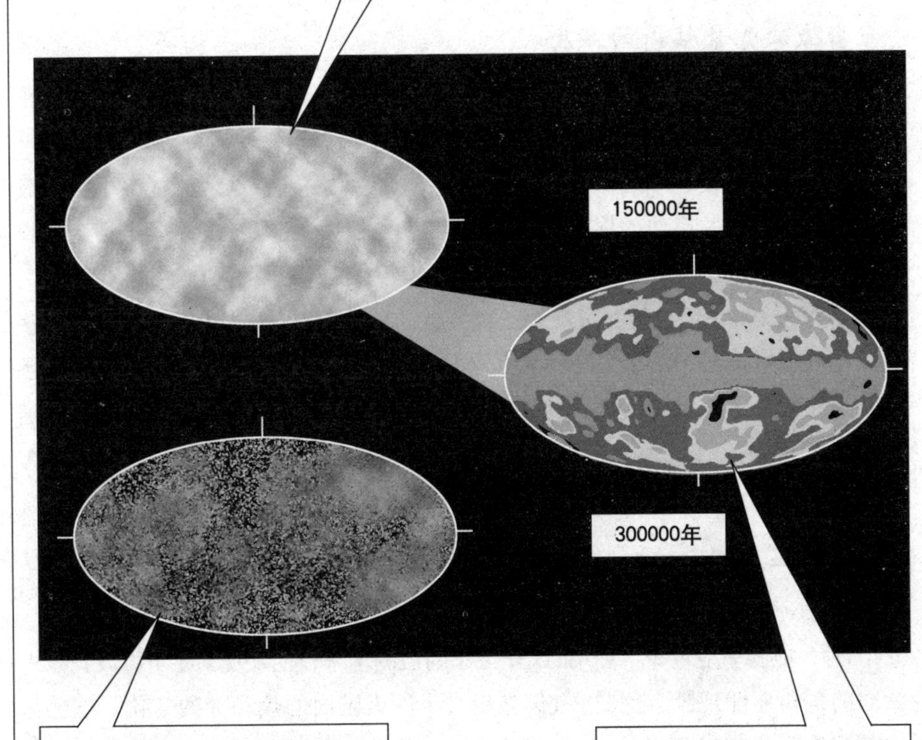

大爆炸之后，宇宙开始膨胀，并逐渐冷却下来，过30多万年之后，宇宙温度降到3000K，电子和质子、中子形成的原子核结合而形成了中性的原子。

宇宙由此走出晦暗的迷雾状态，不再是一锅杂乱的粒子粥，而是变得透明，这个阶段称为“宇宙的放晴”。宇宙微波背景辐射正是在此时产生的。

宇宙开始的波动

COBE的发现

马瑟和斯穆特领导的团组利用COBE卫星所进行的观测和研究，更精确也更全面地验证了宇宙微波背景辐射的两个特征，他们的工作使宇宙学的研究进入了“精确研究”时代。

宇宙微波背景辐射的温度

宇宙背景探测者（简称COBE）于1989年11月被送入太空。前面已经说过，正是借助COBE卫星，马瑟与斯穆特获得了2006年度的诺贝尔物理学奖。

COBE首次完成了对宇宙微波背景辐射的太空观测，精确地测量出宇宙微波背景辐射各个波长的黑体谱形。利用太空的有利条件，它第一次完成了各个波长上的测量，弥补了过去由许多人的观测结果拼凑出并不完整的黑体谱这一遗憾。

马瑟等人对COBE卫星测量结果进行分析计算后发现，COBE卫星观测到的宇宙微波背景辐射谱与温度为2.725K的黑体辐射谱非常符合，与大爆炸宇宙学所预言的结果非常一致。换句话说，他们更精确地验证了宇宙微波背景辐射的黑体谱形的特征。

微小的温度波动

在COBE卫星项目中，斯穆特主要负责测量微波背景辐射微小的温度波动。1992年4月，他激动地宣布了利用COBE卫星的观测结果，他发现了宇宙微波背景中的微弱的各向异性现象，这是在1亿光年大小的天区内的热和冷的变化。这些区域内的温度变化相对于平均温度为2.725K的微波背景来说，变化幅度仅有百万分之六。

后来在2003年，同样由NASA发射的WMAP卫星探测到更详细的温度波动的情况。

宇宙背景探测者

根据诺贝尔奖委员会的看法："宇宙背景探测（COBE）的计划可以视为宇宙论成为精密科学的起点。"

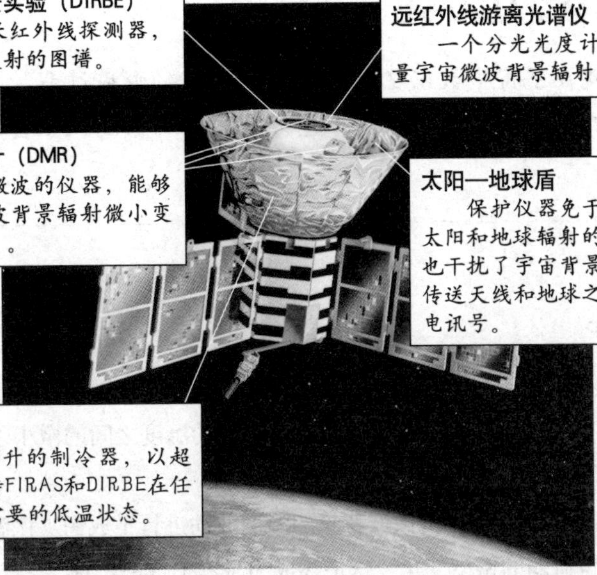

漫射红外线背景实验（DIRBE）
一个多波长红外线探测器，用来测量尘粒发射的图谱。

远红外线游离光谱仪（FIRAS）
一个分光光度计，用来测量宇宙微波背景辐射。

微差微波辐射计（DMR）
一个测量微波的仪器，能够描绘出宇宙微波背景辐射微小变动（各向异性）。

太阳—地球盾
保护仪器免于直接受到太阳和地球辐射的干扰，但也干扰了宇宙背景探测者的传送天线和地球之间的无线电讯号。

氦杜瓦瓶
是容积650升的制冷器，以超流体的氦来维持FIRAS和DIRBE在任务进行期间所需要的低温状态。

COBE的贡献

宇宙微波背景辐射各向异性的本质
DMR耗费4年的时间绘制出宇宙微波背景辐射的各向异性图，发现宇宙微波背景的波动是非常微弱的。

宇宙微波背景辐射的黑体曲线
FIRAS测量的结果是令人吃惊的，宇宙微波背景辐射显示是在理论上温度为2.7K的一个完美黑体。

发现早期的星系
DIRBE在红外线天文卫星未曾探勘的区域内新发现了10个辐射远红外线的星系，还有9个可能是螺旋星系的微弱远红外线星系。

验证行星际尘埃的起源
DIRBE在12、25、50和100微米的波长上搜集的资料能断定行星际尘埃带和云气都是源自小行星的颗粒。

银河盘模型
DIRBE描绘出的这个模型中，太阳距离银河核心8 600秒差距，并在盘面的中心平面上方15.6秒差距处。

由微小的波动引发的
星系的形成

对于现在宇宙中数以亿计的恒星和星系的形成过程，存在着许多猜测和理论。虽然这些猜测和理论千差万别，但都需要从宇宙的“婴儿时代”开始讲起。

WMAP

2001年6月30日，NASA的人造卫星威尔金森微波各向异性探测器（WMAP）发射升空。它的目标是找出宇宙微波背景辐射的温度之间的微小差异，可以说它是COBE的继承者。

2003年，WMAP对宇宙微波背景的温度波动进行了成像。该温度波动图同时描绘出初生宇宙微弱的密度变化，这最终成为星系形成的“种子”。

密度波动

根据万有引力定律，如果某个领域的物质密度高而其他领域物质密度低，就会产生密度波动。密度高的领域的质量比同样大小的领域含有的质量稍大。质量越大，重力越大，对周围的重力影响越大，周围的物体会被吸引到高密度的领域。这样高密度领域的质量会迅速增大，最终形成天体。星系就是这样形成的。

宇宙温度降到3000K之前，质子、电子和光频繁地发生碰撞，光和物质成为一体，以相同的速度运动。这时即使高密度处要吸引周围的物质而使密度变得更高也会因为快速的光的破坏而使物质逃离该领域。到宇宙放晴后，密度的波动终于可以成长起来生成天体。

但是，这种引力作用下的物质聚合，会受宇宙膨胀的影响，它的成长速度就会变慢。星系如果是在宇宙放晴后由密度波动成长生成的话，也可能因成长时间不足，而无法形成现在我们观测到的宇宙。

威尔金森微波各向异性探测器

2001年，威尔金森微波各向异性探测器搭载德尔塔II型火箭在佛罗里达州卡纳维拉尔角的肯尼迪航天中心发射升空，目的是找出宇宙微波背景辐射的微小差异。可以说它是COBE的继承者。

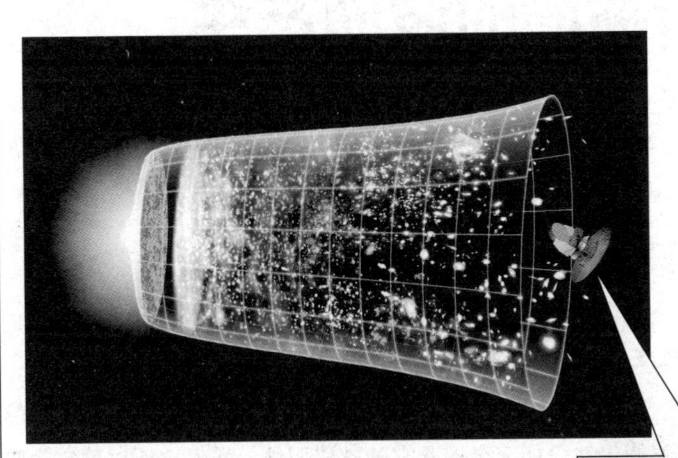

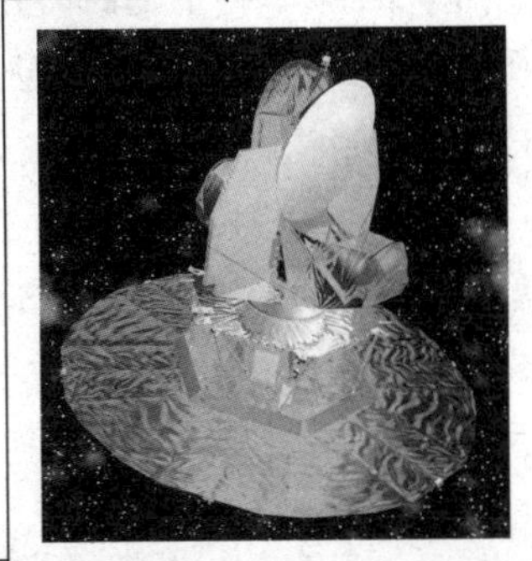

威尔金森微波各向异性探测器在宇宙学参量的测量上提供许多比早先的仪器更高准确性的值。

WMAP的发现

宇宙的年龄是137亿 ± 2亿岁。

宇宙的组成为：4%一般的重子物质，25%为种类未知的暗物质，不辐射也不吸收光线。70%为神秘的暗能量，造成宇宙膨胀的加速。

虽然在大角度的测量上仍然有无法解释的四极矩异常现象，对宇宙膨胀的说明已经有更好的改进。

哈勃常数为70（千米/秒）/百万秒差距 +2.4/−3.2。

数据显示宇宙是平坦的。

宇宙微波背景辐射偏极化的结果，提供宇宙膨胀在理论上倾向简单化的实验论证。

暗物质的重要作用

星系由暗物质的波动产生

宇宙放晴前，带电荷的粒子和光频繁地碰撞，因此不能生成中性的原子。所以我们猜测，星系的形成是在宇宙放晴之后，但是，这样的猜测是否是正确的呢？

宇宙早期的暗物质

前面我们已经介绍了看不见的暗物质，它的质量是宇宙中看得见的物质质量的6倍，但时至今日科学家们仍然没能完全揭开它的神秘面纱。我们之所以称它为暗物质，是因为它既不放射也不吸收光线。换句话说，暗物质的运动和光没有关系，这样一来，暗物质可能在宇宙放晴之前就已经开始形成。

有最新的研究成果提出，在宇宙早期，暗物质占据了宇宙的大部分质量，而早期星系形成的关键正是依赖于暗物质的特性，正是包括许多难以捕捉的暗物质粒子之间的相互作用，才导致宇宙早期结构的形成。这为研究宇宙早期星系的形成提供了新的思路。

暗物质主导宇宙早期结构

我们可以这样假设，在宇宙放晴以前暗物质因密度波动而形成，在宇宙放晴之时，暗物质以外的物质则因高密度的暗物质的强大引力而逐渐形成了星体和星系。这样一来，星系的形成就不再受宇宙膨胀的影响。

宇宙学家把暗物质分为冷暗物质和热暗物质，他们利用计算机技术模拟了早期星系的形成过程。结果发现，由于冷暗物质粒子的缓慢移动，早期形成的恒星相互分离，形成单个的巨大恒星。而热暗物质的快速移动，不同大小、数量众多的星系伴随着恒星产生过程的大爆炸一同形成。

恒星愈大，生命就愈短，所以这些冷暗物质形成的大恒星不会存活到现在。而热暗物质形成的低质量恒星却可能活到现在。

暗物质的猜想

有科学家认为，看不见的暗物质对星系的形成和演化有重要影响。

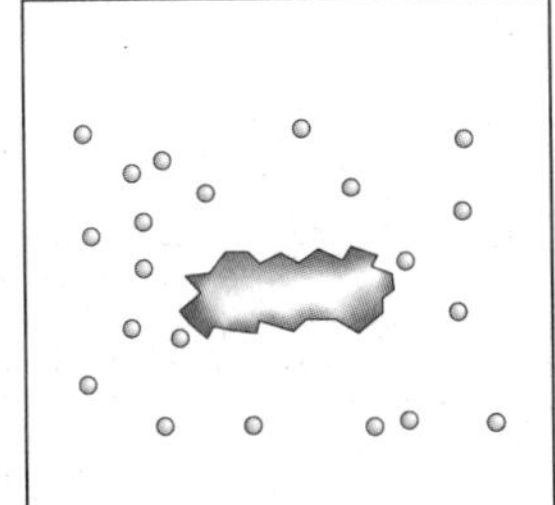

宇宙开始

只有不吸收和反射光的暗物质密度波动（暗物质的集合）成长。

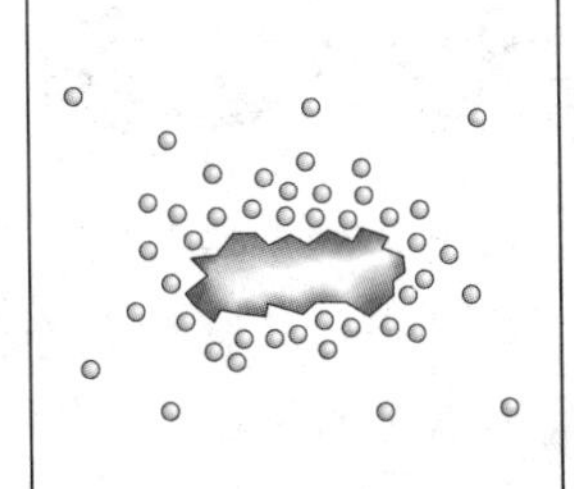

宇宙放晴后

不受光束缚的原子被暗物质吸引，逐渐形成了物质。

星系形成

早期宇宙中，明亮的活跃星系只有在暗物质周围才能形成。

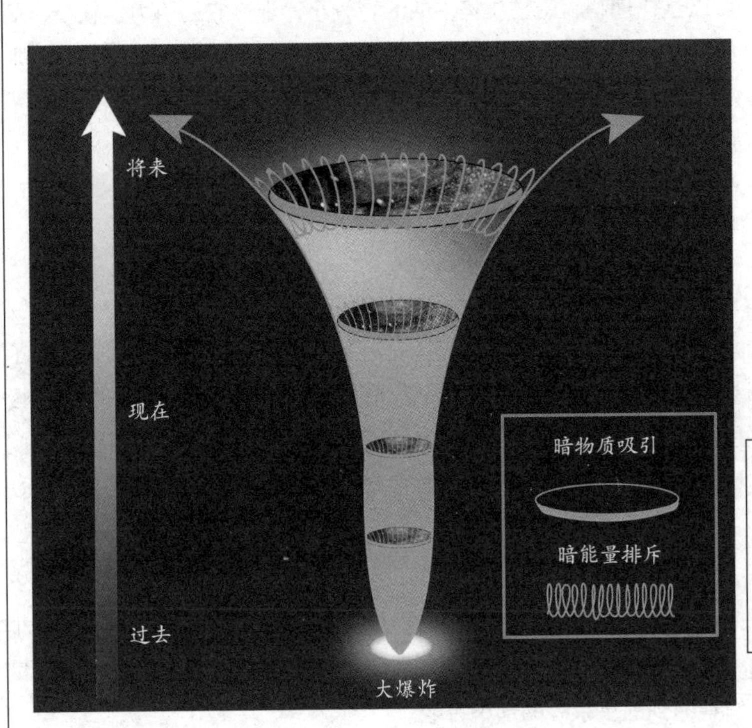

随着时间的推移，产生引力的暗物质与产生斥力的暗能量的“拉锯战”将主导宇宙的未来。

最初形成的天体有多大

最初天体的大小之争

我们已经了解了暗物质在天体的形成过程中的作用，可是又有疑惑随之而来，天体刚刚形成时，是一个什么样的状态呢？事实上，关于天体形成时的大小，还存在两种截然不同的说法。

最初形成的是大天体还是小天体？

关于宇宙结构的形成，有两种不同的理论。一为“自下而上”（bottom-up），即先形成较小的不规则结构，再并合而成较大较规则的结构。另一种则为“自上而下”（top-down），过程与前者相反。

前一种说法可以这样理解，暗物质集中的区域较小，那么它的引力也较小，最初形成的天体的个头也就小一些，我们把它看作是星系大小。而后一种说法则可理解为，暗物质集中的区域较大的话，最初形成的天体也就大一些，我们把它看作是超星系团这样大的气体状天体。

这样一来，与之对应的最初的宇宙构造就有了两个版本。

自下而上还是自上而下

我们接着往下推测，如果最初形成的天体是星系那样大小的话，它们又经历了漫长的时间，因为引力的作用，相互聚集在一起形成了星系团，然后星系团又慢慢聚集形成超星系团。这是自下而上、由小到大的版本。这样的形成过程存在一个问题，那就是按这样的方法，要形成一个直径数百万光年的超星系团，需要非常漫长的时间。

如果最初形成的天体是超星系团那样大小，又是什么情况呢？它会从内部发生分裂，形成星系团，星系团内部再发生分裂，形成星系。这是由上而下、由大到小的版本。同样的，这个版本也存在一个问题，那就是在宇宙发展到后来，才会有星系形成，可是我们观测到的星系有的却很古老。

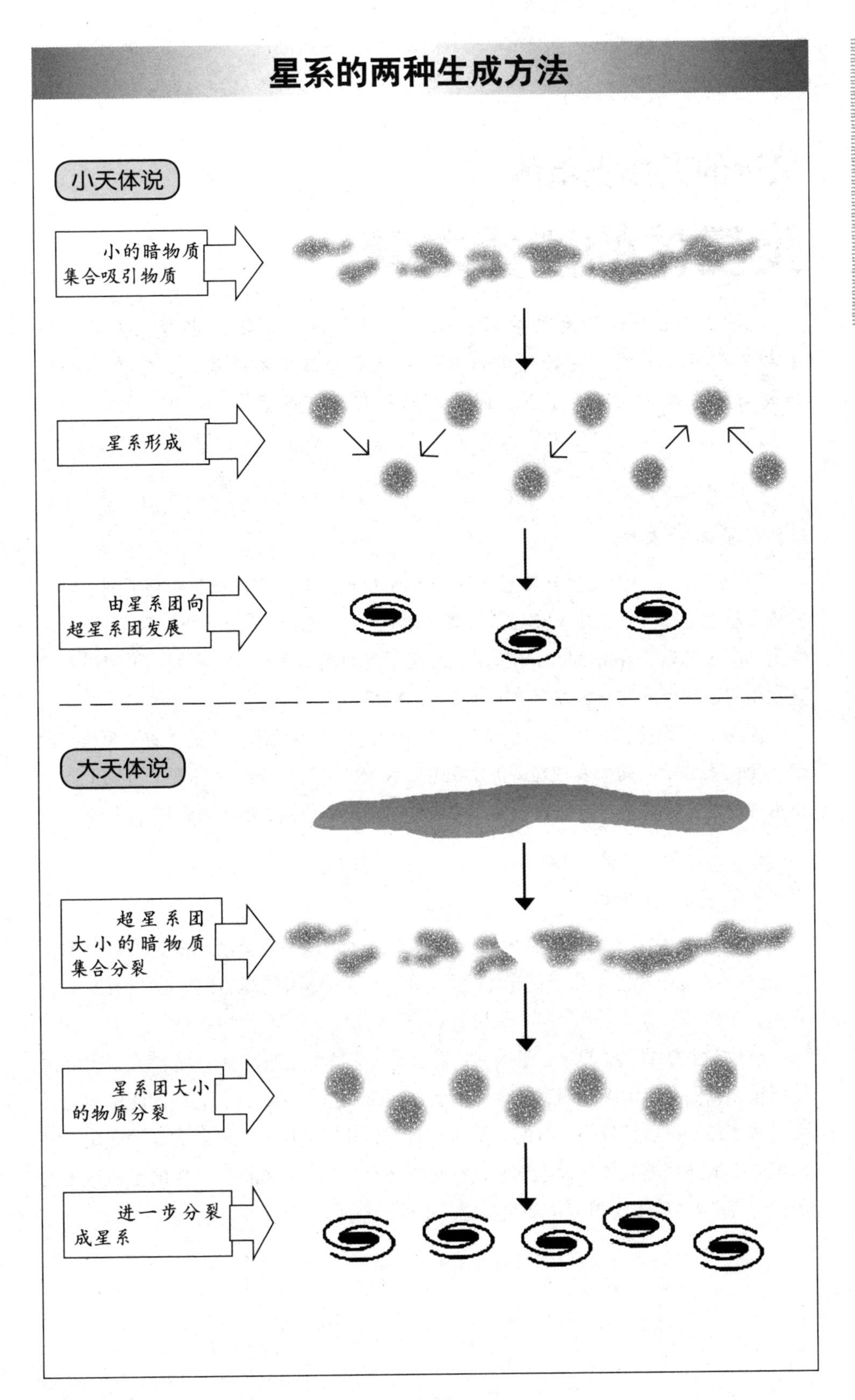
星系的两种生成方法
小天体说
小的暗物质集合吸引物质
星系形成
由星系团向超星系团发展
大天体说
超星系团大小的暗物质集合分裂
星系团大小的物质分裂
进一步分裂成星系

最远的天体类星体

类星体的能量之谜

20世纪60年代，天文学家发现了一种奇特的天体，它看上去像是恒星却又与恒星不同，它的光谱如同行星状星云但又不是星云，它发出的电磁波与星系相似又不是星系，因此人们称它为“类星体”。

类星体的发现

1960年，美国天文学家桑德奇用一台5米口径的光学望远镜观测到了剑桥射电源第三星表上第48号天体（3C48），其光谱有一些奇怪的现象。1963年，美国天文学家马丁·施密特在3C273的光谱中也发现了类似的情形。经过研究，施密特发现这是因为这些天体的发射线产生了非常大的红移。

后来，人们把像是恒星又有别于恒星的天体称为类星体。类星体的发现是20世纪60年代天文学的四大发现之一。2001年，NASA的科学家们又发现了由18个类星体组成的类星体星系，这是发现的规模最大的类星体星系，距离我们65亿光年。

大能量，小体积

绝大多数类星体都有非常大的红移值，远远超过一般恒星。根据哈勃定律，它们的距离远在几亿到几十亿光年之外。所以类星体可能是目前所发现最遥远的天体。

天文学家能看到类星体，是因为它们以光、无线电波或X射线的形式发射出巨大的能量。它们是宇宙中最明亮的天体，要比正常星系亮1000倍。它们的能量如此巨大，体积却不可思议地小。有的类星体在几天到几周之内，光度就有显著变化。由此可以推测这些类星体的大小最多只有几“光天”到几“光周”，大的也不过几光年，与直径大约为10万光年的星系相比，不可同日而语。

类星体的特点

类星体的特点

类星体的发射线都有很大红移。以飞快的速度远离我们而去，它们距离我们都很远，大约在几亿到几十亿光年以外，甚至更远，可看上去光学亮度却不弱。

类星体在照相底片上具有类似恒星的像，这意味着它们的角直径小于1秒。极少数类星体有微弱的星云状包层，还有些类星体有喷流状结构。

类星体光谱中有许多强而宽的发射线，最经常出现的是氢、氧、碳、镁等元素的谱线，氦线非常弱或者不出现，这只能用氦的低丰度来解释。

类星体发出很强的紫外辐射，因此，颜色显得很蓝。光学辐射是偏振的,具有非热辐射性质。另外，类星体的红外辐射也非常强。

类星射电源发出强烈的非热射电辐射。

类星体一般都有光变，时标为几年。少数类星体光变很剧烈，时标为几个月或几天。

类星射电源的射电辐射也经常变化。观测还发现有几个双源型类星射电源的两子源，以极高的速度向外分离。

连光也逃不出来的地方

神秘的黑洞

“黑洞”这个词很容易让人联想到“大黑窟窿”，其实不然，黑洞不仅不是一个空空如也的大窟窿，而且它的质量和密度之大，产生的引力之强，就连光也不能从中逃脱。

黑洞如何形成

之所以被称作黑洞，是因为它会将包括光在内的位于它边界内的一切事物吞噬，我们看不到它的存在。我们要了解它，只能通过受到它影响的周围物体来间接了解。

当一颗恒星衰老时，它的热核反应已经耗尽了中心的燃料，它再也没有足够的力量来承担起外壳巨大的重量。在外壳的重压之下，核心就会开始坍缩，直到最后形成体积小、密度大的星体，重新有能力与压力平衡。如果其总质量大于三倍太阳的质量，就会引发一次大坍缩。物质将不可阻挡地向着中心点进军，直至成为一个体积趋于零、密度趋向无限大的“点”。而当它的半径一旦收缩到一定程度，巨大的引力就使得即使光也无法向外射出，黑洞就诞生了。

非星黑洞

英国天体物理学家霍金还提出，存在另一种类型的非星黑洞。根据他的理论，大爆炸期间，宇宙处在极高的温度和极大的密度状态，那时有可能产生为数众多的微型原生黑洞。但这种微型黑洞和大质量黑洞不同，它们不断地损失质量直到消失。在一个微型黑洞的极近处，可以形成诸如质子和反质子这类粒子。当一个质子和一个反质子从微型黑洞的引力中逃逸，它们就会湮灭并产生能量。也就是说，它们从黑洞中带走了能量。如果这一过程一再重复，微型黑洞则耗损掉它的全部能量，最终就是黑洞被“蒸发”了。

恒星的死亡

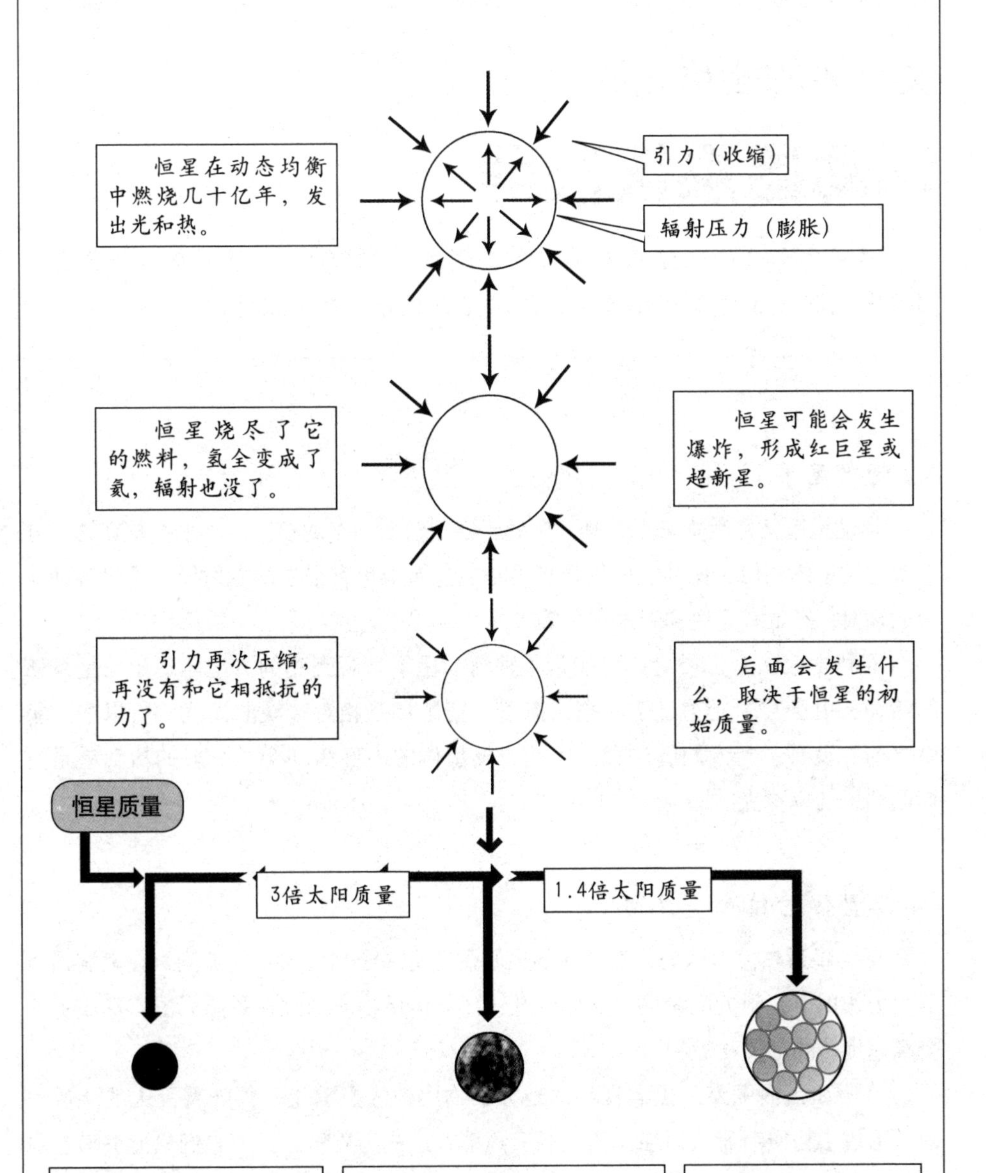

黑洞

如果恒星质量大于3倍太阳质量，那么就没什么可以阻止恒星收缩成黑洞了。恒星将完全坍缩，直至从人们视线中消失。

中子星

如果恒星质量大于1.4倍太阳质量，引力将胜过电子的斥力，将电子推进原子核内，电子就会和质子结合形成中子。如果恒星质量小于3倍太阳质量，中子的斥力就会阻止收缩。

白矮星

如果恒星质量小于1.4倍太阳质量，恒星就会收缩，直到白矮星气体中重叠电子的斥力足够大而阻止收缩。

类星体的能量之源
活动星系核模型

类星体那么小的体积为什么能发出巨大的能量，为了解释这个疑团，科学家们提出了许多理论模型，活动星系核模型就是其中之一。

活动星系

活动星系又称激扰星系，有一个处于剧烈活动状态的核。活动星系核在许多方面都与类星体相似，比如它的体积也很小，光谱中也有很强的发射线，发出各种波段的辐射，经常有光变和爆发现象等等。

有科学家认为，类星体可能是某种活动星系，观测到的类星体现象是星系核的活动，由于它的光芒过于明亮，掩盖了宿主星系相对暗淡的光线，所以宿主星系之前并没有引起人们的注意。当然，类星体的内部活动会比一般的活动星系更为剧烈，功率更大。

类星体的核心是黑洞

活动星系核模型认为，类星体的核心位置有一个超大质量的黑洞，在黑洞强大的引力作用下，附近的尘埃、气体以及一部分恒星物质围绕在黑洞周围，形成了一个高速旋转的巨大的吸积盘。

在吸积盘内侧靠近黑洞视界的地方，物质掉入黑洞里，伴随着巨大的能量辐射，形成了物质喷流。而强大的磁场又约束着这些物质喷流，使它们只能够沿着磁轴的方向，通常是与吸积盘平面相垂直的方向高速喷出。如果这些喷流刚好对着观察者，就会被观测到。

类星体与一般的那些“平静”的星系核的不同之处在于，类星体是年轻的、活跃的星系核。由类星体具有较大的红移值，距离很遥远这一事实可以推想，我们所看到的类星体实际上是它们许多年以前的样子。随着星系核心附近“燃料”逐渐耗尽，类星体将会演化成普通的旋涡星系和椭圆星系。

类星体的各种模型

◎ 黑洞假说：类星体的中心是一个巨大的黑洞，它不断地吞噬周围的物质，并且辐射出能量。

◎ 白洞假说：与黑洞一样，白洞同样是广义相对论预言的一类天体。与黑洞不断吞噬物质相反，白洞源源不断地辐射出能量和物质。

◎ 反物质假说：认为类星体的能量来源于宇宙中的正反物质的湮灭。

◎ 巨型脉冲星假说：认为类星体是巨型的脉冲星，磁力线的扭结造成能量的喷发。

◎ 近距离天体假说：认为类星体并非处于遥远的宇宙边缘，而是在银河系边缘高速向外运动的天体，其巨大的红移是由和地球相对运动的多普勒效应引起的。

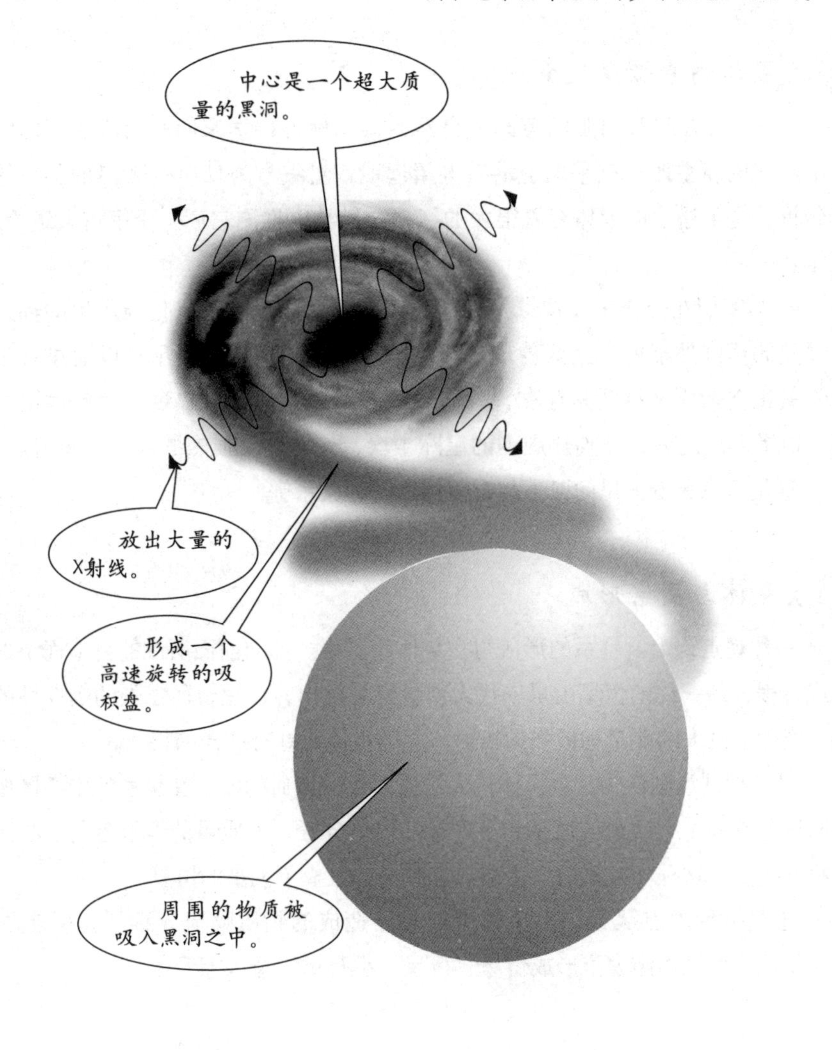

类星体的探索

恒星诞生于类星体

近年来，有欧美科学家在遥远的类星体里发现了恒星剧烈诞生的迹象，这是显示恒星形成的最古老证据，将有助于了解研究宇宙早期演化和星系形成过程。

类星体内有恒星诞生

2003年7月24日出版的英国《自然》杂志称，科学家们使用法国境内阿尔卑斯山和美国新墨西哥州平原上的射电望远镜，对编号为J1148+5251的类星体进行了分析。这个遥远的天体有着很大的红移，科学家推测它产生于宇宙大爆炸之后8亿年。

科学家们在分析中发现，这个类星体在毫米波段有一氧化碳产生的辐射，以及强烈的远红外辐射。这两种现象正是恒星诞生的标志。恒星可以通过其中所含的一氧化碳杂质来推断其存在，一氧化碳能够高效地辐射热量，为望远镜所探测到。恒星形成之后，会加热周围的星际尘埃，使之产生强烈的远红外辐射。

这是否意味着恒星的诞生与类星体之间的关系呢？

类星体与星系形成

一种观点认为，星系的形成与类星体相联系。如同前面所说的自上而下的星系形成过程，新一代的恒星由早一代大质量恒星抛出，在短暂而强烈的爆发性的过程中，产生了巨大的能量和极强的辐射，而类星体正好有这样的特征。

另一种观点则认为，类星体代表星系演化的最后阶段，在星系的中心区域恒星的密度非常高。大质量的恒星和小质量的恒星分开，大质量的恒星落向中心区，开始相互碰撞。这种相互碰撞、压缩、合并，就生成了大量的恒星。

还有一种观点认为，类星体中心黑洞造成的物质喷流导致了星际尘埃的产生，星际尘埃又逐渐聚集形成恒星、行星、小行星、彗星等天体。

幽灵之光

类星体，意即类似恒星的天体。虽然我们已经观测到它的存在，但对于它却还知之甚少。类星体就像是宇宙中的一个幽灵，充满了难解之谜。

超光速现象

类星体的最显著特点是，它们正以疯狂的速度远离我们而去。已经发现3C345等几个类星射电源的两致密子源以很高的速度分离，如果类星体位于宇宙学距离，两子源向外膨胀的速度将超过光速，最大的可达光速的10倍。

200亿的高龄

类星体是迄今为止人类观测到的最遥远的天体，它们大都距地球有上百亿光年以上。天文学家观测到的一个类星体距离地球竟有200亿光年之遥！如果是按宇宙年龄只有大约137亿年的说法，那么这颗类星体的年龄竟然比宇宙的年龄还长！

死亡之光

类星体虽然是距离地球最遥远的天体，但看上去光学亮度却不弱，以观测的亮度来计算，它们也应该是宇宙中最明亮的星体。因为类星体距离我们非常遥远，如今这些类星体本身可能早已“老死”了，所以，有人又将某些类星体的光芒称为“死亡之光”或“幽灵之光”。

内部的恒星

科学家们在遥远的类星体中发现一氧化碳产生的辐射和远红外辐射，这是显示恒星形成的最古老证据，这是否是宇宙早期演化和星系形成的证据？了解类星体是否就意味着了解宇宙的过去？

大爆炸之父

伽莫夫的生涯

乔治·伽莫夫，美籍俄裔物理学家、天文学家、科普作家，热大爆炸宇宙学模型的创立者。他在理论物理学、天体物理学、核物理学、生物遗传学等诸多领域都取得了令人瞩目的成就。

提出热大爆炸宇宙学模型

1904年，伽莫夫生于乌克兰的敖德萨，少年时期经历了战争和革命的动乱，1922年进入新俄罗斯大学就读，不久转到列宁格勒大学攻读光学，曾师从著名宇宙学家亚历山大·弗里德曼学习弗里德曼宇宙模型。1928年获得博士学位。1928年到1932年间曾先后在德国格丁根大学、丹麦哥本哈根大学理论物理研究所和英国剑桥大学卡文迪许实验室师从著名物理学家玻尔和卢瑟福从事研究工作。

1934年，伽莫夫移居美国，在华盛顿大学任教。其间，伽莫夫主要从事宇宙学和天体物理学研究，发展了大爆炸宇宙模型，并且研究了宇宙初始阶段化学元素起源的问题。

科普界一代宗师

在原子核物理方面，1928年提出α衰变理论，1936年提出β衰变的伽莫夫-特勒选择定则。1956年起，伽莫夫任科罗拉多大学教授，并将研究重心转向分子生物学，他提出了DNA分子的“遗传密码”。

伽莫夫还是一位优秀的科普作家，被科普界奉为一代宗师。在他一生正式出版的25部著作中，有18部是科普作品，其中最具代表性的是《物理世界奇遇记》。在这部作品中，伽莫夫成功地塑造了只懂数字不懂科学的银行职员汤普金斯先生，通过他梦游物理幻境的奇妙经历，以诙谐、幽默、生动的语言将物理学的重要概念介绍给读者。1956年，伽莫夫获得联合国教科文组织颁发的卡林伽科普奖。

科学顽童伽莫夫

大爆炸和基因密码看起来似乎是并不相关的命题，这两个人类科学史上的伟大构想，最早是由一个人提出的。他就是乔治·伽莫夫。

科学顽童

伽莫夫是一位科学顽童，把科学研究当作一种游戏式的快乐。他曾观察到北半球的牛在吃草的时候总是顺时针咀嚼而南半球的牛则逆时针咀嚼。他认为这是地球作为旋转体系的结果并写成论文投稿到《自然》。

大爆炸理论

1948年，标志宇宙大爆炸模型的论文以阿尔弗、贝特、伽莫夫三人的名义发表，称为“α β γ 理论”。有讽刺意味的是，“Big Bang”这个词就是另外一位物理学家用来嘲笑伽莫夫的，到现在却成了大爆炸理论的科学术语。

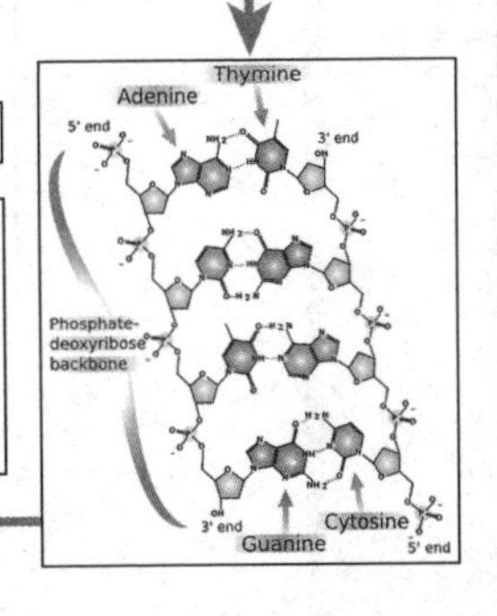

遗传密码

1953年，伽莫夫意识到DNA极可能是自造蛋白质的“模板”。四个碱基每三个组成一组一共有20种组合，这正是自然界氨基酸的总数。于是他认为三个碱基极可能对应并决定一种氨基酸，这样一串由碱基组成的“密码”可以被解释成氨基酸而被用来组成蛋白质。

科普大师

伽莫夫还为青少年写了一系列的科普书籍，他的书深入浅出，图文并茂，在平凡的叙事中体现了他对物理极其深刻的理解，把一些晦涩的科学概念用极其简单的语言表达出来。

第五章
宇宙的开始和未来

活着就有希望。

——霍金

人们无法像拍摄纪录片一样，为宇宙做一个生命历程的回顾，只能通过不断地探索，为宇宙的过去和未来描绘一个可能的图景。大爆炸理论作为对未知宇宙的一种猜想，必然会存在一定的缺陷。于是，科学家们又提出了许多新的宇宙模型。其中暴胀理论弥补了大爆炸理论的不足，解释了磁单极疑难和视界疑难。而超弦理论、膜宇宙论等则试图解开奇点之谜。

值得一提的是，量子力学的发展也为宇宙学打开了新的研究领域，天文学家们开始从微观的角度来看待宇宙。

更细微的宇宙开端

质子和中子是否也会瓦解

我们知道，宇宙初始时，质子、中子、电子与光等粒子互相激烈地碰撞，是一片混沌世界。但宇宙开端时，这些粒子就存在吗？它们是否还可以分解为更微小的粒子？

探索更初始的宇宙

要弄清楚宇宙开端时的景象，就必须解答上面的问题。质子、中子、电子究竟是不能再分解的最基础的粒子，还是由更小粒子集合形成的合成物？根据我们在前面的论述，越是向宇宙的过去推演，温度越高，密度越大，粒子活动越剧烈，光的波长也越短，辐射能量越大。这样一来，质子、中子和电子如果不是最基本的粒子，在往前推演的过程中，它们同样会被瓦解，被高能量的射线破坏，飞出更微小的粒子。

加速器的出现

要了解质子、中子的结构，我们就要使用加速器，这是一种运用人工方法产生高速带电粒子的装置。先让我们来了解一下加速器的历史。

1919年，英国科学家卢瑟福用高速α粒子束轰击厚度仅为0.0004厘米的金属箔，实现了人类科学史上第一次人工核反应。卢瑟福利用金属箔后放置的硫化锌荧光屏测得了粒子散射的分布，发现原子核本身有结构。在这之后，科学家们开始制造更高能量的粒子，来探索原子核和其他粒子的性质、内部结构及其相互作用。

1932年美国科学家柯克罗夫特和爱尔兰科学家沃尔顿建造了世界上第一台直流加速器，他们也因此获得了1951年的诺贝尔物理奖。之后，各种类型的加速器被制造出来，产生的带电粒子能量也越来越高。对撞机就是加速器的一种。

探寻更小的粒子

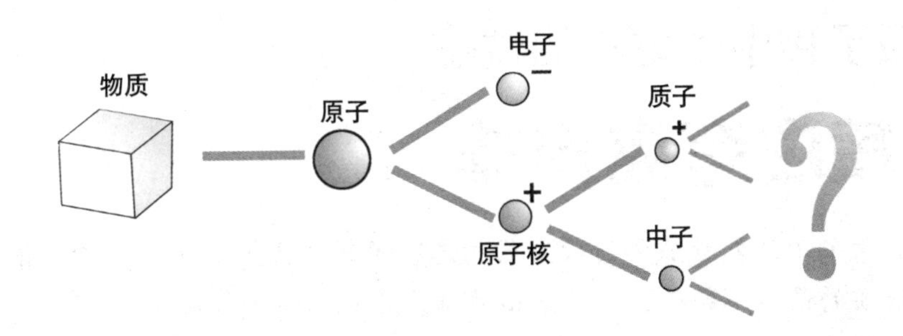

既然在宇宙早期，原子核也会因高温、高密度状态下的粒子碰撞而瓦解成质子和中子，那么在更早期，质子和中子会不会被瓦解成更小的粒子？

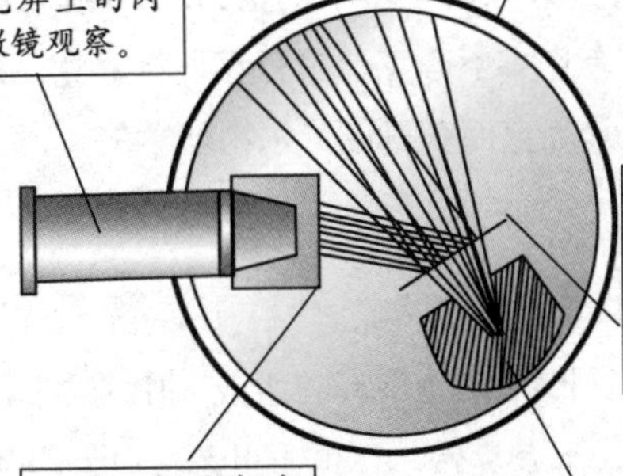

整个装置放在一个抽成真空的容器里。

荧光屏上的闪光用显微镜观察。

金属箔虽然很薄，但还是要比原子厚2000倍以上。

1906年，卢瑟福开始研究原子内部结构。他认为要了解原子内部的情形，最好的办法是把它砸开。他选择α粒子作为砸开原子的子弹。

α粒子穿过金属箔后，打到荧光屏上产生一个个的闪光。

在一个小铅盒里放有少量的放射性元素钋，可射出α粒子。

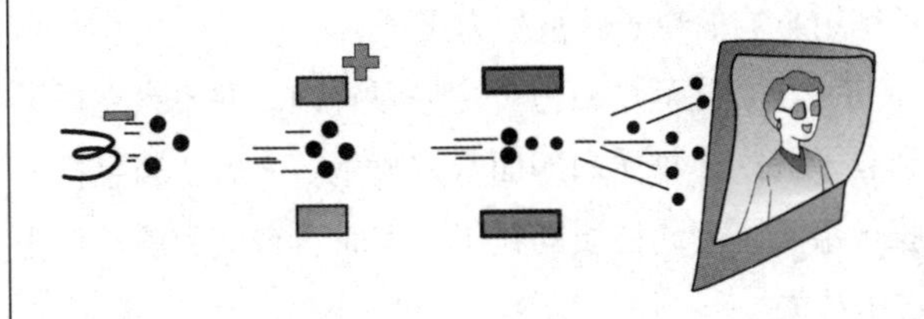

在生活中，电视的显像管就是小型的粒子加速器。加速器的出现使发现更小的粒子成为可能。

比质子和中子更小的粒子

物质由夸克构成

巨大的加速器让我们对物质的构造有了新的认识，质子、中子并不是构成物质的最基本粒子，它们是由被称为夸克的粒子构成的。

夸克的发现

1964年，美国物理学家默里·盖尔曼和G.茨威格各自独立提出了中子、质子是由更基本的单元——夸克组成的。夸克一词是由盖尔曼取自詹姆斯·乔伊斯的小说《芬尼根彻夜祭》，其中有这样的句子：“为马克王，三呼夸克（Three quarks for Muster Mark）。”

夸克具有分数电荷，基本电量为－1/3或+2/3。到目前为止，有六种夸克被发现，分别为上夸克、下夸克、粲夸克、奇夸克、顶夸克和底夸克。华裔物理学家丁肇中便因发现粲夸克而获得诺贝尔物理学奖。

质子和中子的结构

质子由2个上夸克1个下夸克组成，中子由1个上夸克2个下夸克组成。上夸克带+2/3电子电荷，下夸克带－1/3电子电荷。上、下夸克的质量略微不同。中子的质量也比质子的质量略大一点点。

正如我们前面所说的，质子和中子靠介子的交换紧密结合，而夸克之间也由能产生更强力的胶子结合。我们把介子产生的力称为核力，把胶子产生的力称为强作用力。质子、中子这类靠强相互作用影响的粒子就被称为强子。

这样我们就可以想象，在宇宙大爆炸之后的百万分之一秒钟内，并不存在质子和中子，只有混合着自由夸克和胶子的灼热物质向四面八方喷溅。之后，当宇宙的温度和密度迅速减小，夸克和胶子组成了不同性质的粒子。同时，夸克和胶子作为一种自由粒子的形态，也在宇宙中消失。

6种夸克

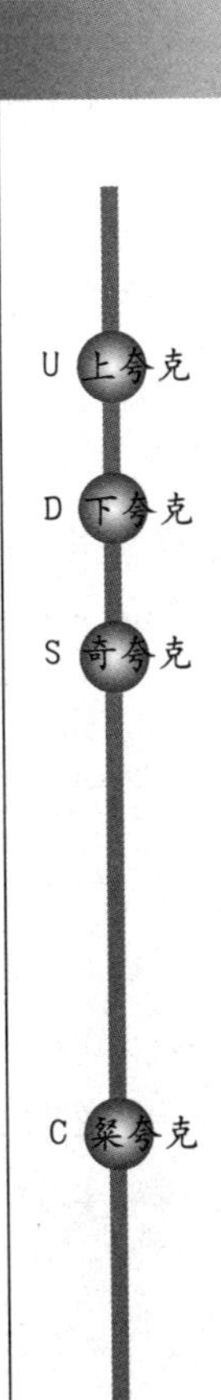

1964年，盖尔曼提出大多数基本粒子都是由夸克组成的，他将夸克分为3种。盖尔曼也因此获得1969年诺贝尔物理学奖。

1974年，丁肇中和里克特分别独立地发现了新粒子J/ψ，其质量约为质子质量的3倍，原有的夸克理论无法解释，因此引入了第四种夸克——粲夸克。

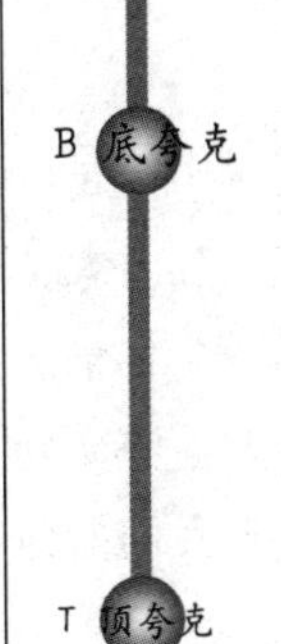

1977年，美国科学家莱德曼发现了由第五种更重的夸克——底夸克构成的强子。

1994年，美国费米实验室对有疑问的夸克的轨迹做了几千次的测量，找到了顶夸克存在的证据。

宇宙间的隐者
中微子

中微子个头小，不带电，质量也几乎为0，却能自由穿过地球，几乎不与任何物质发生作用，它号称宇宙间的隐者。科学家观测它颇费周折，从预言它的存在到发现它，用了很多年的时间。

不可捉摸的过客

在微观世界中，中微子一直是一个无所不在而又不可捉摸的隐者。产生中微子的途径有很多，如恒星内部的核反应、超新星的爆发、宇宙射线与地球大气层的撞击，以至于地球上岩石等各种物质的衰变等。但是它与物质的相互作用极弱，以致人们至今对它的认识还很肤浅，就连它有无质量也没有搞清楚。

1930年，奥地利物理学家泡利提出了一个假说，认为在β衰变过程中，除了电子之外，同时还有一种静止质量为零、电中性，与光子有所不同的新粒子放射出去，带走了另一部分能量。这种粒子与物质的相互作用极弱，以至仪器很难探测得到。这种粒子后来被命名为“中微子”。

但是，在泡利提出中微子假说后，又经过很多年，才由美国物理学家弗雷德里克·莱因斯第一次捕捉到了中微子，他也因此获得1995年诺贝尔物理学奖。

决定宇宙的质量

原生的中微子在宇宙大爆炸时产生，现在成为温度很低的宇宙背景中微子。单个中微子的质量虽然微不足道，但在整个宇宙中，中微子的数量却极其巨大，平均每立方厘米有300个，密度与光子相仿，比其他所有粒子都要多出数十亿倍。虽然现代科学还没有办法确定它有无质量，但这一问题却关系着宇宙如何演变到今天的过程。如果中微子具有静止质量，其总质量将会非常惊人，联系我们前面所说的开放宇宙和闭合宇宙，中微子就决定着宇宙是膨胀还是收缩。

宇宙中的幽灵怪客——中微子

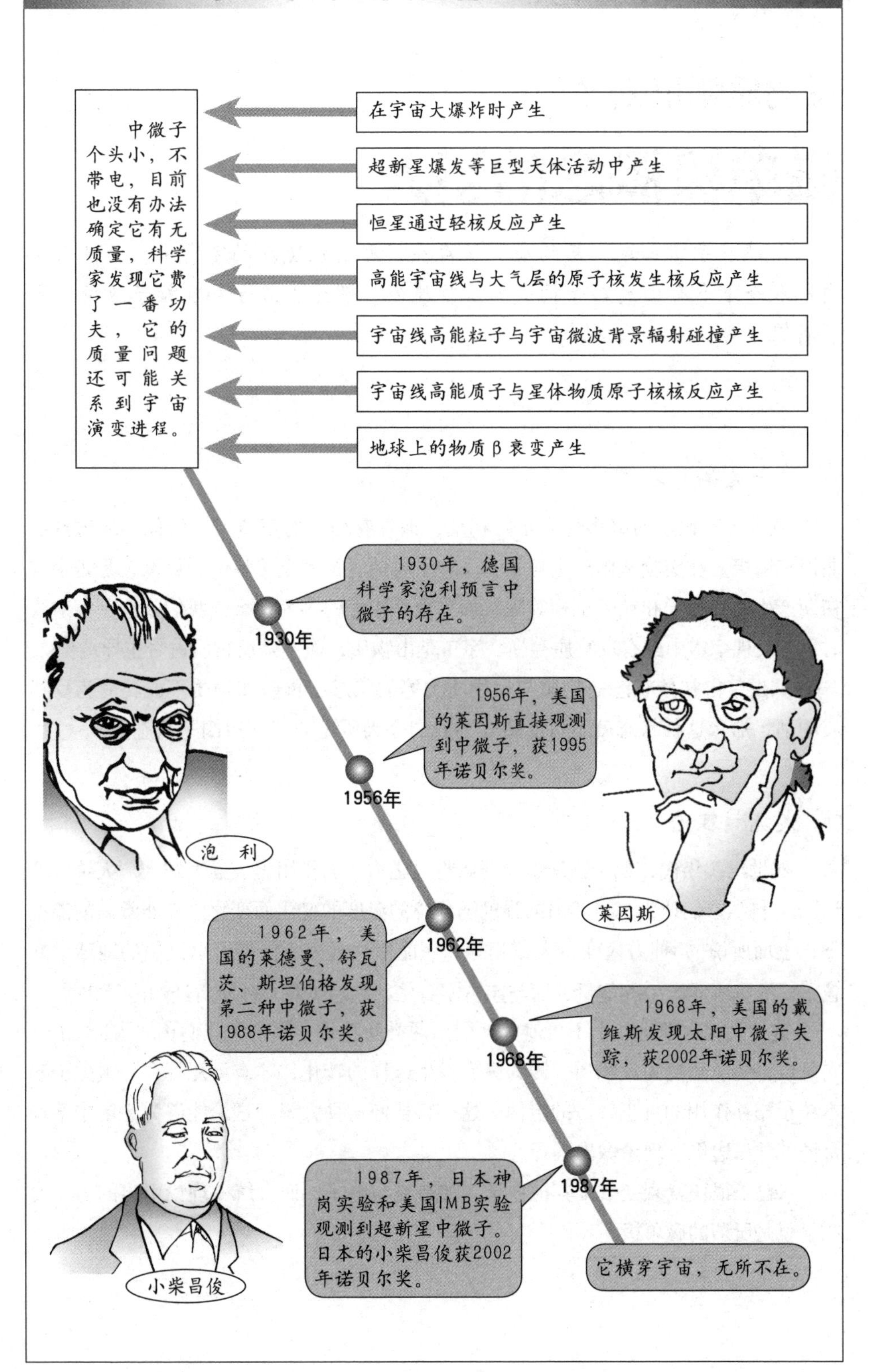

反物质哪里去了

磁单极概念的引入

既然在宇宙初期，反物质大量存在，那么在现在的宇宙中，为什么在自然状态下没有由反粒子构成的反物质呢？理论上粒子和反粒子应该是同样存在才对。

“一边倒”状态

粒子与反粒子的诸多性质正好相反，即具有相反的正负号，恰似一块磁铁的北极和南极。在实验室内产生粒子和反粒子时两者是完全平等的。那么，是否宇宙初期产生的反粒子和粒子也相等呢？如果也是相等的，为什么当我们收集宇宙射线时，却发现宇宙中鲜有反物质存在。宇宙是由物质，而不是反物质占着主导地位。

如果宇宙初始状态是物质与反物质均等的状态，再假如物质不能转变为反物质的话，那么这种状态就不可能转变为我们今天所见的“一边倒”状态。

大统一理论

20世纪70年代，粒子物理学家开始将电磁力、弱作用力、强力纳入“大统一理论”。科学家们认为，自然力的强度随环境的温度的变化而变化。在非常高的能量下，上面所说的3种力应变得大致相等，该能量远远大于任何可以设想的地球上的粒子对撞机所能产生的能量，而与宇宙本身肇始之后约10^{-35}秒所历经的能量相等。

这种大统一理论几乎不可避免地引出两类新粒子。第一类我们称之为X粒子，它可以将物质转变为反物质。因为只有发生这样的转化，才有可能存在一组关于基本粒子相互作用的真正统一的定律。这一特征使这种大统一理论能够为宇宙中某种奇怪的“一边倒”现象做出解释。

X粒子很快就衰变成了其他粒子，如夸克与电子。而大统一理论引出的另一类粒子就是所谓的磁单极。

大统一理论下的宇宙历史

大统一理论认为，当你沿着宇宙的历史往回追溯得越来越早时，预期会见到早期宇宙温度演变。当温度增高时，自然力的有效强度亦增大，预期将会出现各种力的统一。

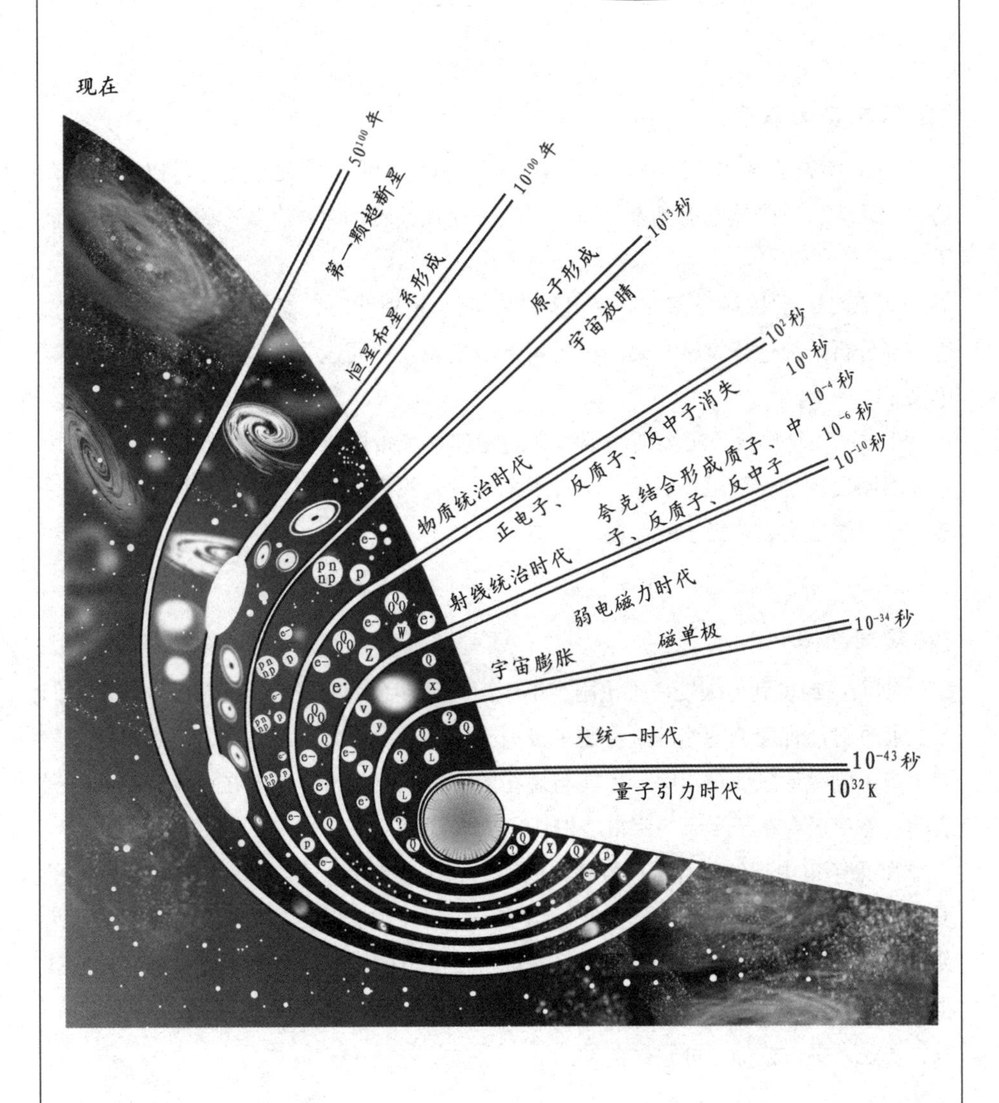

大爆炸的又一谜团

磁单极疑难

大统一理论解答了为何现在宇宙中物质与反物质极端不平衡的疑问，却带来了另一个疑难问题，那就是科学家们并不需要却又挥之不去的副产品——磁单极。

不存在的粒子

1932年，著名的英国物理学家狄拉克，从理论上预言磁单极是可以独立存在的。他认为："既然电有基本电荷——电子存在，磁也应该有基本磁荷——磁单极子存在。"

1975年，美国科学家在高空气球上探测宇宙射线时，意外地发现了一条单轨迹，经分析认为这条轨迹是磁单极子留下的痕迹。然而这并不能说明真正找到了磁单极子。

1982年2月14日，美国斯坦福大学的物理学家布拉斯·卡布雷拉宣布，他利用超导线圈发现了一个磁单极子，不过后来再没有找到新的磁单极子。但是仅有这一事例还不能证实磁单极子的存在。

疑问所在

前面已经说到，大统一理论附带产生出一种多余的粒子——磁单极。科学家们无法通过对这种理论的修补来将磁单极消除掉，必须找到某种途径，使磁单极在早期宇宙中刚一形成即被消除，才能与现在的宇宙状态相符合。现在还没有观测证据表明，磁单极存在于今天的宇宙之中。

如果宇宙中到处都有磁单极存在的话，那么磁单极对于今日宇宙的密度做出的贡献，就会比恒星和星系中所有普通物质的贡献大10亿倍，这并不符合事实。因为无论是什么物质，具有如此大的质量，都将使宇宙的膨胀速度迅速减慢，宇宙的膨胀速度也就会比今天我们所测得的膨胀速度慢10亿倍。这么一来，不论是星系、恒星，还是人类，就都不可能存在了。

讨厌的磁单极

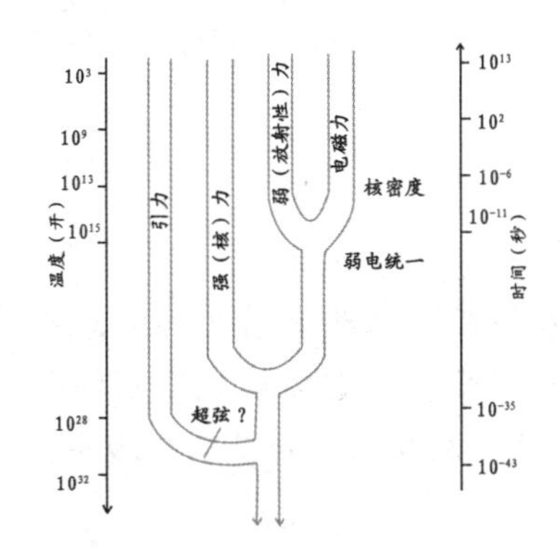

最初的“大统一理论”预言：自然界的电磁力、弱力（即放射性的力）和强力（即核力）在非常高的能量下，强度几乎会聚到一处。

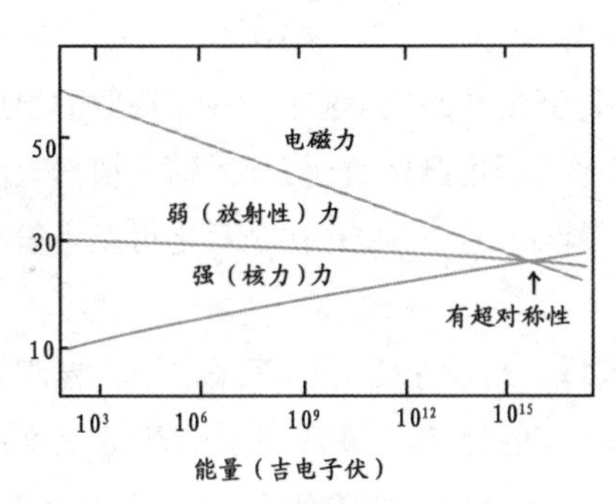

作为统一物质与辐射的一种途径，大统一理论包含了超对称性。在高能情况下几种力的强度倒数几乎完全聚于一点。

磁单极疑难

磁单极必须在早期宇宙中刚一形成即被消除，因为没有观测证据表明它们存在于今天。

如果宇宙中到处都有磁单极的话，那么它们的质量就是恒星和星系中所有普通物质的质量的10亿倍。

磁单极的存在将使宇宙的膨胀迅速地减慢，这样一来，不论是星系，还是恒星，或是人，都不可能存在。

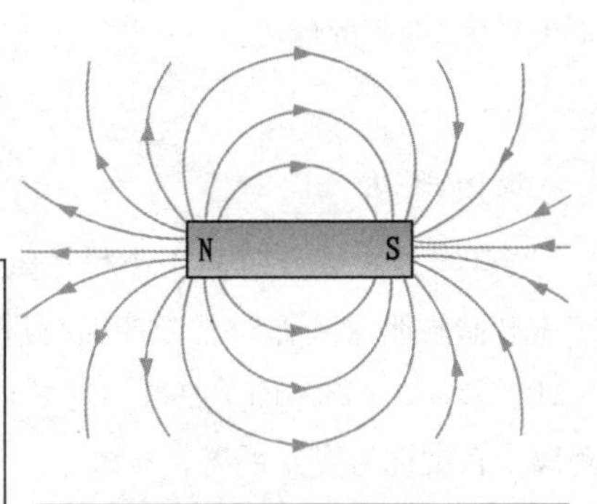

把一根磁棒截成两段，可以得到两根新磁棒，它们都有南极和北极。磁体的两极总是成对地出现，人们普遍认为，自然界中不会存在单个磁极。

宇宙的势力范围

视界疑难

我们回溯宇宙的历史，宇宙如果一直在膨胀，按照众所周知的热力学定律，该区域中辐射之温度反比于其体积而下降。这意味着我们可以利用辐射温度作为这一部分宇宙大小的量尺。若其体积加倍，则其温度减半。

可见宇宙

让我们想象一个非常早的时刻，当时的宇宙温度为约3×10^{28}K。这是宇宙开始膨胀后仅约10^{-35}秒时的温度。现在，也就是膨胀开始之后约10^{17}秒，辐射的温度已下降到了3K。所以，自从那个早期时刻以来，温度已经改变了10^{28}倍，根据上面的理论，今天的可见宇宙所包容的事物，当时容纳在一个半径比今日之可见宇宙小10^{28}倍的球中。

可见宇宙指的是我们周围的一个球形区域，自从宇宙开始膨胀以来，光刚好有足够的时间从该区域的外缘到达我们这里。也就是说，可见宇宙今天的尺度由其年龄乘以光速而给出，约为3×10^{27}厘米。按照上面的所说的方法，用温度和体积的关系一换算，在宇宙早期时刻，我们这个可见宇宙内的一切东西都包容在一个半径为3毫米的球内。

疑问所在

3毫米这个数量听起来小得惊人，但问题却在于这实际上太大了。因为，从宇宙开始膨胀直到那时，光能够行进的距离是光速（每秒3×10^{10}厘米）乘以年龄（10^{-35}秒），即3×10^{-25}厘米。这是自从膨胀开始以来，任何信号所能传播的最大距离。它被称为视界距离。

这样一来，膨胀成我们今天的可见宇宙的那个区域，要比当时的视界的尺度大了很多倍。这就是热大爆炸理论无法解释的疑团之一。

大爆炸的视界疑难

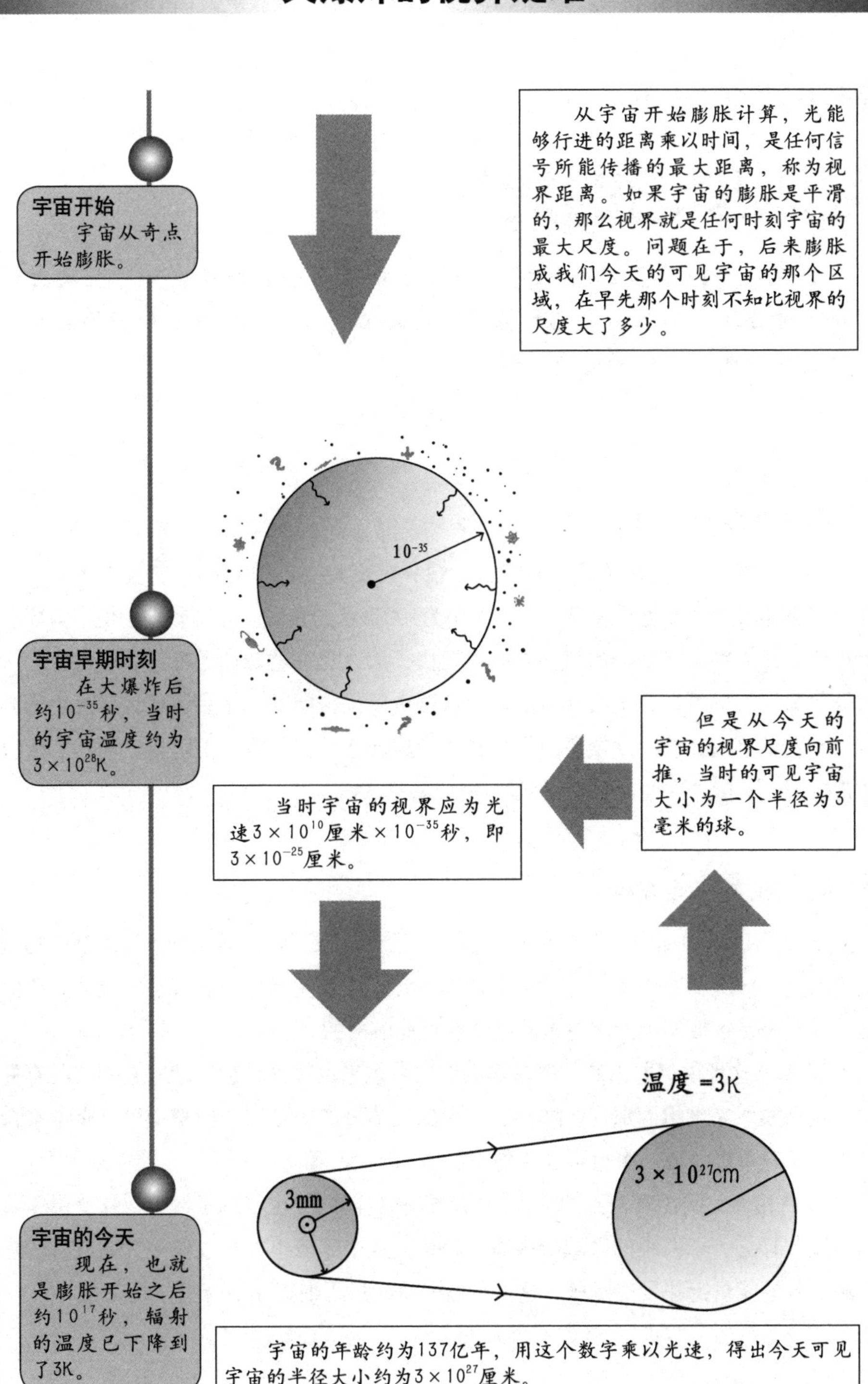
宇宙开始
宇宙从奇点开始膨胀。
从宇宙开始膨胀计算，光能够行进的距离乘以时间，是任何信号所能传播的最大距离，称为视界距离。如果宇宙的膨胀是平滑的，那么视界就是任何时刻宇宙的最大尺度。问题在于，后来膨胀成我们今天的可见宇宙的那个区域，在早先那个时刻不知比视界的尺度大了多少。
10^{-35}
宇宙早期时刻
在大爆炸后约10^{-35}秒，当时的宇宙温度约为3×10^{28}K。
但是从今天的宇宙的视界尺度向前推，当时的可见宇宙大小为一个半径为3毫米的球。
当时宇宙的视界应为光速3×10^{10}厘米$\times10^{-35}$秒，即3×10^{-25}厘米。
温度=3K
3mm
3×10^{27}cm
宇宙的今天
现在，也就是膨胀开始之后约10^{17}秒，辐射的温度已下降到了3K。
宇宙的年龄约为137亿年，用这个数字乘以光速，得出今天可见宇宙的半径大小约为3×10^{27}厘米。

解决诸多疑难

暴胀理论的提出

1980年，麻省理工学院的青年粒子物理学家古斯提出一种解决大爆炸问题的办法。后来，古斯的暴胀宇宙概念成为极早期宇宙研究的焦点，至今已发展成一个新的分支学科。

视界疑难的解决

前一节中我们说到，极早期宇宙中视界尺度过小，按照那样的视界尺度来计算，宇宙膨胀到今天也不过成为一个大小为100千米的区域。而暴胀理论使宇宙膨胀合理化，只要宇宙在极早的时期膨胀得较快，那么也许就能使像视界那样大小的区域膨胀为今天的可见宇宙所具有的尺度。这也就是古斯的暴胀宇宙假说所提出的内容。它要求宇宙在极早期经历一个短暂的加速膨胀（“暴胀”）阶段。而这个阶段非常之短，从10^{-35}秒加速到10^{-33}秒就可完成暴胀过程。

磁单极疑难的解决

如果出现这种加速，那么我们的整个可见宇宙就可以从早先光信号能到达的范围内的某一区域膨胀而来，它的平滑性和各向同性就变得可以理解了。但更重要的是，在暴胀宇宙模型中，磁单极问题是有可能解决的。

首先，这种模型并未制止磁单极的形成，也未通过某种途径消除它们。所有的磁单极仍如原来设想的那样照样形成。事情只不过变成了我们的整个可见宇宙来自仅含一个磁单极（或一个也不含）的小区域。

与此相似，我们观测到的宇宙的均匀性和各向同性也得到了解释，这是由于我们看到的只是一个极小的区域膨胀后的映象，这个区域小得足以在一开始就将较热区域过剩的能量携往较冷区域，这个自然平滑的过程使得宇宙保持了均匀性。

解开谜底的暴胀理论

考虑大爆炸理论的话……

不同区域的膨胀也会不同，今天的宇宙各区域应该没有相同的密度和温度。

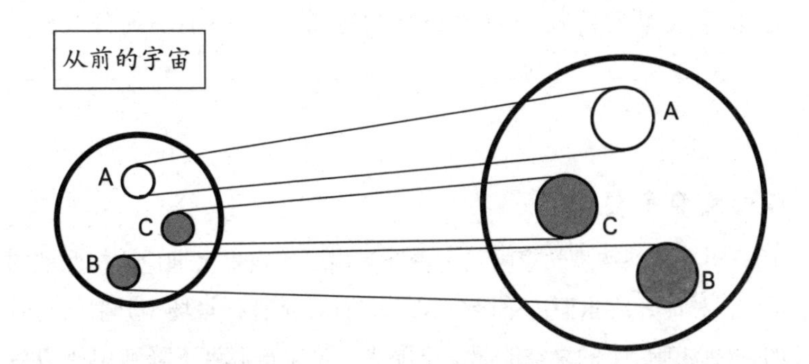

按照视界的概念，极早期宇宙中视界尺度过小，不能膨胀成今天宇宙的尺度。

于是……

一个极小的区域快速膨胀成为现在的宇宙，具有相同的密度和温度。

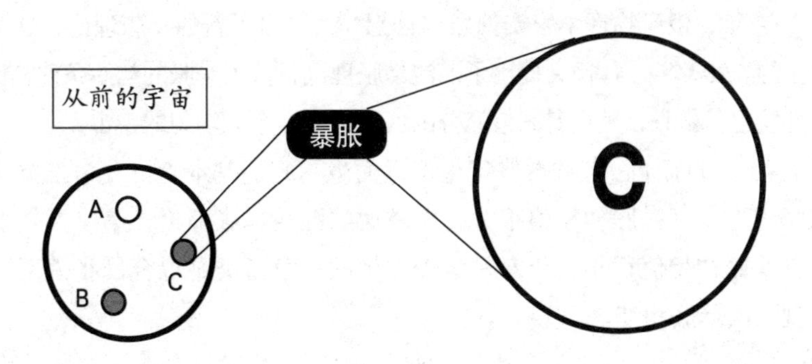

这也解决了极早期宇宙视界尺度过小的疑难。

什么是暴胀

暴胀是加速膨胀

暴胀理论为膨胀宇宙的标准图景作了一点小小的修改，在宇宙历史上有一个非常短暂的阶段，宇宙加速膨胀着。这个小小的修改意义深远。

超级免费午餐

1981年，美国物理学家阿兰·古斯提出了宇宙暴胀理论。按照他的理论，在大爆炸后10^{-36}秒时，宇宙温度下降到10^{28}K，并在某种标量场（其数值与时空坐标选择无关的一种物理量）的真空能驱动下膨胀。当宇宙温度下降到10^{28}K以后，宇宙进入过冷状态，于是真空发生对称破缺，进入伪真空态。结果，真空很快发生相变，释放出大量能量，驱动宇宙指数式暴胀。临近结束时，暴胀的能量变成粒子和热能，宇宙进入再加热阶段而迅速变热，同时建立起热平衡。

整个暴胀过程历时约10^{-33}秒，宇宙尺度增大了10^{26}倍，从暴胀前的10^{-25}厘米区域增大到了约10厘米。因为暴胀可以使一小团物质变成整个宇宙，所以古斯总喜欢把宇宙比喻成“超级免费午餐”。

暴胀理论的发展

1982年，俄裔物理学家安德烈·林德等人提出了新的暴胀理论，认为相变是缓慢发生的。1983年，林德又提出了混沌暴胀理论，认为暴胀的初始条件是混沌的，宇宙处处发生了暴胀，其中暴胀最充分的区域产生了今天均匀的宇宙。

此后二十余年，各种暴胀理论应运而生，它们基本上可分为三类：一类是大暴胀场模型，其暴胀初始值很大，如林德的混沌暴胀理论；第二类是小暴胀场模型，其暴胀初始值很小，相变是缓慢发生的；第三类是混合暴胀模型，这类模型中出现二次暴胀相变。

宇宙暴胀模型

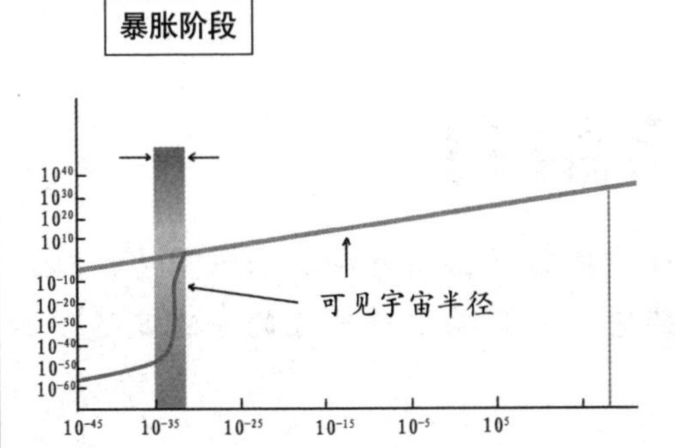

阿兰·古斯，美国物理学家、宇宙学家，麻省理工学院教授。1981年，古斯正式发表了他的第一个暴胀模型。

安德烈·林德，宇宙学家，现任斯坦福大学教授。他是最早提出暴胀宇宙学的学者之一，并修正了古斯的模型。

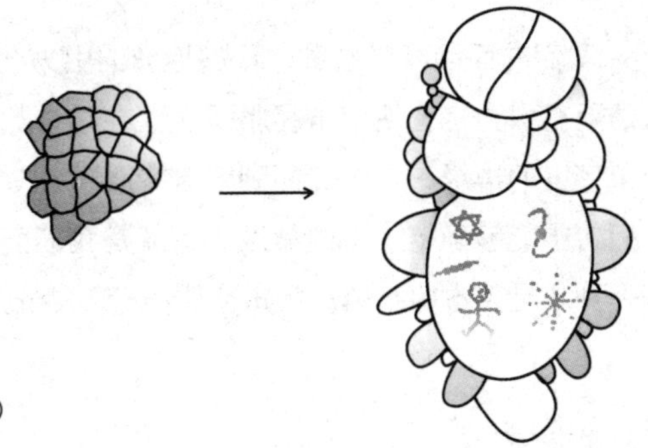

设想宇宙是无限的某种混沌的随机初始状态。某些空间区域中的条件容许出现相当规模的暴胀，以产生一个尺度恰如我们今日所见的可观测宇宙。在其他区域中则不然。

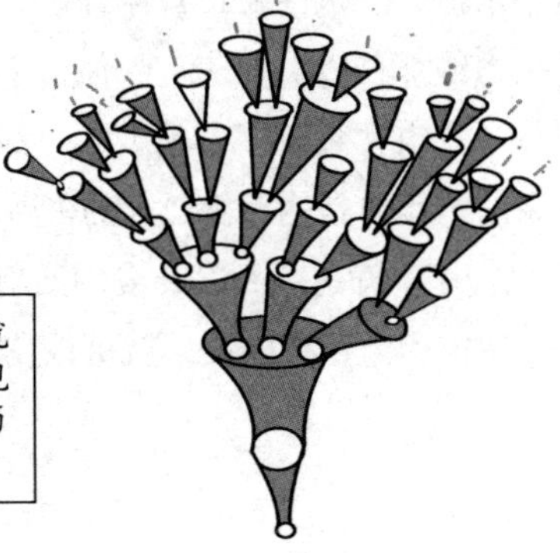

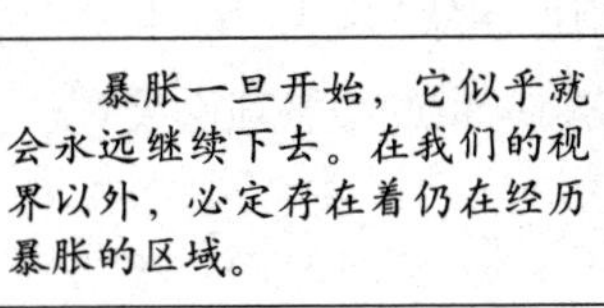

引起暴胀的原因

与引力相反的作用力

要产生暴胀理论中的必要的加速膨胀，必须有特别的作用力。这个力究竟具有怎样的性质呢？要了解它，首先要了解现在的宇宙减速膨胀的原因。

宇宙膨胀减速

随着时间的推移，宇宙膨胀的速度渐渐变小，是因为宇宙中物质的引力阻碍了膨胀。

我们前面已经讨论过，正如地球的引力会使抛向天空的球变慢一样，宇宙中物质的万有引力也会使宇宙膨胀减速。在过去数十年间，天文学家将他们的望远镜对准了宇宙的边缘，以图探测到宇宙膨胀减速效应。通过测量宇宙膨胀的减慢程度，他们希望能够确定宇宙的命运。也就是我们前面提到的开放宇宙和闭合宇宙，到底哪一种才是宇宙的终结。宇宙膨胀减速是否能够制止膨胀，并最终导致宇宙收缩？

宇宙斥力

那么，要引起宇宙的加速膨胀，就需要与引力相反，与其抗衡的作用力，才能达至暴胀的境界。最先提出这个力的是爱因斯坦，他在宇宙膨胀被发现之前，制作了宇宙模型。他当时认为，宇宙既不膨胀也不收缩，是永恒不变的。可是引力会破坏宇宙的这种永恒，于是他在1917年提出，“空间自身具有一种斥力效应，能够抵消物质万有引力的那种吸引效应”。他把宇宙空间具有的这种斥力叫作“宇宙斥力”，或者叫作“宇宙常数（宇宙项）”。到后来宇宙膨胀被证实，爱因斯坦曾感叹导入这个多余的排斥力是他人生最大的失败。

到现在，我们还不知道是否存在爱因斯坦所想象的排斥力。但是，如果宇宙早期有这样的一个宇宙斥力存在的话，就可以使得宇宙的暴胀理论成立。

宇宙常数

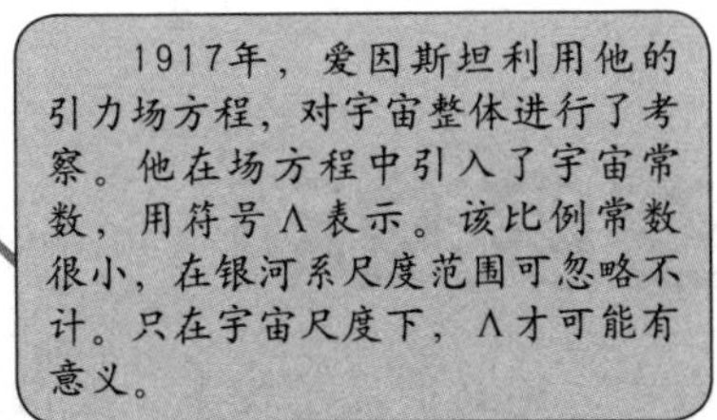

1929年，哈勃发现星系红移的哈勃定律，确定静态宇宙模型与实际不符。宇宙的膨胀被证实，爱因斯坦去掉了这个常数项，并宣称这是他“一生犯的最大的错误”。

后来，天文学家们发现了宇宙的加速膨胀，所有遥远的星系远离我们的速度越来越快。那么一定存在一种排斥力，宇宙常数又被提了出来。

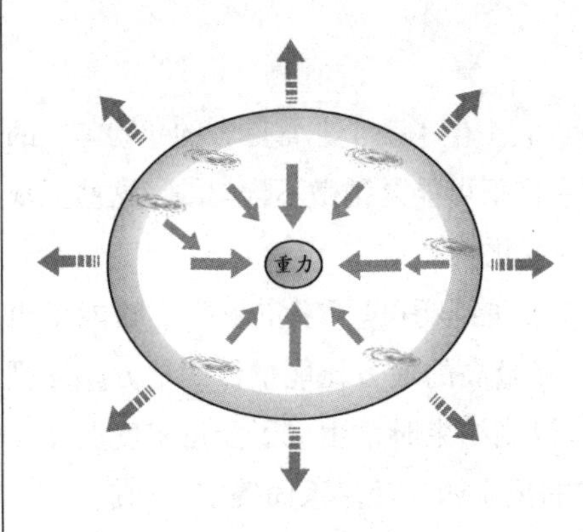

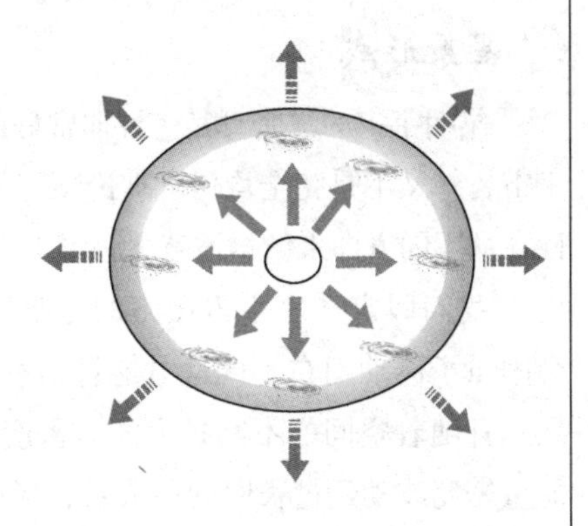

目前，有科学家认为，提供这种排斥力的是巨大的暗能量。

恒星、星系的生成

量子波动引起密度波动

我们知道，在宇宙的发展过程中，逐渐形成了恒星、星系、星系团，乃至超星系团，前面我们也讨论过它们是怎样形成的，现在我们再把这个话题作一次延伸。

量子波动

现在人们认知的宇宙有无数的星系，星系集结成群形成星系团，星系团聚集形成超星系团。我们前面说过，这种构造是在宇宙最初期形成的密度波动成长起来的结果。但是，又有一个问题相应而生，密度波动是什么时候、怎样形成的呢？这个疑问长时间来一直没有得到解决，而这是暴胀理论可以解开的又一个谜团。

暴胀是空间爆发式地扩大，即使在空间中存在凸凹不平的区域，在大范围内，乍一看去也是平滑的。可是从微观世界来看，根据微观世界的法则——量子力学可知，在暴胀时会不断地生成极小的凸凹。量子力学中所有的量都没有确定的值，都在不停地波动，我们将它称为量子波动。正是这种微小的波动导致密度波动，恒星和星系等从而得以产生。

星系形成

早期宇宙的暴胀真是一件非常好的事情。它产生了一个非常巨大的“均匀”的宇宙，却又不是完全均匀。理论预言，早期宇宙很可能是稍微不均匀的。这些无规性在从不同方向来的微波背景强度上引起小的变化。

我们假定产生宇宙斥力的是暗能量，它的能量引起了宇宙暴胀。暗能量也会因量子波动而在不同地方能量稍有差别，能量高的地方比能量低的地方膨胀剧烈，并随着空间的不断扩大能量密度变小。暴胀结束时，生成了能量密度波动。能量密度波动经过长时间的成长，形成现在的星系团、超星系团等宇宙构造。

暴胀生成星系

暴胀形成了一个大尺度上均匀、微观上又并非完全均匀的宇宙，这种微小的不均匀性有可能就是恒星、星系等形成的原因。

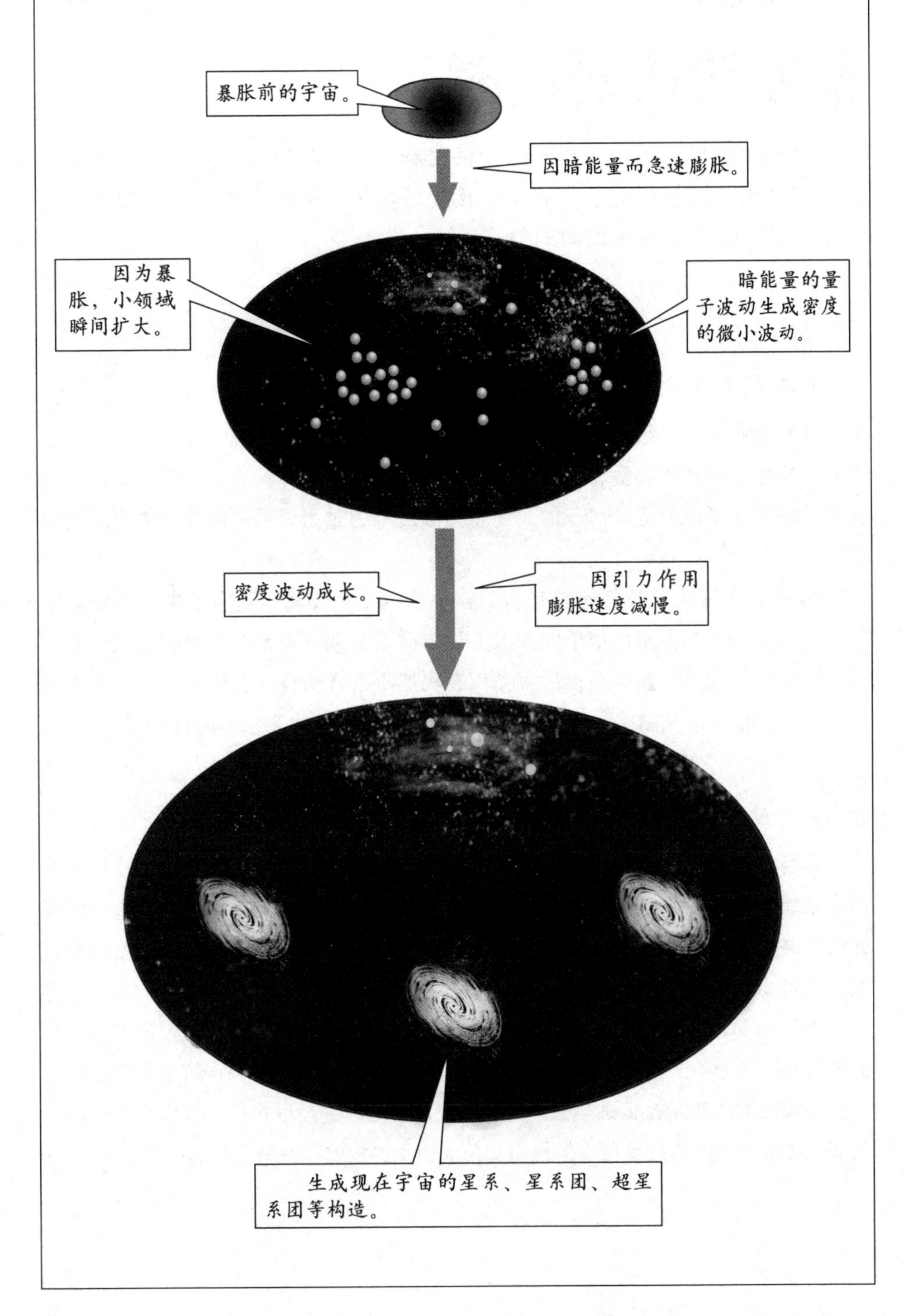

探寻暴胀的直接证据

重力波背景辐射

根据爱因斯坦的广义相对论，任何物体处在加速状态时都会发出重力波。不过由于信号微弱，只有体积巨大的物体，如两个中子星或黑洞碰撞产生的重力波才可以被探测到。

暴胀产生重力波

爱因斯坦的广义相对论中描述，重力是时空的扭曲。像海面上的波浪一样，这个时空扭曲在空间中传播，就是重力波。用基础粒子的知识来看，电磁波是称为光子的基础粒子成群运动形成的，而重力波是称为重力子的基础粒子成群运动形成的。

暴胀引起暗能量及其他所有基础粒子产生量子波动，重力子也在暴胀时生成。重力子在与其他基础粒子的反应上比中微子更强，在暴胀结束后就完全不与其他物质发生反应，而且在以后直到现在仍然不与任何物质发生反应的持续它的宇宙之旅。这就是充满宇宙的重力子背景辐射，我们称之为重力波背景辐射。

重力波的观测

科学家们用干涉计来检测重力波的存在。干涉计是把激光用半透明镜片分成两束光线，让其各自反射后返回原点并再次重合的装置。如果有重力波通过，两束光线的路径长度改变，引起或者不引起光特有的干涉现象，由此便可以检测出重力波。如果能发现重力波背景辐射，它将成为宇宙开始发生过暴胀的直接证据。

科学家目前面临的主要问题是，尽管设备已相当精确，但仍无法保证光束不受其他外界因素影响。为最大限度降低地球引力对实验产生的影响，防止光线因激光产生的温度而改变路径，科学家们不断对仪器进行改进。尽管科学家们至今还没有找到重力波存在的直接证据，但他们相信证明重力波的存在只是时间问题。

观测重力波

重力波是什么？

1916年，爱因斯坦的广义相对论预言了重力波的存在，它能够穿透任何物体，发现重力波将可能为研究宇宙提供新的途径。

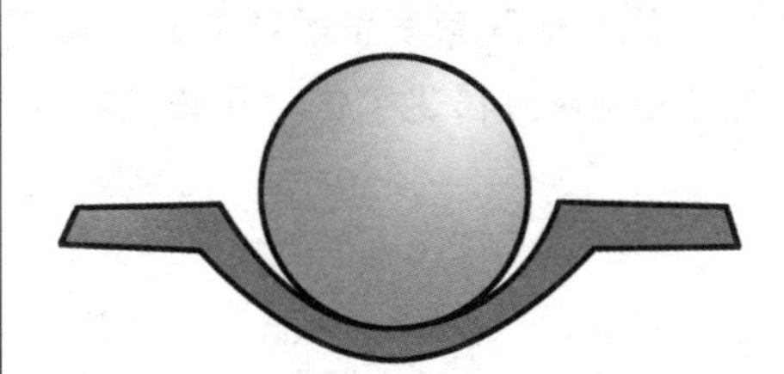

物质的重量（重力）扭曲橡胶膜，物质周围（重力作用）时空扭曲。

物质振动，时空扭曲像波一样传播，这就是重力波。

重力波干涉计的原理

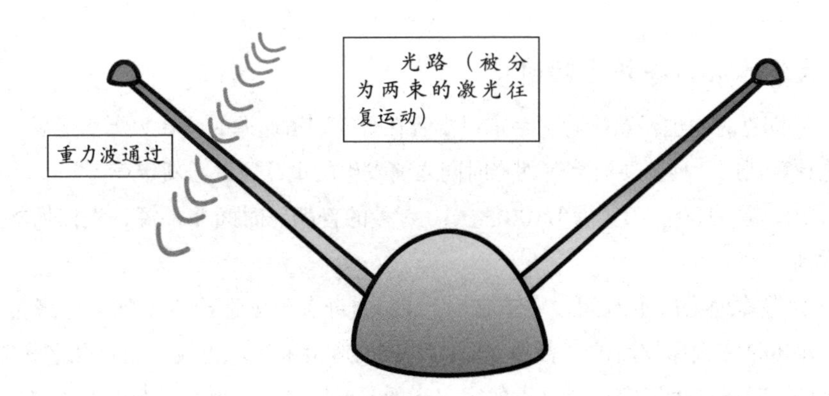

将激光一分为二沿光路往复运动后再一次重叠。如果重力波通过，光路长度改变产生干涉（重叠的光变亮或变暗）或相反不产生干涉。

创造宇宙的时间

普朗克时间

霍金和彭罗斯没有考虑微观世界法则，认为追溯到宇宙的过去，宇宙可以无限收缩。但是事实并非如此，那么我们又该如何描述宇宙的开始呢?

什么是量子

在100多年前的1900年，物理学家马克斯·普朗克发现，能量可以分为不可再分割的单位，并将其命名为“量子”。为了描述量子的体积，人们通常使用基本量子即普朗克量子来形容。这一发现标志着量子力学的诞生。

把普朗克量子同光速及其他常数结合在一起，就可以得出空间和时间方面不可分割的量子，也就是最短的距离单位和最短的时间单位。普朗克长度为10^{-35}米。普朗克时间为10^{-43}秒。

如何超越普朗克长度和普朗克时间还是个谜，因为现行物理定律在这个范围内就失效了。

大爆炸后的普朗克时间

普朗克时间也就意味着，宇宙论学者在研究宇宙起源时，在大爆炸之后，最多就能计算到10^{-43}秒。要研究普朗克时间之前发生的事，还缺乏新定律。

10^{-2}是1/100，10^{-10}是1/100亿。10^{-43}秒的普朗克时间非常短，人们根本无法感觉到。

大爆炸理论产生时间，宇宙在时间是0的奇点被创造出来。如果考虑量子波动，宇宙是在大爆炸后的“普朗克时间”被创造出来的。也就是说在几乎是0秒到10^{-43}秒的时候产生了宇宙。这里的宇宙指的是时间、空间和所有物质的总称。

《圣经》上说，神在第一天创造宇宙，实际上宇宙的创生并没有花那么多时间，在普朗克时间这样微小的时间内就诞生了。

宇宙诞生的时间

所谓的普朗克时间，是指时间的最小间隔，为10^{-43}秒。没有比这更短的时间存在。

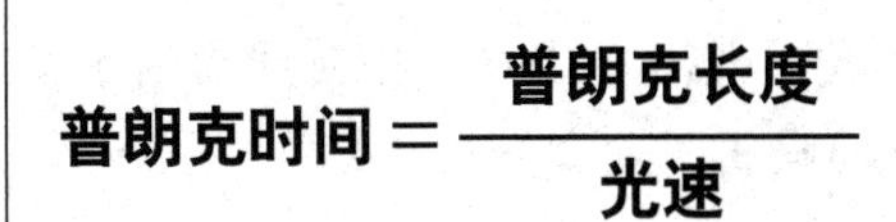

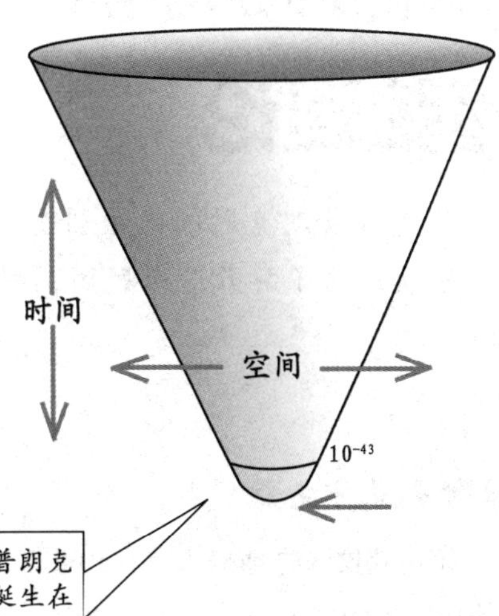

这也就是说，宇宙创生的最短时间就是普朗克时间，再没有比这更短的时间段了。宇宙就诞生在这微小的10^{-43}秒中。

取代粒子的最小存在

超弦理论

宇宙在普朗克时间内被创造，可是我们并不知道在这段时间内发生了什么事情。为了解开这个疑团，科学家们提出了超弦理论。

什么是宇宙弦

宇宙弦这一物理概念是在1981年，由维伦金等人提出来的。他们认为，宇宙大爆炸所产生的威力应该形成无数细而长且能量高度集聚的管子。这种管子便被叫作宇宙弦。

理论工作者赋予宇宙弦的性质是异乎寻常的。它有点儿像蜘蛛丝，但却比原子还要细。你可以穿过它走路而绝不会发现它。但是，1厘米的宇宙弦比整座喜马拉雅山的质量还要大，而且它的质量是可变的，完全取决于其张力。拉得越长，绷得越紧，质量越大，它的强度也极大。宇宙弦的活动与其临近的天体、宇宙膨胀密切相关。

宇宙弦还有一个奇特的性质就是，要么伸展到无穷远处，要么形成闭合的无终点的环圈。

宇宙弦的伸缩性

超弦理论认为，物质的最小存在不是基础粒子，宇宙弦的大小是质子大小的一百亿分之一再一百亿分之一，我们根本无法看见。氢原子的大小是一亿分之一厘米，质子的大小只有氢原子大小的十万分之一。

虽然宇宙弦非常小，却像橡皮筋一样有弹力。宇宙弦可能在宇宙的早期形成，它们因宇宙的膨胀而一度伸展，而且一根单独的宇宙弦在现在可以横贯我们观察到的宇宙的整个尺度。

宇宙弦也能振动，振动的方法有无数种，不同振动方式可看成不同种类的电子或夸克。弦振动能产生重力子，引力是物体之间相互交换重力子产生的。弦理论还认为，在普朗克时间内没有时间和空间，只有弦的产生和消失。

宇宙弦

宇宙弦是尚未得到验证的、理论上可能存在的物质。不论宇宙弦是否存在，用它对宇宙结构进行阐述却很圆满。

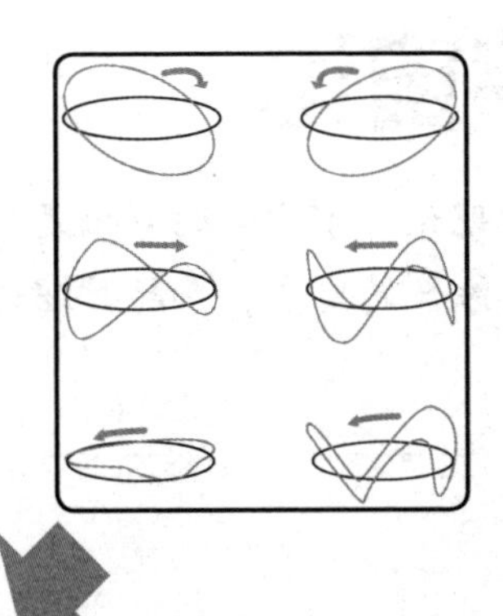

宇宙弦是一个极高密度的能量线，它非常细，却异常地重。

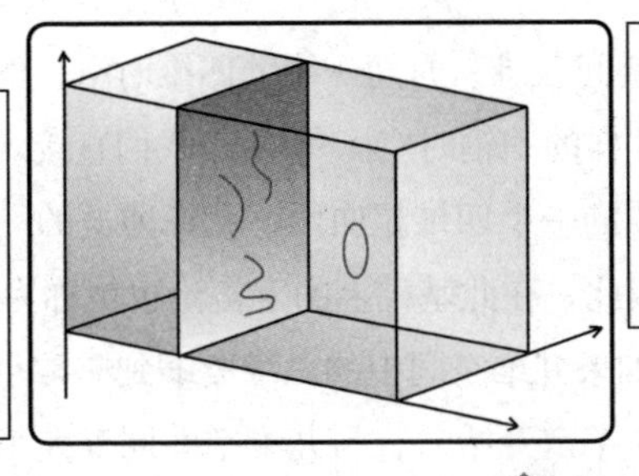

由于这种弦的密度极大，因此引力极强。一段具有两个端点的有限（短）弦，会很快地收缩形成一个点而消失。因此，存在于宇宙中的弦只有两种。

一是横贯宇宙无限长的直弦，另一种是各种大小的环形弦。根据计算，大约有20%的宇宙弦是圆圈形的，其他的弦横越整个宇宙。

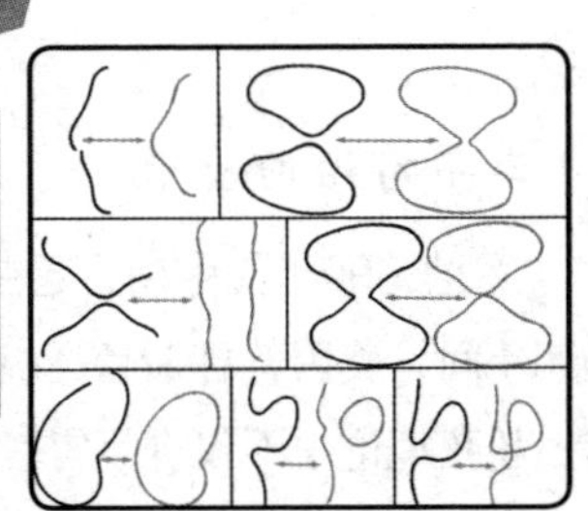

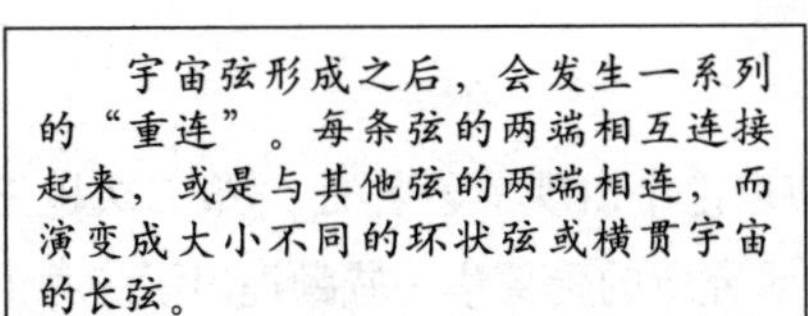

宇宙弦形成之后，会发生一系列的“重连”。每条弦的两端相互连接起来，或是与其他弦的两端相连，而演变成大小不同的环状弦或横贯宇宙的长弦。

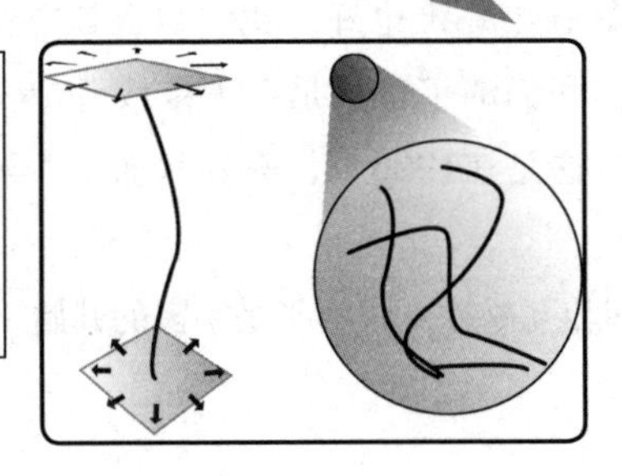

在由环形弦和无限长弦构成的宇宙弦网中，只有环形弦才能吸引周围的物质形成各种天体结构，而无限长的弦却不吸引物质。

十维、十一维的时空

膜宇宙论

超弦理论对宇宙学的影响是多方面的，其中很重要的一个影响来源于它对时空维数的要求。在超弦理论中，时空的维数变成了十维而不再是四维的。

十维图景

我们认为的时空是空间三维、时间一维的四维时空，而超弦理论预言的时空不止四维，而是十维。在这样的一幅时空图景中，我们直接观测所及的看似广袤无边的宇宙不过是十维时空中的一个四维超曲面，就像薄薄的一层膜，人类世世代代就生活在这样一层膜上，因此，在此基础上的宇宙论也被称为膜宇宙论。

物理学家们认为，如果九维空间中的六维萎缩到非常小的话，就不需要观测这些多余次元的空间。而在宇宙开始时，与九维空间同等大小的存在，因为某种原因只有三维空间膨胀了。

膜宇宙论的出现

20世纪90年代中期，超弦理论中出现了著名的“第二次超弦革命”，1995到1996年间，美国普林斯顿高级研究所的爱德华·威顿提出了一种十一维时空的新理论。超弦理论中不仅有宇宙弦，还有二维广度膜、三维以上的广度膜等多种维数的膜。要使这些不同维数的膜能同样地存在，时空可能是十一维的。

不管时空是十维也好，十一维也好，我们知道其中的三维膜空间内除引力外所有的力都被封闭起来。我们的宇宙就是在十维或者十一维时空中飘浮着的三维空间，这就是膜宇宙论。这是在1996年，威顿和加州大学伯克利分校的哈加瓦提出的。

还有说法认为膜之间相互碰撞，膜膨胀是宇宙的开始，这被称为火宇宙模型。

更多维的世界

三维世界我们可以直观地认识，四维时空我们也能想象得出来。但是，更多维的时空是个什么样子呢？

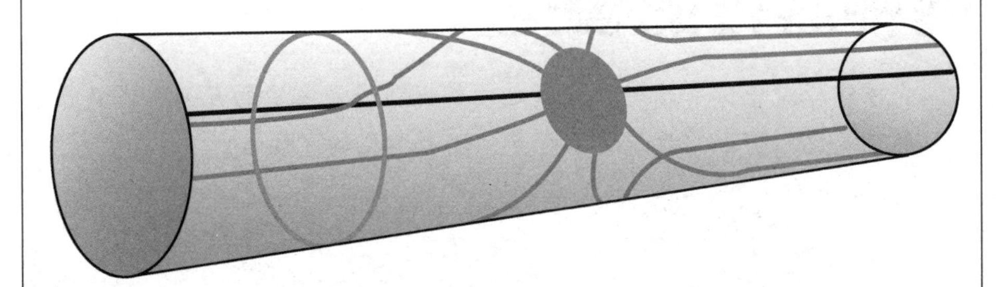

我们用这样一个圆柱体来表示多维的世界，那么，我们生存的三维空间在其中不过是一条线而已。

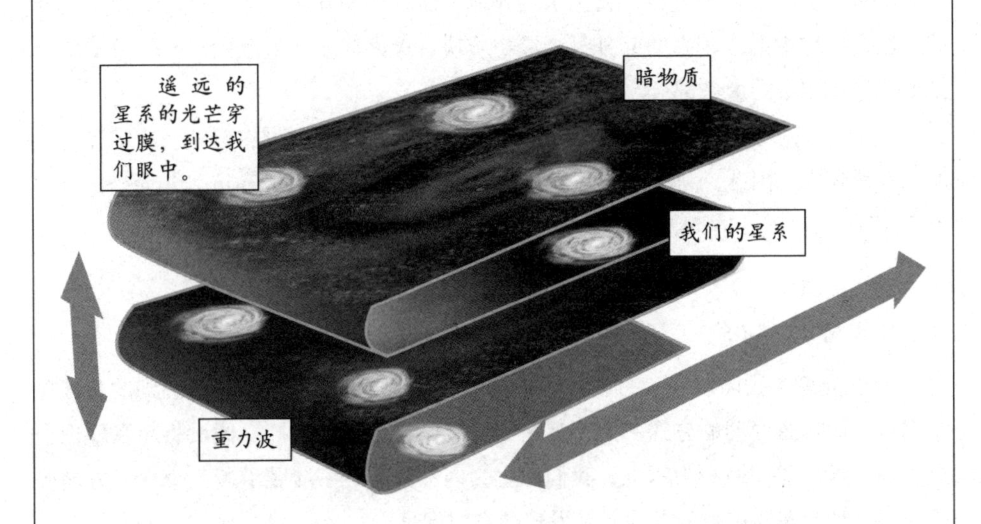

超弦理论把宇宙描绘成十维时空或十一维时空，但是我们为什么看不到其他那些维数呢，也许这是因为我们生活在一张膜之上，它就像是一个肥皂泡，飘浮在五维、六维甚至更多维的世界之中。

大爆炸以前宇宙就存在

两种流行的模型

火宇宙模型中，有限的三维膜之间相互碰撞是宇宙的开始，不存在奇点。也就是说，宇宙的开始除了奇点，还有其他的可能性。

火宇宙模型

在火宇宙模型中，各块膜碰撞后，产生出宇宙规模的巨大的纯能量火球，这种爆炸让这两块膜再次分开。而后，随着充满于我们的膜中的那个火球开始冷却，其中的能量经历一个相变过程，就像水结成冰，这种相变释放出的一种力能使宇宙开始膨胀。火球中温度较高的部分凝结成物质块，最终演变成星系团，而较凉的部分则变成星系团中的虚空部分。

古希腊斯多葛学派的宇宙模型就认为宇宙是一团大火，处在诞生、冷却和再生的永恒循环中。因此，科学家们把上述的宇宙理论叫作“Ekpyrotic Universe（火的宇宙）”，ekpyrosis在希腊语中就是“大火”的意思。

前大爆炸理论

在弦理论中我们认为弦的振动是基础粒子。弦振动得越剧烈，观测到的基础粒子越重，而且弦振动的方式不同，观测到的基础粒子种类不同。假设将超弦理论中成立的十维空间，缩小为六维，我们称之为内部区间。一般弦沿着一个次元方向缠绕，用这种状态调查弦的振动，就发现弦有对偶性。

绕半径为R的圆缠绕的弦的振动与绕半径为1/R的圆缠绕的弦的振动相同，可以看作是相同的基础粒子，这就是对偶性。这意味着内部空间小（R）的弦的振动，会变成内部空间大（1/R）的弦的振动。也就是说，超弦理论中最小的空间是有大小的。

将对偶性应用到宇宙论中，宇宙追溯到过去并不是无限缩小的奇点，而是像弦理论揭示的那样其大小是有限的。也就是说，在大爆炸前宇宙就已存在。

宇宙开始之前

无限的碰撞循环

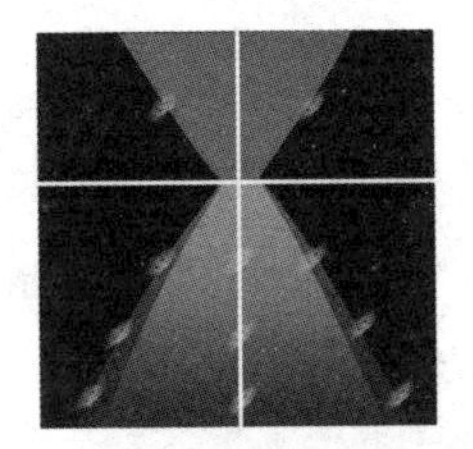

火宇宙模型认为，有另外一个三维世界，即另外一块膜在与我们的膜相撞从而产生出我们的宇宙。而且，这两块膜的靠近、碰撞将是一个无限的循环。

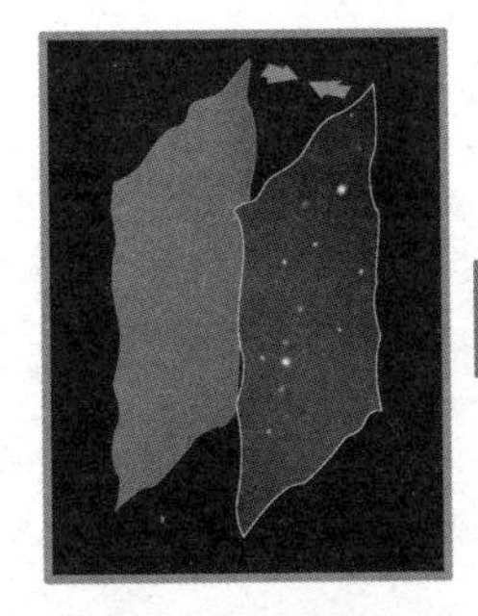

存在一块与我们的膜相平行的膜，两块膜在类似引力的力作用下相互靠近。

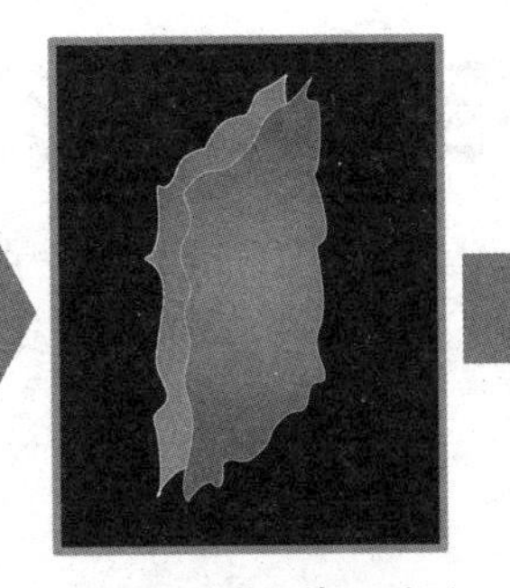

两块膜相撞，导致了大爆炸的发生，从而也产生出物质和射线。

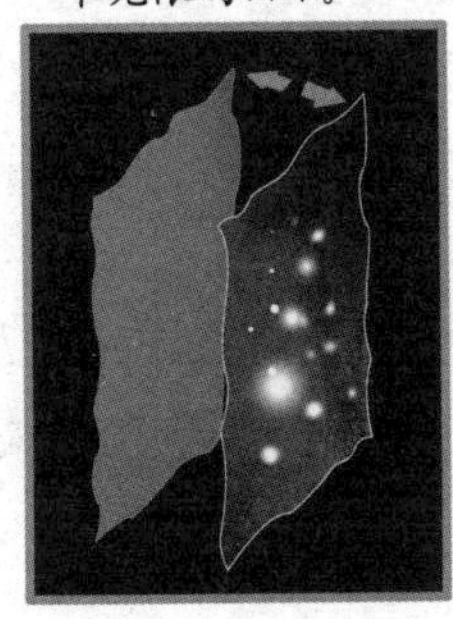

两块膜逐渐分离，它们各自开始了减速膨胀，在这个时期，物质构成诸如星系团等天体。

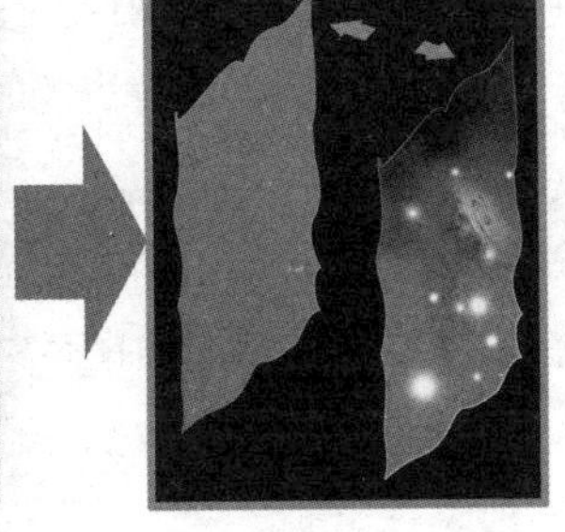

在分离过程中，它们之间的引力开始减小，物质也变得稀薄。

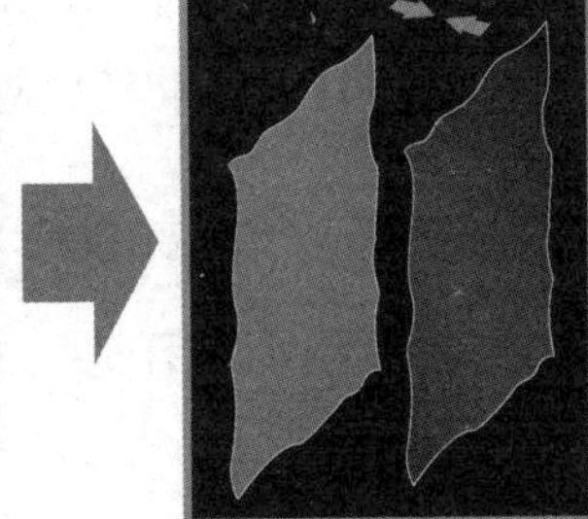

两块膜停止分离进程，转而再次靠近，在这个过程中，各膜开始加速扩张。

两种不同的宇宙开始

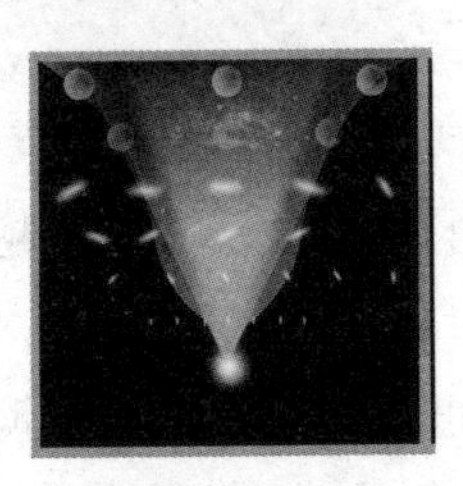

在传统的大爆炸理论中，根据爱因斯坦的广义相对论得出了有一个奇点，所有物质紧紧靠在一处，时间失去了意义。

在包含量子波动的膜宇宙论中，各种星系从极小距离的状态开始扩张。它为我们打开了前大爆炸理论之门。

未来的宇宙图景

宇宙加速膨胀

现在让我们再讨论一下宇宙的未来，和科学家们一样，我们试图搞清楚宇宙是会永远地持续膨胀下去，还是会在某个时候转为收缩。

超新星

超新星是巨大的恒星在生命最后时刻的大爆炸，形象地说，就是一颗大质量恒星的“暴死”。对于大质量的恒星，如质量相当于太阳质量的8—20倍的恒星，由于质量的巨大，在它们演化的后期，星核和星壳彻底分离的时候，往往会伴随着超新星的爆发。

超新星爆发时的绝对光度超过太阳光度的100亿倍、新星爆发时光度的10万倍，中心温度可达100亿摄氏度。在银河系和许多河外星系中都已经观测到了超新星，总数达到数百颗。

Ⅰa型的超新星

天文学家根据超新星爆发时的光变曲线形状，把它们分为两种类型。Ⅰ型超新星的光变曲线峰值很“锐”，绝对峰值光度约为太阳光度的100亿倍，爆发后变暗时速度缓慢。而Ⅱ型的光变曲线峰值稍“钝”一些，绝对峰值光度约为太阳光度的10亿倍，爆发后很快变暗。

Ⅰ型超新星中又有一种Ⅰa型的超新星，经过研究已经清楚地了解了它的特点，可以正确地推算出它的绝对亮度。绝对亮度相同，距离越远看起来越暗，根据看起来的亮度能推算出到超新星的距离。

超新星变暗的程度，随宇宙膨胀等条件的变化而变化。用哈勃望远镜和昴星团望远镜等观测Ⅰa星，测量它们看起来的亮度，结果发现，超新星的亮度比按一定膨胀速度推算出的亮度要暗，超新星比预想的距离更远。就是说现在宇宙的膨胀速度渐渐增大，宇宙在加速膨胀。

超新星

超新星的光芒足以让数十亿颗普通恒星黯然失色，它们为宇宙空间提供重元素。其爆发都是在恒星的核突然坍缩、直到变成中子星或黑洞的过程中产生的。

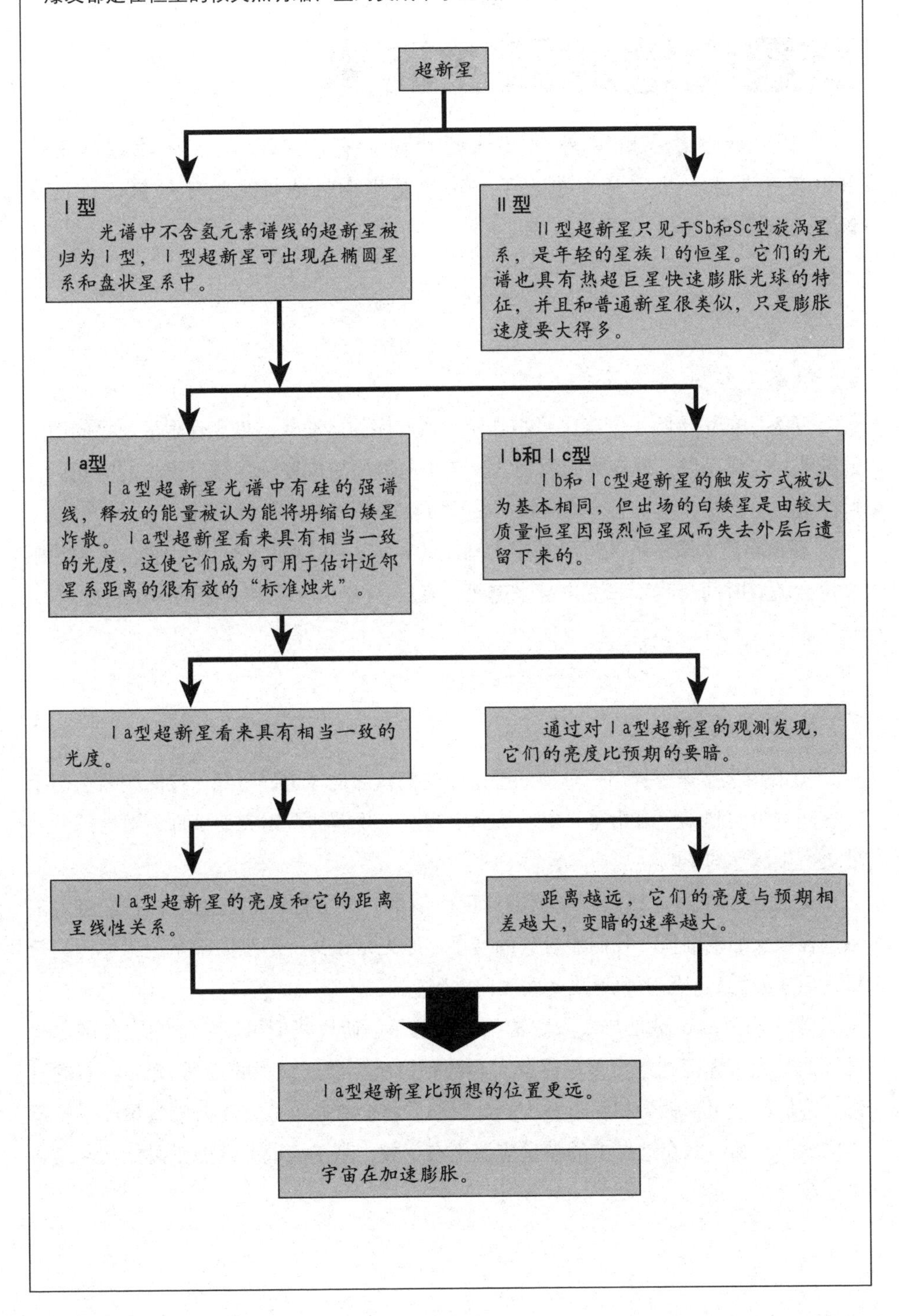

地球的未来

彗星向地球倾注而来

古生物学者在解释恐龙灭绝的时候，有人认为古生物的绝种是每2600万年发生一次，从而导出了一个彗星周期性地撞向地球的假说。这个假说有可能成为现实吗?

恒星的位置发生变化

星系中的恒星除了围绕星系中心做井然有序的运动外，也会受附近恒星的引力的影响。也就是说，现在我们看到的夜空中的恒星的位置，在经过很长的时间后，可能会发生改变。北斗七星的形状，在几万年后将和现在完全不同。

现在距离太阳最近的恒星是半人马座的α星，距太阳4.22光年。它与太阳的距离也会随着时间而改变，变得越来越短。在2.8万年后，它和太阳的距离将变成3.1光年。

彗星撞地球

有的天文学家曾提出一种新的理论，他们认为地球也许每隔一段时间就会与宇宙空间的尘埃和流星雨相遇一次，从而引起巨大规模的严重灾变事件，对地球的发展史产生深远的影响。

之前我们说过，在太阳系周围有柯伊伯带、奥尔特云等彗星带，它们将太阳系围在很大的范围里。我们能看到的彗星，原先是在其中围绕太阳系边界运行的彗星，后来因为某些原因轨道改变而飞向太阳。

半人马座的α星是与太阳非常相似的恒星，所以我们可以假设在它周围也有同样的彗星带大范围地将该星圈起。当两颗恒星相靠近，距离近到3光年左右的时候，它们的彗星带就会相互重叠。受此影响，将会有几万、几十万颗彗星改变轨道飞向太阳，那么落在地球上的彗星应该不在少数，彗星撞地球的图景可能在现实之中上演。

恒星的变迁与地球

北斗七星的移动

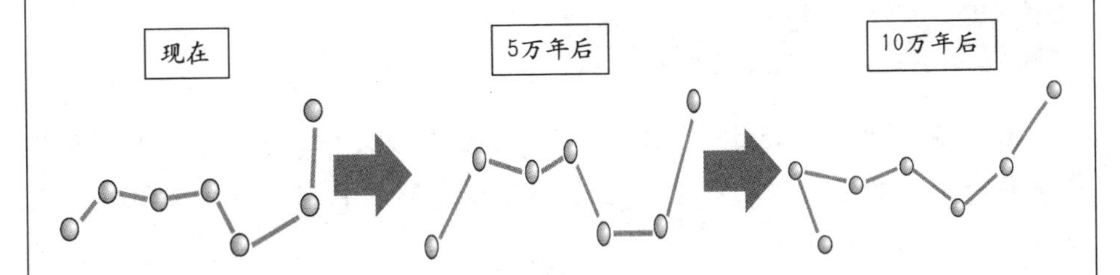

2.8万年后的太阳系

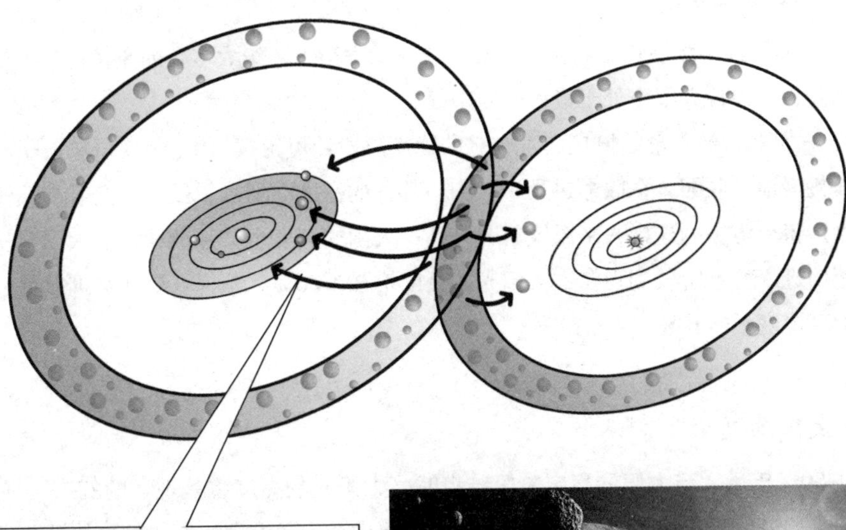

太阳系与半人马座的α星外层的彗星带重叠，导致彗星改变运行轨道。

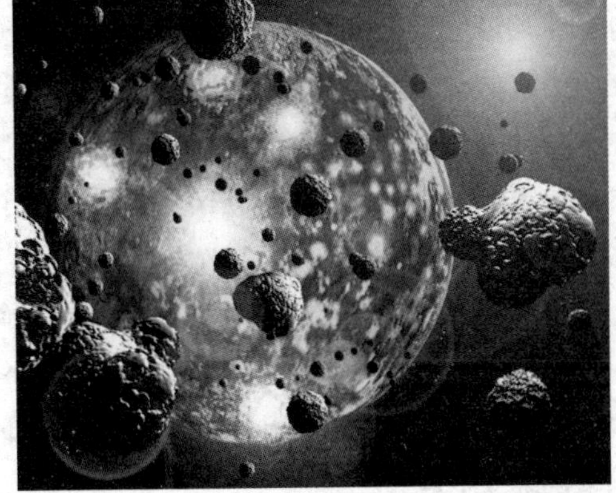

大量的彗星飞向太阳，彗星撞地球的图景成为现实。

太阳的未来

最后变成白矮星

我们在介绍黑洞的时候提到过，一颗恒星死亡之时的几种可能。或者产生超新星，或者变成白矮星、中子星，或者形成黑洞，那么太阳的命运是什么呢？

太阳的燃烧

太阳已经持续燃烧了46亿年左右。现在的太阳上，绝大多数的氢正逐渐燃烧转变为氦，可以说太阳正处于最稳定的阶段。

对太阳这样质量的恒星而言，它的稳定阶段约可持续110亿年。恒星由于放出光而慢慢地在收缩，在收缩过程中，中心部分的密度会增加，压力也会升高，使得氢燃烧得更厉害，这样一来温度就会升高，太阳的亮度也会逐渐增强。太阳自从46亿年前进入稳定阶段到现在，太阳光的亮度增强了30%，预计今后还会继续增强，使地球温度不断升高。

太阳的死亡

50亿年后，当太阳的稳定阶段结束时，太阳光的亮度将是现在的2.2倍，而地球的平均温度要比现在高60℃左右。届时就算地球上仍有海水，恐怕也快被蒸发光了。若仅从平均温度来看，火星反而会是最适宜人类居住的星球。

太阳中心部分的氢会燃尽，最后只剩下其周围的球壳状部分有氢燃烧。太阳开始急速收缩，变得越来越亮，球壳外侧部分因受到影响而导致温度升高并开始膨胀，进入红巨星阶段。

太阳的质量会减至现在的60%，行星开始远离太阳。地球及其他外层行星在太阳外层部分到达之前应该会拉大距离而存活下来。太阳收缩到一定程度，将不再燃烧，逐渐失去光芒，外层开始收缩，最后冷却成白矮星。太阳系存留下来的行星则继续围绕太阳运行。

未来的太阳系

现在的宇宙

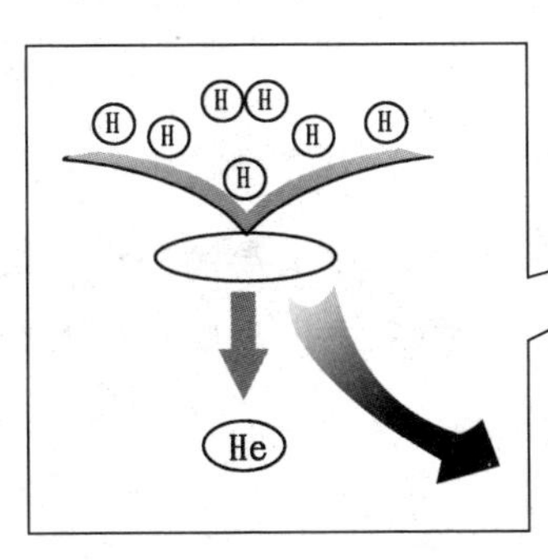

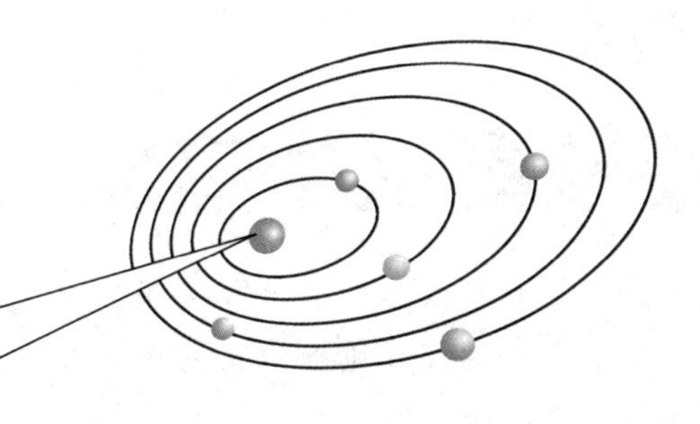

太阳因内部的核聚变反应，释放出巨大的能量。

作为燃料的氢元素消失，氦元素聚合，变成碳元素、氧元素而释放出能量。

50亿年后

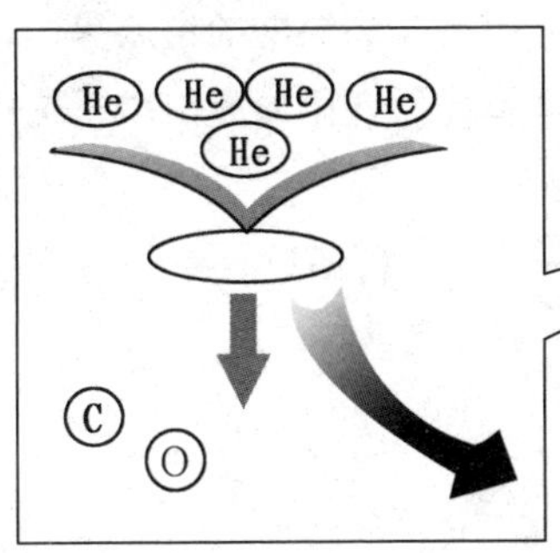

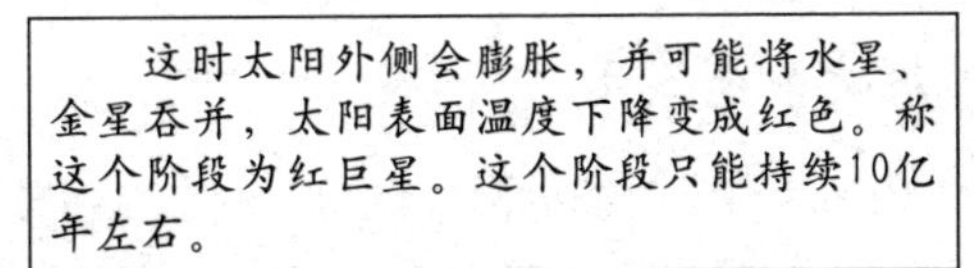

这时太阳外侧会膨胀，并可能将水星、金星吞并，太阳表面温度下降变成红色。称这个阶段为红巨星。这个阶段只能持续10亿年左右。

60亿年后

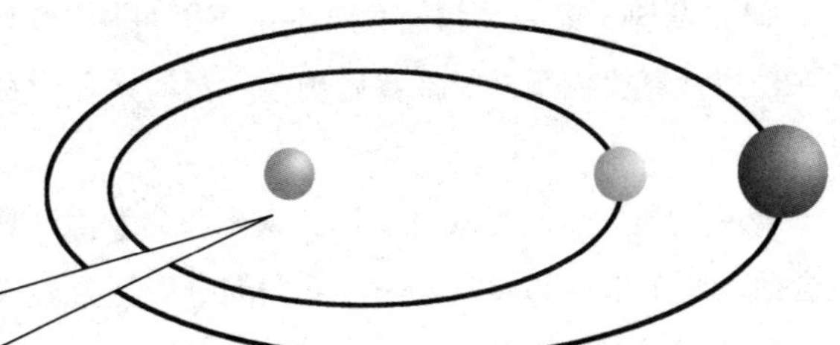

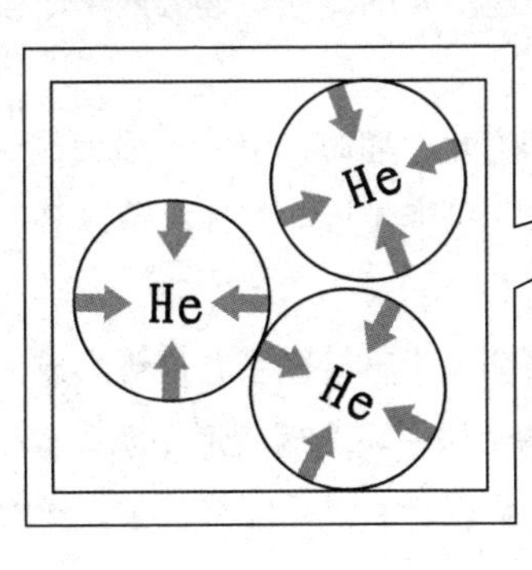

太阳外侧的部分逃离，太阳质量减少。太阳中心部分的温度不升高，不能释放出能量，太阳渐渐冷却下来。最终太阳不能承受自身的重量而被破坏，变成小的冷却的白矮星，周围环绕着火星、地球等行星。

星系的未来

恒星从星系中蒸发

星系由无数颗恒星组成，我们知道，像太阳一样的恒星最终会成为白矮星，而质量更大的恒星则会成为中子星和黑洞。那么由恒星组成的星系到时候会是什么样子呢？

恒星都死亡之后

100兆年后的未来，星系中所有的恒星都失去了耀眼的光芒。与太阳重量相近的恒星，核聚变反应已经停止，变成了低光度、高密度、高温度的白矮星。比太阳更重的恒星，最后以大爆炸终结变成超新星，大爆炸后残留形成由中子构成的中子星和神秘黑洞。

不同于今天我们看到的美丽星空，未来的星系充满了白矮星、中子星和黑洞，它们代替现在的恒星构成星系。

银河系的未来

美国《科学》和英国《自然》杂志均刊文指出，天文学家通过电脑模拟出了20亿年后银河系和仙女座星系相撞的情景，两大星系极可能合二为一。

研究发现，银河系和仙女座星系正以每秒120千米的速度相互靠近。天文学家们在使用计算机模型进行推算后确定，银河系和仙女座星系的碰撞将会分两个阶段进行。

第一阶段，也就是20亿年后，太阳将会发生剧烈变化，届时，引力的强大作用也会改变两个星系的形状——在它们的身后将会形成一条由尘埃、气体、恒星和行星组成的“尾巴”。

而在第二阶段，也就是再过30亿年，两个星系将会发生直接联系并最终形成一个椭圆形星系“Milkomeda”（需要提醒的是，目前两个星系均为螺旋形星系）。

到那个时候，太阳也将会耗尽所有的能量并开始膨胀，人类可能早已被毁灭过数次。而地球最终将是一个荒无人烟的冰冷世界。

星系的一生

在宇宙大尺度的结构中，人类微不足道，连星系也成了一个小小的点。星系和人类一样，同样也有自己的诞生、生长、死亡的演化史。

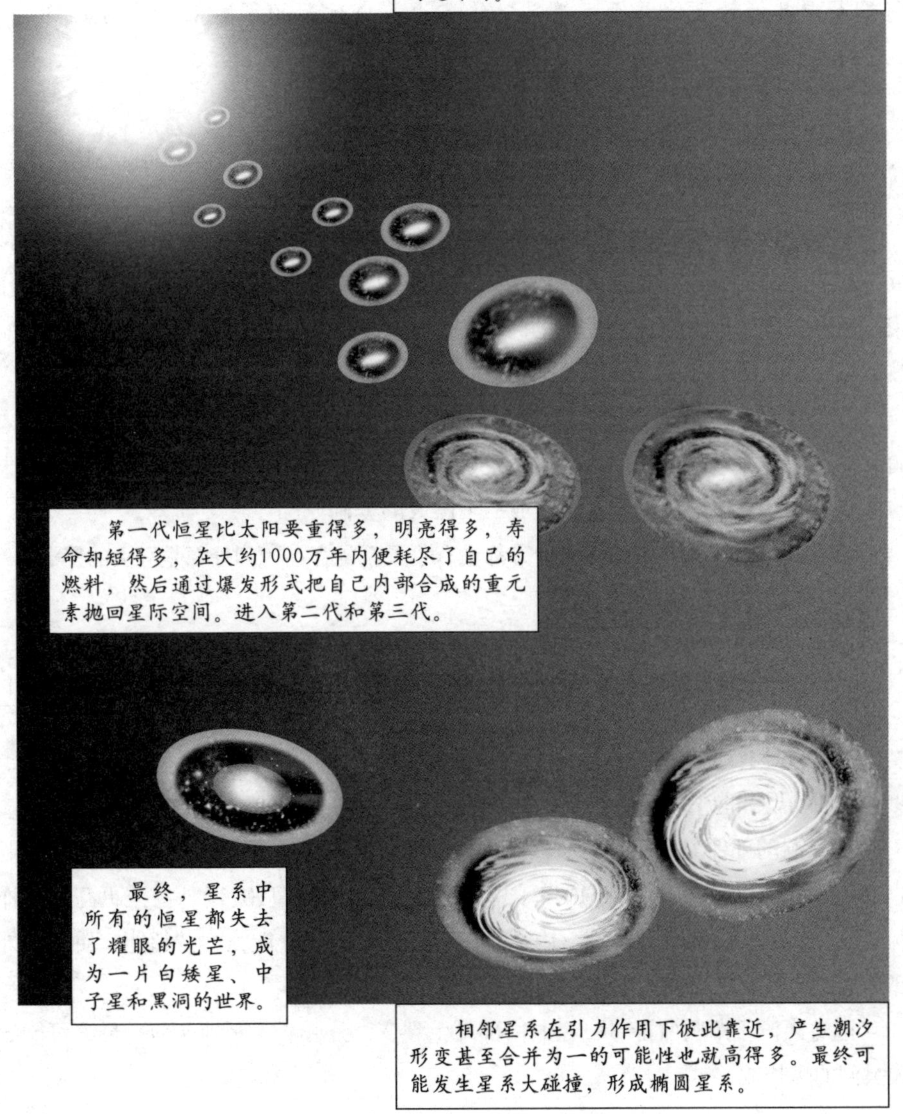

星系的继续演变

巨大的黑洞

多少年后，星系已不再是我们现在的满天繁星，为数众多的黑洞逐渐将星系中其他的天体吞没。星系最终成为一个巨大的等同于星系的黑洞。

大黑洞的形成

1000兆年间，星系运动造成星系之间的碰撞，恒星交错而过。两个物体越接近，相互间的引力作用越强，所以把同等重量的物体集中在越小的领域中其引力作用就越强。当这种交错碰撞发生的时候，其中的物质就可能因为引力而聚集，物质被破坏，小的黑洞变成大的黑洞。

星系中的黑洞的质量越来越大，不断地把靠近的天体吸入其中。而随着它吸入的天体的增多，它的质量增大，它所能够“吸食”的范围也不断增大。最终，在十的不知多少次方年之后，星系演变成一个巨大的黑洞。

而在那个时候，宇宙的任何地方都没有了星系的存在，到处都是巨大的黑洞。

中黑洞

星系最终以黑洞的形式存在，此时的黑洞称为中黑洞。由于它的质量与星系同级，所以它具有超强的吸引力。中黑洞不断吸收从太空射来的粒子、陨石、天体，使它们的物质和能量转化为中黑洞的物质和能量，中黑洞的质量和能量不断变大。

中黑洞的外部温度极低，所以吸收来的能量慢慢传递进入黑洞的内部，在黑洞的中心区域积累起来，使黑洞内部的温度可以达到超高值10^{32}度，甚至更高。这样就形成了外部和内部两个区域。内部是超高温的具有爆炸能力的“超能物质”，外部是低温的具有抗爆能力的外壳。

随着黑洞不断吸收能量，黑洞内部发生裂变，外壳会不断地变薄，最终可能导致黑洞的爆炸。

黑洞海

我们可以想象，在漫长的岁月之后，宇宙中的一切都似乎暗寂下来，一个个超级黑洞统治着宇宙的时候，没有什么东西能从它们的吸附中逃离。

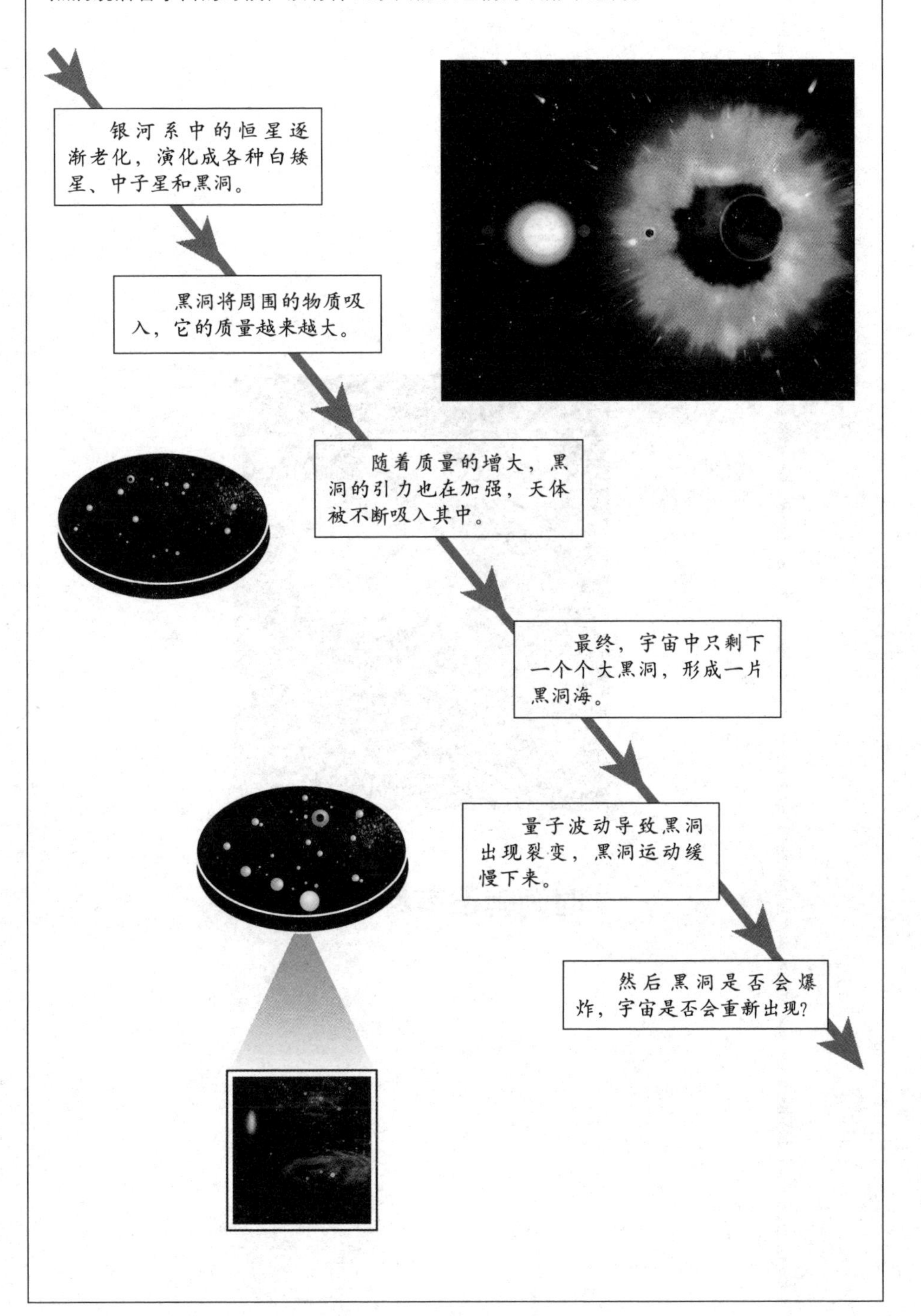

第六章 时间箭头

时间有没有尽头？

——霍金

我们如何区分过去和未来？我们如何感受时间的流逝？科学定律又是怎样界定时间是往前还是往后？时间箭头区别了过去和未来，以三种不同的方式：热力学的时间箭头，表现为无序度和熵的增加；心理学的时间箭头，表现为人们通过记忆多少来区分过去和未来；宇宙的时间箭头，表现为宇宙的膨胀而不是收缩。

时间箭头

时间的单一方向性

人们的普遍的感受是，时间和空间截然不同，空间可能再重新回到相同的场所，而时间就如离弦的箭一样，一去不复返。

一去不返的时间

流逝的时光永远不可能再返回，时间只会跑向未来，像涓涓逝去的流水，也像离弦而去的飞箭。物理也将时间只由过去朝未来前进，绝不逆行的单一方向性，称为时间箭头。

在相对论中，时间和空间是一起创造出时空的。但是从人们的亲身体验而说，所谓的时空，仍然让人们感到一片茫然。在实际的生活中，人们总是感觉时间和空间是根本不同的。产生这种感觉的原因就是时间一味地朝向单一方向飞逝，决不会复返。空间虽然还有可能再重新回到相同的场所，可是时间却是一定无法再回到起点的。

溢出之水

关于时间箭头的问题，可以举出很多例子来，比如将水由杯子溢出的情形录下来，然后把它倒着播放出来，就会看到满溢的水很自然地呈现出回到杯内的影像。看见这一情形的人，无论是谁都会察觉这是倒带的影像。因为在自然中，这种情形是绝对不会发生的。水在杯中的状态属于过去，水从杯子里溢出的状态属于未来，这是无法改变的事实。

钟摆运动和行星公转

其实，在现实生活中，并不是完全没有方法来区分过去和未来的运动，比如钟摆运动或行星的公转运动之类的周期运动。这是因为它们总是在做同样的运动，并且反复地重复，如果将此运动录影下来，即使倒带的话，也不会有任何不可思议的感受。

然而，如果是长时间看着该运动的话，情况就不同了。如钟摆的例子，因为空气的阻力或摩擦，运动会逐渐地变小，最后会停止。处于静止状态的钟摆，自然不会开始摆动。就行星的公转运动来说，由该行星的诞生而开始，直到该行星的消亡而结束。周期运动也是一样，只要长时间观察，就可以很清楚地区分出过去和未来的状态。自然界所产生的现象，就人们的经验来说，像这样在某一个方向发生的，就绝对不会发生在其他相反的方向。所以，人们感觉到时间是由过去流向未来的。

时间的单一方向性

逝去的时间永远不可能再回来，像离弦而去的飞箭。在物理学领域，时间这种由过去朝未来前进、绝不逆行的特性被称为单一方向性。

时间就像溢出之水

时间箭头的特性可以用很多例子来说明。例如，将水由杯子溢出的情形录下来，如果倒带的话，满溢的水会回到杯内，然而在自然状态下，这种情形是不会发生的。因为水在杯中的状态属于过去，水从杯中溢出来的状态属于未来。

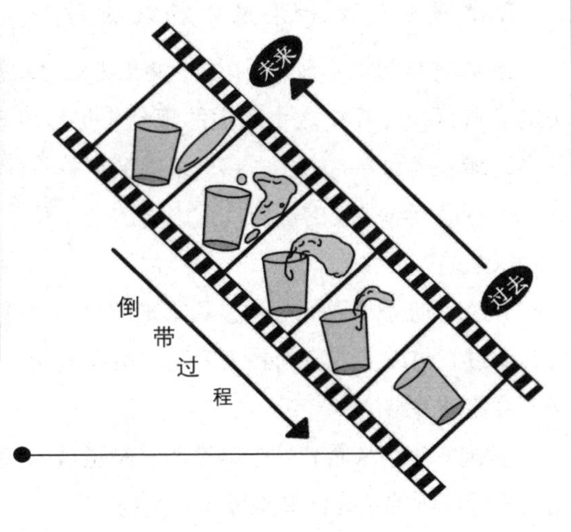

倒转的情形只可能在倒带的时候看到，而在自然界是不存在的。

普遍的物理法则

时间不会从过去流向未来

如果不是观察一杯水的运动，而是观察一个水分子的运动，就会发现，时间是不会流动的，也没有过去和未来的区别。

水分子的过去和未来

时间箭头的存在，在人们的日常生活中，并不是那么理所当然地就能看见，所以一旦面临要说明它的时候，就会变得相当地棘手。

实际上，从某个意义来说，人们会看到，时间是不会流动的，那是由物理学领域中的大部分法则决定的，从时间上来说，是无法区分过去和未来的。就比如上节所举的杯中之水的例子，假如我们关注的不是一杯水，而只是一个水分子，并将该水分子的运动录下来，再把它的录影带倒着来看。

这样一来就会发现，水分子由地板跃入杯中的影像，而且看见了该影像的人，若把它解释成分子的运动，就不会觉得有违常理，或者感到不协调了。

无法区分过去和未来的物理法则

在物理世界的运动法则中，如果某一运动被许可的话，它的反运动也是被许可的。所以，从杯中之水满溢的现象中可以发现，如果只是取出其中一个分子来观察，那么运动方向中过去和未来的区别就不存在。物理学领域中不只是运动的法则，还有电气与磁气的法则、重力的法则，几乎全部的物理法则，都是无法区分过去和未来的。

现在，唯一可以区分过去和未来的法则，就只有关于某种特别的分子的法则而已，不过它与以上的法则并无关联。由以上这些基本的物理法则，可以推导出时间是不会流动的结论。

从现实生活来看，这个结论明显是错误的，可是从另一方面来说，许多实验证明的物理法则的正确性又是毋庸置疑的。

没有过去、未来的水分子

在某些时候，人们无法区分过去和未来，如同物理学领域的许多法则。例如，在上节所举的杯中之水的例子中，如果我们把关注点从一杯水转移到一滴水中的一个水分子，那么情形就会有所改变了。

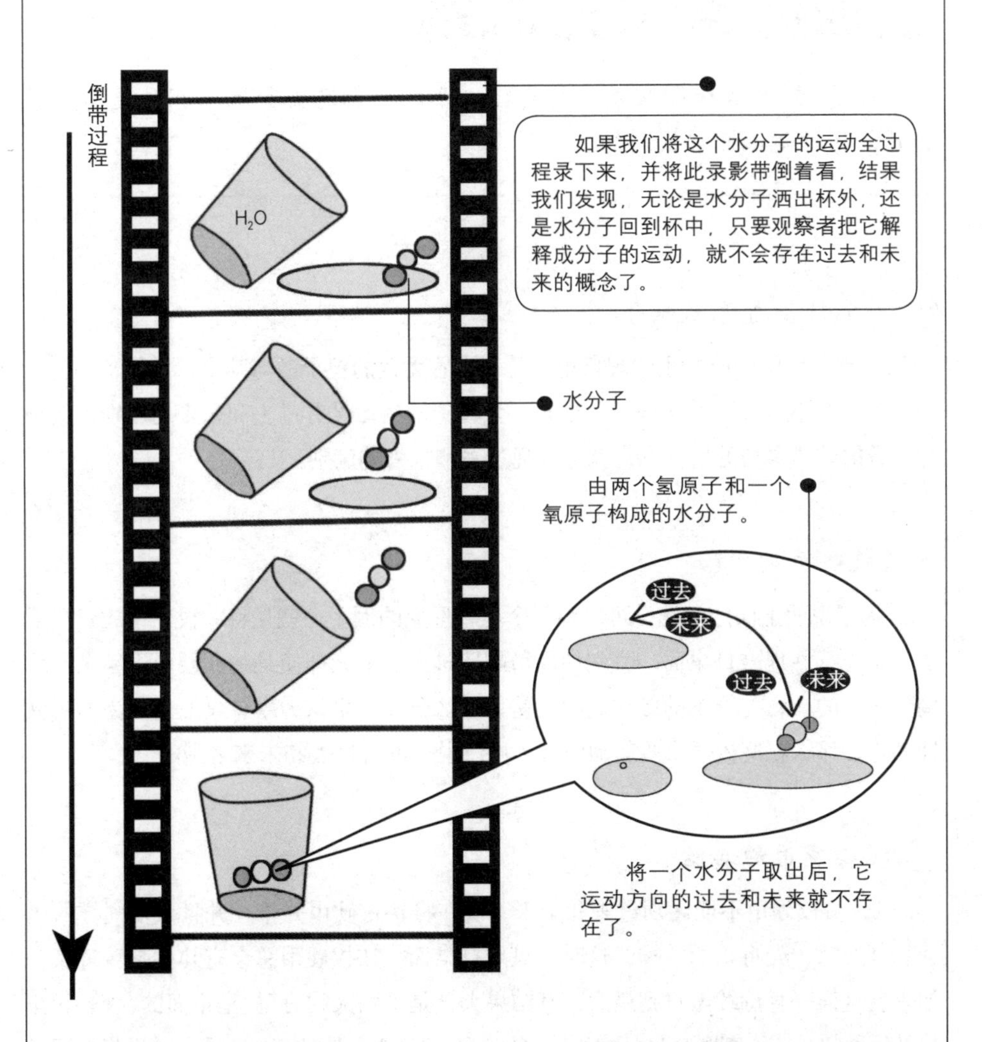

相 关 链 接

分子运动论　分子运动论是从物质的微观结构出发来阐述热现象规律的理论。主要内容包括：①所有物体都是由大量分子组成的，分子之间有空隙；②分子永远处于不停息和无规则运动状态，即热运动；③分子间存在着相互作用着的引力和斥力。

硬币实验

过去和未来的区别

通过1枚硬币和10枚硬币的实验，可以看出过去和未来有时是可以区别的，有时是不可以区别的。

一个粒子与无数粒子

在现实生活中所发生的现象里，总是有着无数的粒子参与其中。比如，一公斤的水里含有不可计数的水分子，虽然一个粒子的运动没有过去和未来的区别，但是在无数的粒子参与的情况下，就会发现过去和未来的区别。

1枚硬币的实验

为了说明上面的问题，可以举一个比较形象的例子，就是将一枚硬币放置在桌子上，连续性地敲打桌面，直到使硬币翻转过来。那么即使是将此硬币运动录影后倒带来看的话，与原本的影像之间还是无法区分。如果认为敲打桌面是人为的机械性动作，那么就这枚硬币的运动而言，可以说是没有过去和未来之别的。

10枚硬币的实验

通过1枚硬币不能区别过去和未来，现在将10枚硬币并排，并且重复同样的运动。开始时，先将正面并排，这时一旦敲打桌面，10枚硬币总会有几枚翻转过来。如果就这样一直持续敲打到最后，其结果大概是平均大约有5枚是正面的，剩下的5枚是反面的。或许有时会是4枚对6枚之分，不过总体上是5枚对5枚的。如果将上面10枚硬币的运动过程录下来，也将其倒带来看的话，就会出现最初时正面5枚、反面5枚的硬币，到了最后却逐渐变成全部是正面并排的影像。

当然，也不能说像这种事绝不可能发生在实际生活中，不过，因为这种情形是非常罕见的，所以才会觉得不可思议。硬币数目愈多的话，全部呈正面并排的情形就愈不可能发生。这样想来的话，从发生某运动而言，就可以理解其相反的运动未必会实现。从多数的硬币运动来看，出现了方向性，也就逐渐能够区分过去和未来。

1枚硬币的过去和未来

将一枚硬币放置在桌子上，连续性地敲打桌面，直到使硬币翻转过来。

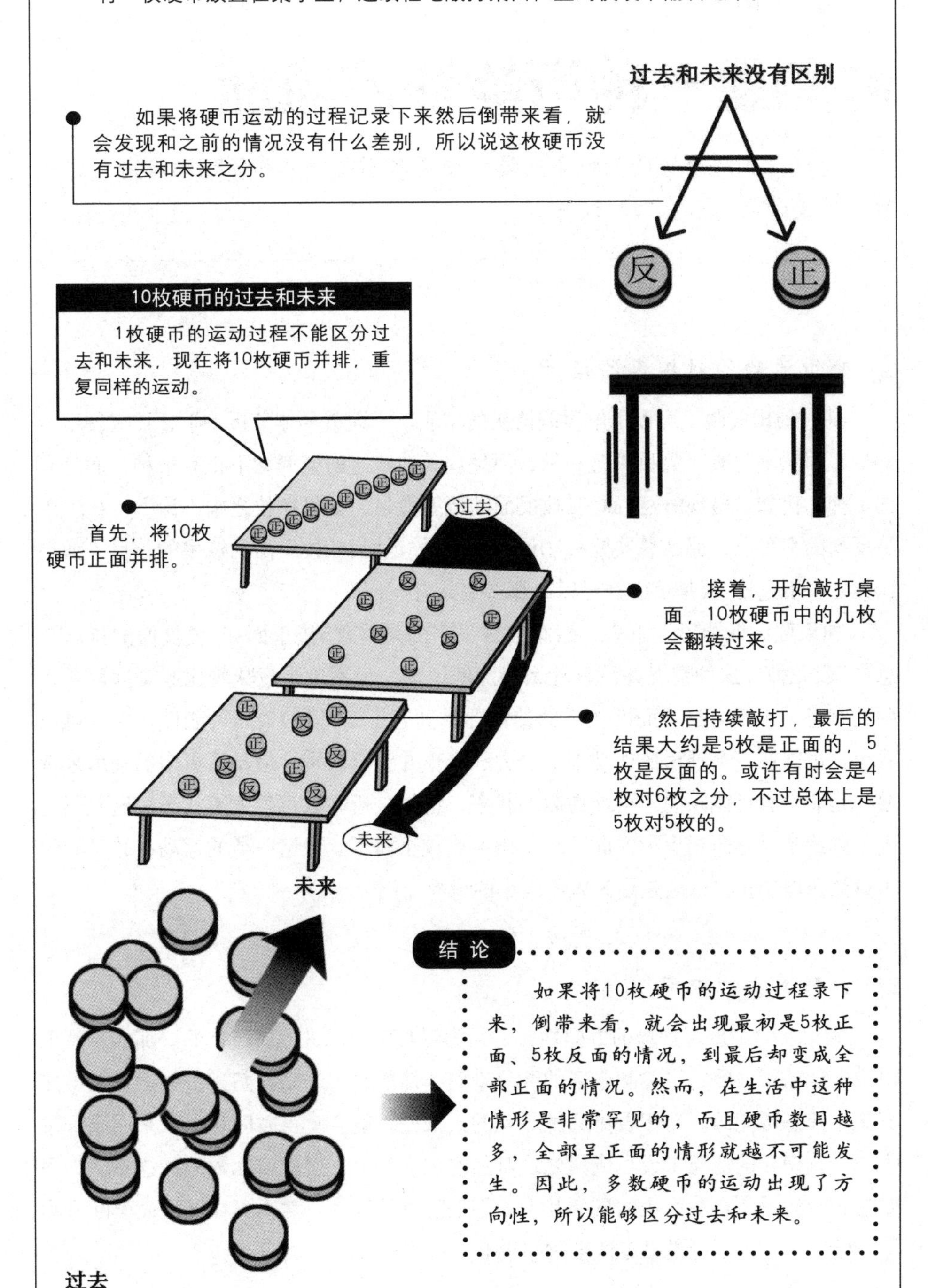

时间本质

时间是一种可能性的流逝

通过分析硬币实验的概率问题，发现时间是一种可能性的流逝，这就有可能使时间从未来回到过去。

硬币实验的对概率的估计

通过硬币实验，可以了解时间箭头的本质。下面就具体分析一下，10枚硬币全部呈正面状态的概率数目只有一种，而呈现其他状态的概率却不止有一种，而是有很多种。比如，出现9枚正面和1枚反面的概率数目，如果10枚之中不论哪一枚硬币是反面的都可以，那么总共就有10种。出现8枚正面和2枚反面的概率的数目，如果10枚之中不论哪2枚是反面都可以，那么总共有45种。

如果照此继续思考下去，概率数目最多的是呈现5枚正面和5枚反面的状态，总共有252种。这种情况并没有什么特殊的道理，只不过是意味着比起全部都是正面的状态，出现5枚正面和5枚反面的情况，拥有了252倍的最高可能性。由此可以看出，虽然在一个硬币的运动中，过去和未来并没有区别，但是从更多的硬币来观察，是非常有可能倾向于可能性高的状态，也就是概率数目较大的状态。这并不是表示它绝不会倾向相反的方向，只是概率比较小罢了。像这一类的运动也并没有因为自然而被禁止，也只是因为概率较小的缘故而已。

回到过去的概率

硬币实验中出现运动的方向性，是因为将概率考虑进去而产生的。那么，就可以说，运动所导致的过去和未来的区分是概率性的，由未来回归过去的运动，虽然概率小却是可能的。对于看见那种运动的人来说，就会觉得时间是由未来回溯到过去的。就现在的情况来说，成为处理对象的粒子像，也就成了无数的，这对认为回归过去的运动所自然产生的概率几乎为零是没有妨碍的。然而，在无法完全断言为零的情况下，也不能说没有产生时间机器的可能性。

硬币实验的对概率的估计

以下是硬币实验各种情况出现的次数。其中10枚硬币全部呈正面的情形只出现过一次。但呈现其他状态的次数却不止一种。

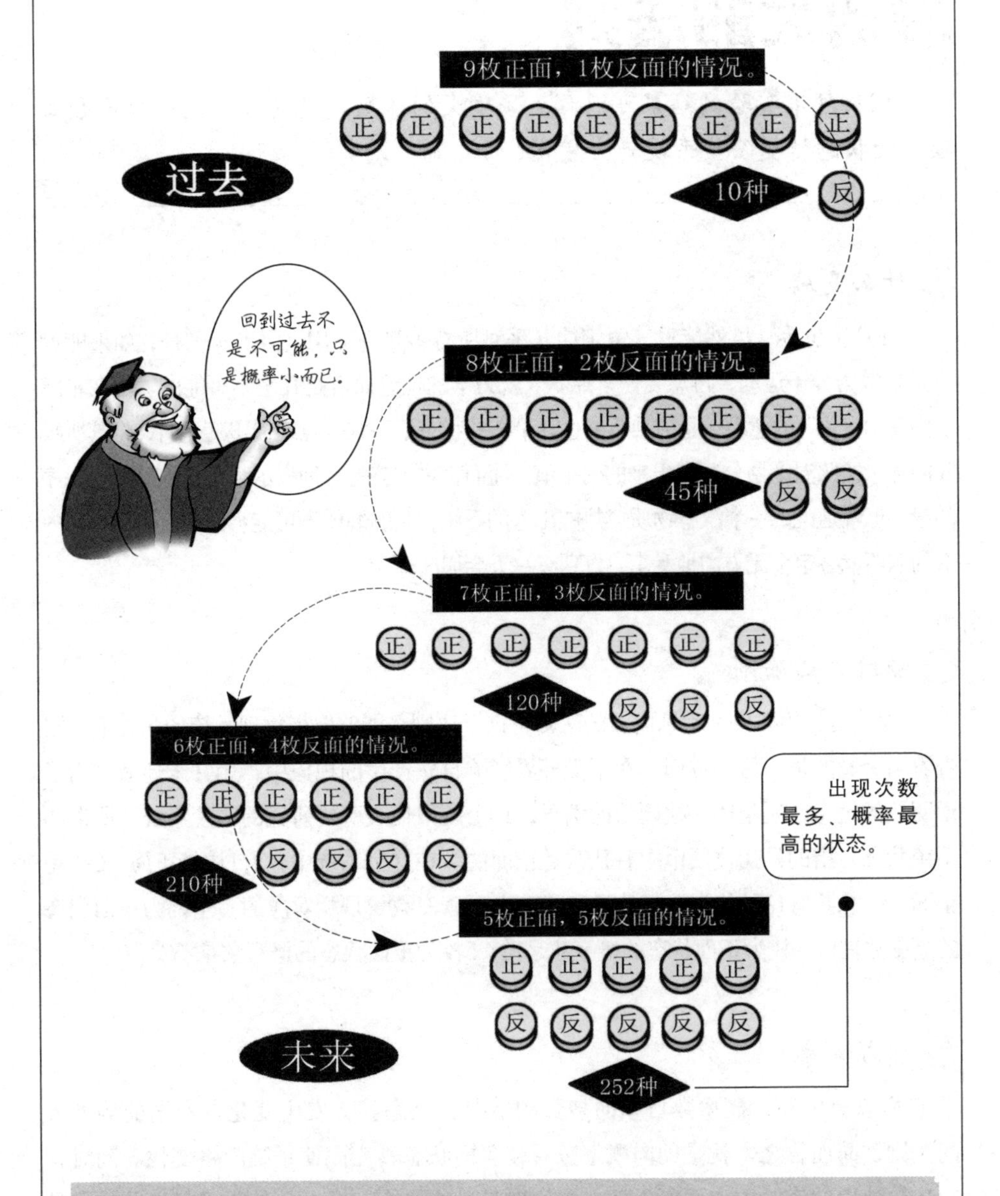

实验结论　从对多数硬币的运动过程观察来说，非常有可能出现可能性高的状态，即概率数较大的状态。但是，这并不表示它不会倾向于相反的方向，只是发生的概率比较小而已。

硬币实验的发现
熵增大的法则

10枚硬币实验的结果可以称为熵增大的法则，就是硬币朝向概率数目较多的状态转变而使系统产生变化。

什么是熵

在这个世界，虽然能量守恒定律几乎对所有事物都适用，但事实则是，如果能量一旦扩散为分子运动，再想要恢复原状，就力学的理论而言是几乎不可能的。熵在希腊语中是“变化”的意思，是指某系统在热平衡的状态下一点一点地慢慢变化时，将其所吸收的热量按照温度划分所得出来的一个值。简而言之，就是一种表示某系统中纷杂或无序的量。也就是说，一个没有物质或热能出入的系统，它的熵值不可能会减少。因此，它内部的东西就必定会无方向地乱窜，直到有一天会崩溃坏死。

熵增大的法则

硬币实验的结果称为熵增大的法则，这个法则在能够取得物理系统的状态下，附带着名为熵的量，另一方面，在不受外界影响自然产生的现象中，熵并未递减。为了说明熵的概念，还是用10枚硬币的例子，10个硬币代表所要研究的物理系统，所谓的系统状态，指的是10枚硬币中有几枚是正面的。在这个系统中，有1枚是正面、2枚是正面……总共有10种状态，在这10种状态中，概率数量是相对应的。全部为正面状态的概率数是1，9枚为正面状态的概率数是10，5枚为正面状态的概率数是252。

熵与概率

由以上可知，概率数目朝向多数的情况，状态就会发生变化。所谓的熵增大的法则，简而言之，就是朝向概率数目较多的状态转变而使系统产生变化。同时，在10枚硬币的实验中，要考虑的一个问题是必须要有一个人从外面敲打桌子。但是熵增大的法则适用的情形是在没有外部影响的情况下，其变化的原因是来源于内部的。在硬币实验的例子中，由于内部缺乏使其变化的原因，所以才必须要有人敲打；但是千万不可做出使特定的硬币翻转一类的方式。

熵定律

“熵”(entropy)是德国物理学家克劳修斯(Rudolf Clausius, 1822—1888)于1850年提出的一个术语，用来表示任何一种能量在空间中分布的均匀程度。能量分布得越均匀，熵就越大。当某个系统的能量完全均匀地分布时，这个系统的熵就达到最大值。现在还是用10枚硬币的例子来说明熵增大的法则。

两种状态

宏观状态与微观状态

由10枚硬币的实验，可以得出熵增大的法则，由此又可划定宏观和微观两种状态，正是由于宏观状态的熵较大，所以才失去了微观的信息，但不是说它就不存在。

两种状态的概念

一般来说，物理系统中的熵，也可以用硬币系统来说明。针对这个系统指定的状态，并非就是指定构成该系统的无数粒子的个别运动，而是采取了粗略的指定方法，关注它的温度或密度。采取粗略的指定方法的状态，就称为宏观状态。与其相对应的，关注个别粒子的运动状态的情形就称为微观状态。

硬币实验中的两种状态

在10枚硬币实验的例子中，以几枚是正面的指定方法来决定的状态就是宏观状态。在宏观状态中，并不是把哪个硬币是正面的当作问题所在。与此相对应的，关注每一枚硬币是正面还是反面的状态，就是微观状态。由于即使粒子的个别运动有些微变化也不会使其宏观的状态产生变化，所以绝大多数的微观状态，是对应于一个宏观的状态的。比如，10枚硬币中有5枚是正面的这种宏观状态，就会有252种的概率数目，这种情形就可以理解为252个微观状态对应着一个宏观状态。

宏观状态的熵

所谓宏观状态的熵，是指由对应该状态的微观状态数所产生的量。熵的概念并不适用于微观状态。对应着微观状态的数愈多的宏观状态，熵也就会愈大。微观状态的数愈少，只要指定宏观状态，仍然可以得出对应微观状态的大致情形；微观状态的数越多，即使是指定宏观状态，微观状态的情形也几乎是无法了解的。由上面的理论可知，熵如果处于宏观状态，就会失去宛如粒子的个别运动般的微观的信息，这就是关于所想之系统的微观的信息被错过的过程。

硬币的宏观状态和微观状态

由10枚硬币的实验，可以得出熵增大的法则，据此还可划分出宏观和微观两种状态。

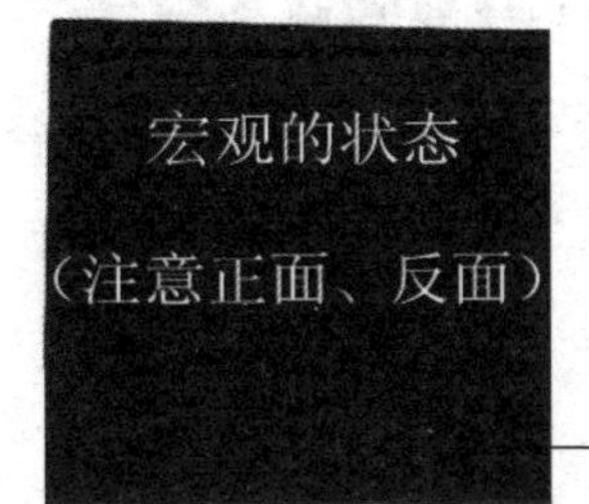

在宏观状态下，关注点是硬币总体是正面还是反面的概率。例如，10枚硬币中有5枚是正面的这种宏观状态，就会有252种的概率数目，这种情形就可以理解为252个微观状态对应着一个宏观状态。

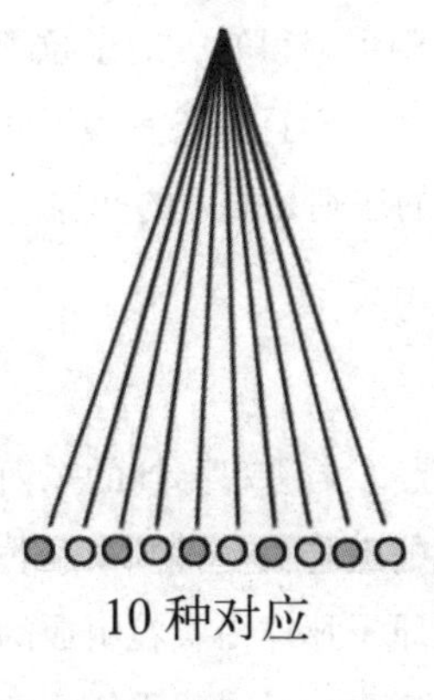

252种对应

在微观状态下，关注点是每一枚硬币是正面还是反面。

微观的状态

（一枚一枚地注意）

相　关　链　接

宏观与微观的概念　一般来说，宏观是指从大的方面去观察事物，微观是指从小的方面去观察事物。在自然科学中，微观世界通常是指分子、原子等粒子层面的物质世界，宏观世界是除微观世界以外的物质世界。或者，人们将星系、宇宙等物质世界特指为宏观世界。

玻耳兹曼
深受哲学困扰的物理学家

奥地利科学家玻耳兹曼对熵的统计力学解释和他给出的玻耳兹曼方程在创立统计物理科学中发挥着非常重要的作用。

玻耳兹曼的发现

事实上，人们根本没有见过原子或分子的存在（无法用肉眼凭借任何设备观察到），却又必须把它们的存在视为理所当然。不过，对于19世纪的人们而言，并非如此。因为就连在20世纪初期，原子的存在还只是议论的对象。有人说，爱因斯坦最初的研究并不是相对论，而是为了证明分子的存在。

19世纪后半期，奥地利的物理学者玻耳兹曼，将热的法则尤其是熵增大的法则拿来作为原子或分子存在的基础，而且为了证明这一点而孜孜不倦。据他说，热的背后有无数的原子或分子在不停运动，它们的平均运动能量越大的话，温度就会越高。更进一步来说，从每个原子或分子所遵循的运动法则中可以得知，对于粒子的全体系统而言，无论如何都无法再制造出不随时间递减的量。而且，还发现了微观状态下的数及熵的对应。同时，波耳兹曼还注意到熵增大的法则是概率的问题。

来自反对派的意见

同样是奥地利的哲学家马赫却持有反对意见。他认为，无法观测到的东西就是不存在的，因此他毫不留情地狠狠地把认为原子是基础的玻耳兹曼批判了一番。按照马赫的观点，物质是有连续性的，他不相信物质是像原子那样由颗粒组成的。玻耳兹曼的研究似乎有些超越了当时的研究水平，他因为疲于与反对派无休止地争论，再加上自己的研究不被世人所理解而感到痛苦不堪，于是选择以自杀的方式结束了他的一生。事实上，在当时的情形下，玻耳兹曼选择的研究方向和取得的科学成就注定他的工作从一开始受到来自哲学方面的困扰。他与马赫、奥斯特瓦尔德关于原子论的争论、晚年开设的哲学讲座、公开发表的论文，都直接影响了科学和哲学领域。换而言之，系统地研究玻耳兹曼的科学与哲学思想，对深入理解现代物理学和西方哲学的产生和发展具有非常重要的现实意义。

熵朝哪个方向增长

玻耳兹曼作为统计力学的奠基者，对物理学的发展做出了许多贡献。玻尔兹曼根据统计力学预计，熵会朝两个方向增加，如下图所示——虽然人们的经验认为它只会朝未来增加。

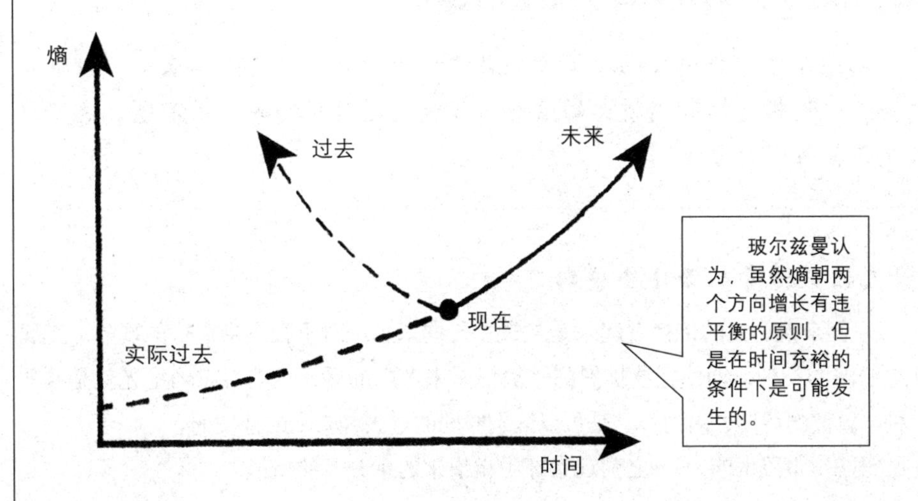

玻尔兹曼的假设

玻尔兹曼提出了令人费解的假设：在遥远的过去，可以观察到的宇宙将处于低熵值的波动状态。

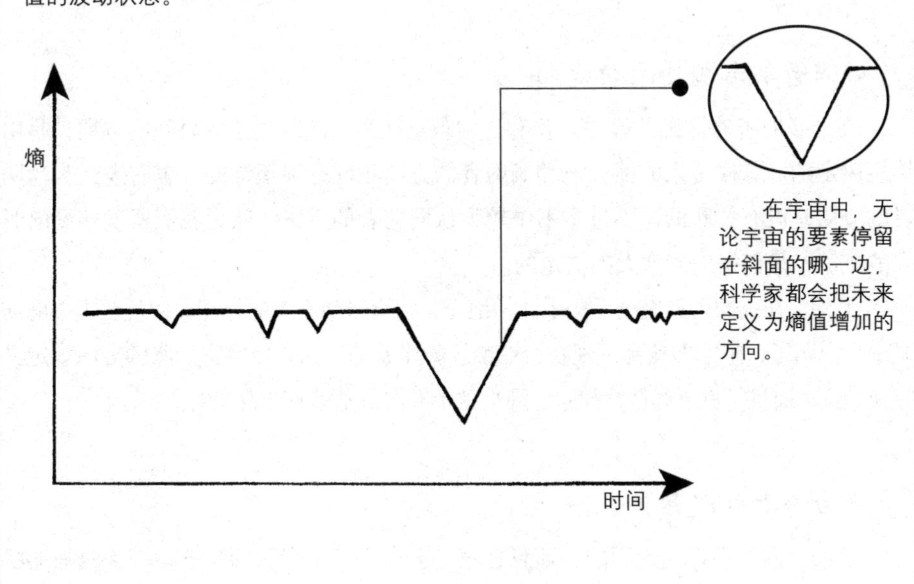

不同的时间箭头

宇宙论的时间箭头

物理学中，普通熵的增大方向就意味着时间由过去流向未来。但事实则是，仅凭借光拥有熵增大的法则不可能决定时间的方向，不过，这可以决定其他时间的方向。

光波的传导从来不会逆转

举例来说，光的传播看起来是从过去传向未来绝对不会发生逆行的现象。光属于电磁波的一种，即使把波扩展到一般情况来考虑的话，仍然可以确定光就是波的一种。就波的传导方向而言，是可以区别时间的过去和未来的性质的。

现在，请你回想一下之前观察杯中溢出来的水分子的情形。

大部分的物理法则都无法区别过去和未来，就算是描述波的物理法则也没有办法区别过去和未来。如此一来，即使是从未来向过去传导的波，在方程式上也不会有什么令人不解的地方。

假如电波也是那种波的话，通过使用它，明天的新闻今天就可以知道了。不过在现实生活中是从来没有人今天听过明天的新闻的，这是绝对不可能发生的。

时间箭头与熵增大的方向

在此暂时省略详细的说明。曾有一种观点认为，波所决定的时间的方向，是由熵所决定的。这样一来的话，波和熵两者的方向相同是很正常的。也有人认为这两者的方向是没有关联的。不过本书中较为认同前者的立场，认为我们所觉察到的时间的流动，是依据熵的增大而决定的。

另外，在我们人类完全无法干涉的地方，也有时间箭头的存在。而且在本书的前文中也说明了，宇宙即使到了现在也在继续膨胀着的，如果以宇宙膨胀的方向来定义时间箭头，而且宇宙永远持续膨胀，那么这个方向是永远不会改变的。

宇宙论和时间箭头

然而，假如宇宙是封闭的，而且在某一天会突然由膨胀的状态转变为收缩的状态，那么时间箭头就会从那一时刻开始，突然之间发生逆转了。像这种根据宇宙膨胀而决定的时间箭头，就称为宇宙论的时间箭头。

这个宇宙论的时间箭头，乍看上去可能让人们觉得似乎和周围切身体验的热力学的时间箭头没有什么太大的关系。所谓全体宇宙这类大规模的运动必然会影响我们周围所发生的事情，而且其结果是令人很难以置信和估计的。但是，这两者之间在方向上确实存在着非常紧密的联系。

宇宙的边界条件

玻尔兹曼为我们解释了时间只朝一个方向发展的原因，他认为，熵是从起点开始增加的。人们预计中的逆转过程是不会发生的，这是由于宇宙正处于一种不可能的状态，没有办法使它增加。

宇宙源于一个巨大的不可能发生的原始状态。

意识中的时间

我们如何觉察时间

除了在本书中所提及的时间箭头以外，还存在着一个非常重要的时间箭头，它存在于我们的意识之中。

意识中的时间

我们每个人都记得自己过去所经历的一些事情，但我们却无法预测未来会发生什么事情。

曾经有人提出疑问：婴儿难道也能意识到由过去流向未来的时间吗？

事实上，婴儿是无法意识到这一点的，但随着他逐渐长大，就能在不知不觉之中意识到时间的流逝了。

再举个例子：愉快的时间，一转眼就消逝了；而悲伤的时间，却似乎永远持续着。这个关于意识中时间箭头的问题，曾经被广泛地研究——关注统筹心理活动的神经系统。

如何知觉过去和未来

有人曾将刚出生婴儿的大脑比喻成一台新的电脑，随着他的成长，才开始将形形色色不同的信息储存在记忆里。于是，记忆的量会逐渐增加。

据此，研究者可以得出结论：人们会逐渐意识到时间，将记忆较少的方向归纳成过去，将记忆较多的方向归纳为未来。而且，根据霍曼凯纳的研究，为了增加记忆量，人类必需多摄取食物，就像电脑必需耗费电力才可以运作。

相关链接

“时间感”是什么　“时间感”是人们适应活动的一种能力。由于年龄、生活经验和职业训练的不同，人们在时间知觉方面存在着明显的差异。例如，某些训练可以使人形成精确的“时间感”，就像有经验的运动员、舞蹈演员和音乐家等都能准确地掌握动作的时间和节奏，或者是像有经验的教师那样，可以准确地估计一节课的时间。

时间知觉

时间知觉（time perception）是人们对客观现象延续性和顺序性的感知。人们总是通过某种量度时间的媒介来感知时间。量度时间的媒介主要分为外在标尺和内在标尺两种，它们的作用在于为人们提供关于时间的信息。

量度时间的媒介

外在标尺

包括计时工具，如时钟、日历等；也包括宇宙环境的周期性变化，如太阳的升落、月亮的盈亏、昼夜的交替、季节的重复等。

内在标尺

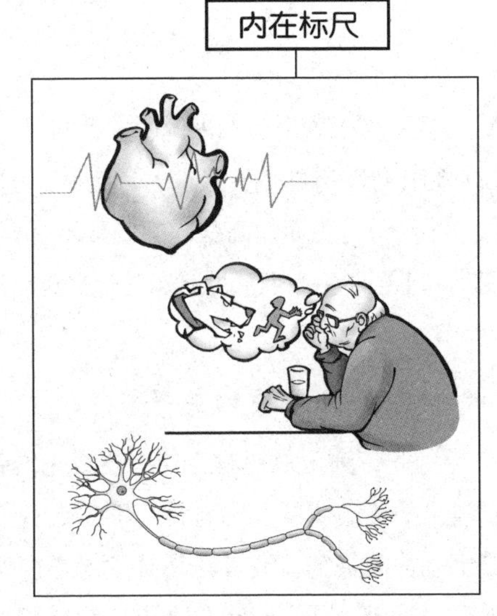

机体内部的有节奏的生理过程和心理活动，如心跳、呼吸、消化及记忆表象的衰退等，以及神经细胞的某种状态也能够成为时间信号。

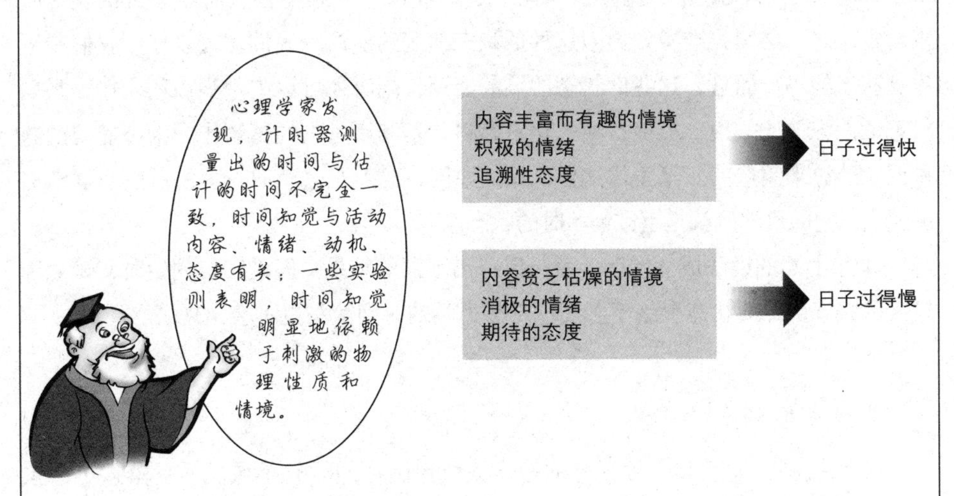

时间指向的标志

熵增大与宇宙创始

热力学的时间箭头的情况是这样的，如果要使时间从过去流向未来，就必须在最初的时候准备好低状态的熵。

我们再以硬币为例来说明这个问题。开始时，全部的硬币都是正面朝上的，可以把它当作低状态的熵；接着，因为状态的改变才产生了不同的方向性。假如最初时是从一半硬币是正面的高状态的熵开始，那么，就会一直维持一半是正面的状态，什么变化都不会发生。熵从低状态的过去迈向高状态的未来，时间也是这样流逝的。

一些低状态熵的例子

因此，阐明最初时为什么要事先准备好低状态熵的原因，恰恰可以说是探索时间箭头的关键所在。在日常生活中，我们也可以举出一些低状态熵的例子。比如由黏土制造的茶碗，或者是烧开水等等。茶碗和开水都可以说是低状态的熵的实例。现在，试想一下为什么黏土可以制成茶碗，水可以加热沸腾的原因。那是因为有烧黏土的炭及加热水的瓦斯等能源。即使是使用电气，也同样具有能够发电的石油或者铀等能源。这些能源在被燃烧以前，熵都是处于非常低的状态下的。即便如此，虽然那些都是可以燃烧的能源，却无法由燃烧剩下的渣滓自然而然地再次燃烧起来。简言之，必须先准备好类似这种低状态的熵的能源，我们才可以使用它们制造出高状态的熵。而且，这些低状态的熵的能源，同时还可以进一步被利用作为高熵状态的能源。比如说，类似石油的化石燃料，是利用过去的植物作为太阳能源的这种低熵能源来制造的。至于像这样低熵的原因，当然是会朝向过去的低熵而逐渐追溯回去。它的目的地就是宇宙创始时的状态。

如果上面的说法成立的话，就可以得出下面的结果。假设宇宙创始时，熵处于较大的状态，低熵状态就绝不会实现，热力学的时间箭头也不会出现了。

黑洞中的熵

提到黑洞，就想起它被视界的地平面所包围住的时空领域。一旦落入了事象的地平面，无论如何努力，最后都无法再回到外面的世界。这也可以解释成，一旦进入了黑洞，就永远失去与外面世界的联系了。因此，我们也可以想成，黑洞中塞满了许多我们原理上所不知道的信息。如此一来，我们也可以认为，就某些方面来说，黑洞中具备着熵的存在。由于我们可以期待在越大的黑洞中将聚集越多未知的信息，所以熵也可以说是愈大的了。

根据更详细的研究可以得知，黑洞的熵是与包围它们的事象地平面的表面积成一定比例的。因此，在时空中普遍存在的黑洞中，参差不齐的黑洞中可能有较高的熵存在。由此看来，一般普通的关系并不清楚；不过，我们可以认为，重力场的熵肯定会比参差不齐的时空之熵要更高。然而，就观测宇宙背景辐射而言，宇宙创始时并非参差不齐，而是均等的。由此可见，宇宙可以说是从熵处于低状态时开始的。

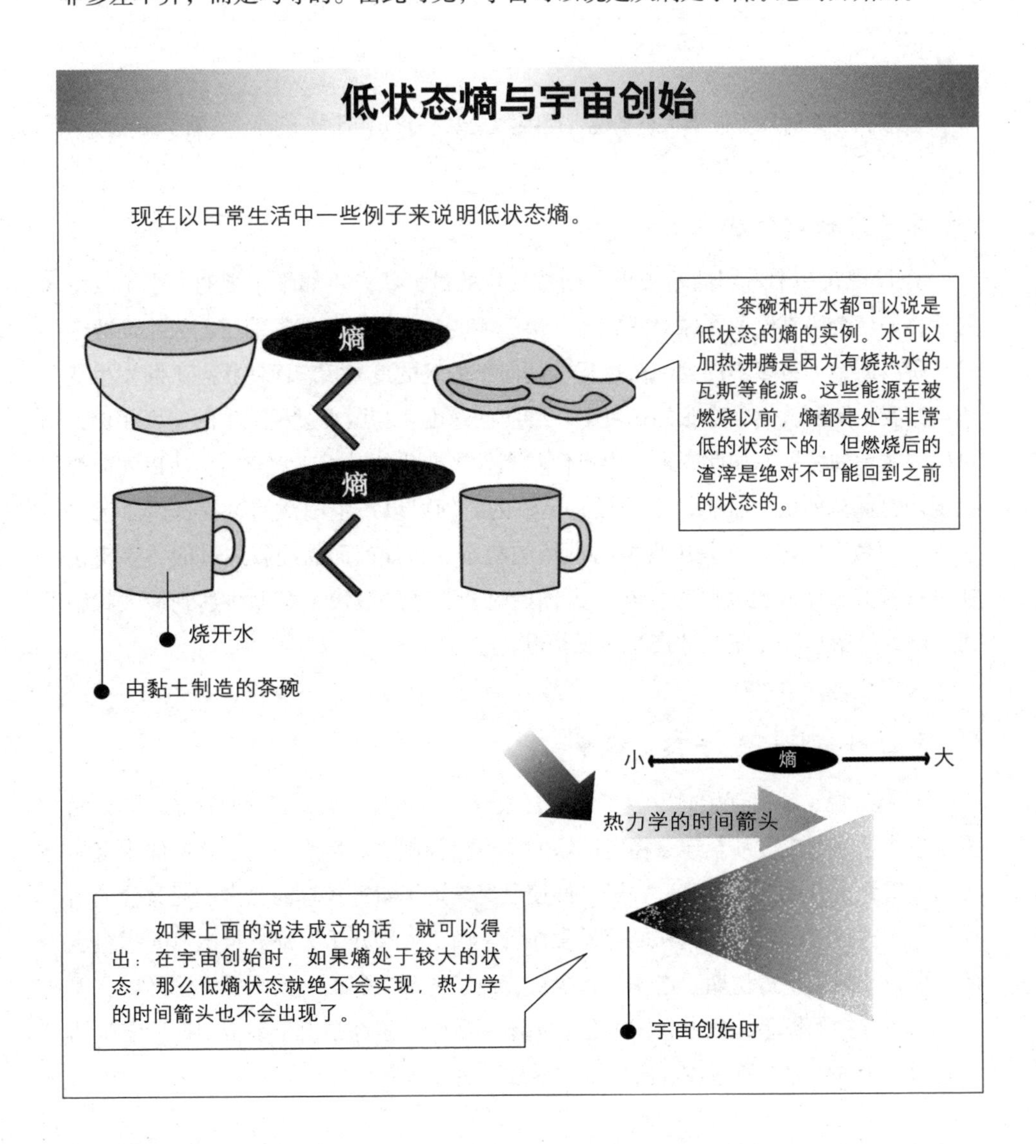

宇宙创始状态

宇宙膨胀与收缩

宇宙创始时，可以说是处于极低的熵状态，那才是我们周围时间箭头存在的根本原因。这也是本书的立场，将这种立场称为时间箭头的宇宙论学派。然而，为什么宇宙创始时处于低熵状态呢？

就宇宙创始时处于低熵状态来说，是因为发生了宇宙由于膨胀而“收缩”的现象。

箱子里的熵的状态

假设现在一个封闭的箱子里，制造出熵的最大状态。如果箱子的大小不改变的话，熵就会一直停留在原来的状态。由于熵的最大状态是根据箱子的大小而改变的，所以产生了很多不同的细微过程，朝向新的熵的最大状态而使状态不断发生变化。其实，问题就出在膨胀的速度上。膨胀的速度，与微小过程发生的速度相比，可以说非常的缓慢。如此一来，由于使状态发生变化的时间非常充裕，所以才能够实现熵常保持的最大状态。由于没有足够的时间可以产生细微的过程，所以无法实现熵的最大状态，而是出现维持低熵的状态。正如前面已经叙述过的，宇宙正在进行减速膨胀。也就是说，在宇宙创始时膨胀速度最快，熵无法达到最大状态而逐渐地“落后”，丁是才产生了低熵状态。

宇宙创始时的元素合成现象

举例来说，宇宙创始时发生了元素合成现象。如果宇宙没有高速膨胀，那么元素合成将逐渐形成，甚至连最稳定的铁元素也会被制成。然而，由于急速的宇宙膨胀而使得元素合成反应“落后”了，即使已经制造了氦等较轻的元素，元素合成结束后，宇宙也不过才留下氢和氦等元素而已。由于太阳几乎大部分是由氢元素组成的，所以如果在宇宙初期，连铁元素也被合成了的话，那么，太阳就无法形成。现在宇宙中存在的恒星，比如太阳，如果追本溯源，应该都是由于宇宙初期所发生的“落后”（或收缩）所造成。所以，“落后”也并非完全都是不好的。

箱子里的熵的状态

假设现在在一个封闭的箱子里制造出熵的最大状态。熵的最大状态由箱子的大小决定，因此箱子膨胀的速度决定熵的状态。

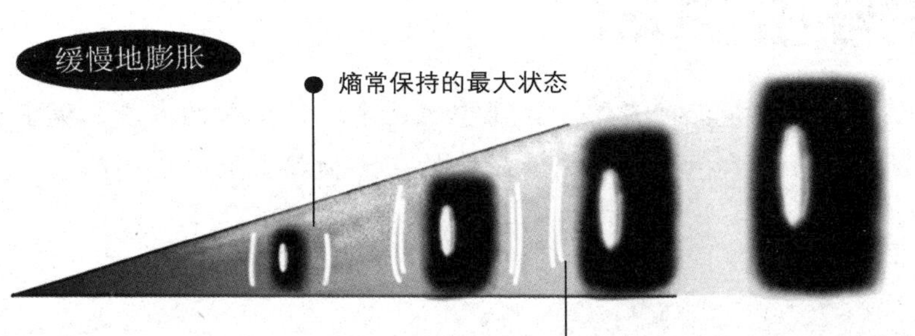

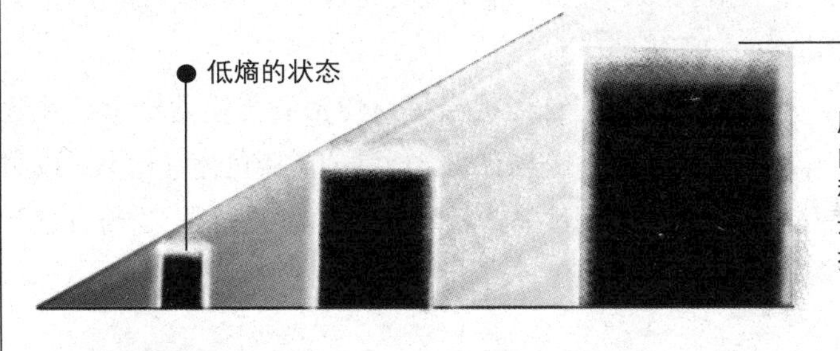

结论

如果宇宙正在进行减速膨胀，或者它过去的膨胀速度比较快，即在宇宙创始时膨胀速度最快，那么熵就无法达到最大状态，而产生了低熵状态。

举例来说，在宇宙创始时发生元素合成的现象时，如果急速的宇宙膨胀使得元素合成反应“落后”了，即形成了氦等较轻的元素，那么在元素合成结束后，宇宙就只留下水的构成元素和氦了。

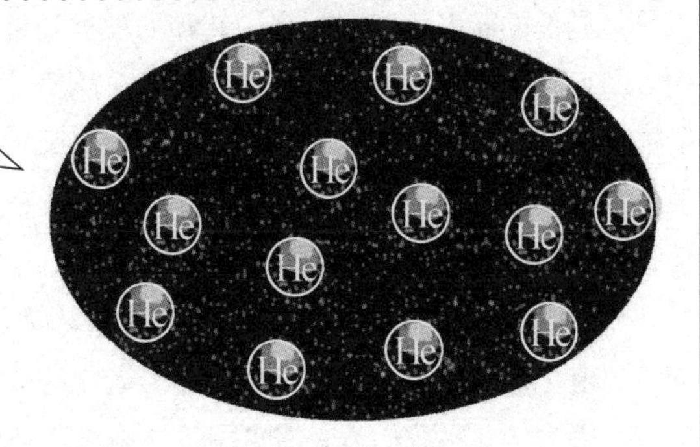

生物赖负熵为生

薛定谔与负熵

薛定谔用热力学和统计力学等物理学理论来解释生命的本质，提出了负熵的概念和生物生长和进化的关系。他的“生物赖负熵为生”的名言至今脍炙人口。

薛定谔：量子力学的奠基人之一

薛定谔是著名的奥地利物理学家、量子力学的奠基人之一。1943年，薛定谔应邀在爱尔兰都柏林大学作了题为“生命是什么？”的一系列演讲，讲稿于次年汇册出版，在科学界引起了强烈的反响。薛定锷在《生命是什么》这本小册子中宣称，他希望探索这样一个问题：“在一个生命有机体的空间范围内，就空间和时间上的事件，如何用物理学和化学的知识来解释。”

在《生命是什么》一书中，薛定谔首先提出了遗传密码传递的概念，并认为，这种密码贮存在“非周期性晶体”——具有亚显微结构的染色体纤丝中。按照薛定谔的观点，这种贮存着密码的非周期性晶体就是生命的物质载体。这简直是薛定谔对后来生物科学家发现DNA的精确预言。

负熵的概念

负熵指的是负的熵。如同前文所述，熵是指精确的信息缺乏的程度。如果从别的角度来看，也可以认为熵就是指物质利用价值的程度。可以利用价值多的状态，就是熵越低的状态。这样一来，转移到没有利用价值的状态，似乎正是熵增大的法则。然而，为了维持生命活动，仅靠摄取能源是远远不够的。生物体因摄入到体内的能源，而产生了化学变化。从熵增大的法则来说，在那些过程中，普通的熵就会被生成了。举例来说，这指的也是体内开拾堆积起废物了。因为废物的利用价值较低，所以熵就成为利用价值较高的物质了。

先撇开生命组织不谈的话，我们可以认为是熵增大后最终难免消亡的结果。如果要避免这一点，就必须将那些已经老化的废物进行分解了，或是将它们排出体外。正因为如此，我们才必需食用负的熵或者呈现负熵的状态才行。

“薛定谔的猫”

“薛定谔的猫”则被爱因斯坦认为是最好的揭示了量子力学的通用解释的悖谬性。其大意是：在一个封闭的盒子里装有一只猫和一个与放射性物质相连的释放装置。

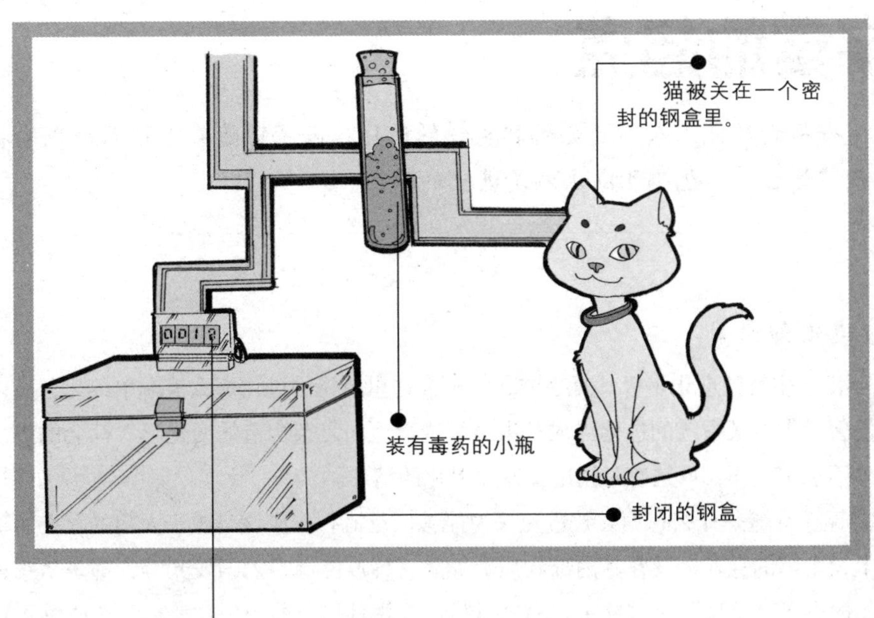

在盖革计数器中有非常小的一块辐射物质，可能衰变也可能不衰变。如果衰变，计数管便放电并通过继电器释放一锤，击碎一个小的氢氰酸瓶，则必然会杀死这只猫。

人们设想了种种方案，但都不能填平常识与微观特异性之间的鸿沟。例如，格利宾提出的多世界解释：认为猫死与猫活这两种结果分属两个独立平行且真实存在的世界，我们的观察行为选择了其中之一。不过这完全没有消除人们的困惑。

分析

薛定谔的实验认为，按照量子力学的观点，在一段时间后，这只猫则既是死的，又是活的，它有两种状态同时存在。虽然人们无法看到它的两种状态，但用著名的薛定谔方程表示就是，这猫的时间演化在数学上可以用这两种状态的组合——系统的波函数来描写，但这有违物理学和生理学的常识。

进化的起源

宇宙的起点

一提到进化，人们就会想起生物的进化；而宇宙随着膨胀而造成的收缩或“落后”，也都可以认为是进化的原因。

进化的原因

由于生物的进化是极其复杂的，并不像这里所说的进化那么极端单纯化，所以我们暂时先将某系统的进化当成是由单纯构造迈向复杂构造的变化吧。社会的进化也差不多是这样，只是有时候也会发生退化的情形。

至于究竟是什么东西导致进化一说能够广泛流行，应该是源于太阳的存在。事实上，太阳的存在以及在其内部物质的燃烧，释放能源，闪闪发光等，都是从宇宙创始时有了“落后”（收缩）之后才开始的。由此可以看出，“落后”（收缩）正是进化的真正原因。我们地球上所有的生物体都是利用太阳的能源才产生进化的。

冰箱的原理

现在，假设要从单纯的进化变成复杂的进化的方面考虑。乍看之下，与熵增大的法则似乎互相矛盾。因为就普遍的情况来说，单纯的熵怎么可能远远高于复杂一方的熵呢？然而，就前文中装有熵的箱子以不同速度膨胀的例子来说，熵增大的法则成立的前提在于不受外界的影响。如果接收了外来能源，那么熵很有可能会降低。比如说，冰箱能够使其内部温度比周围的大气温度低，并使水结成冰。

一般来说，大气的温度如果在0℃以上的话，水就不会结成冰。这就是熵减少的过程所导致的结果。但是，由于冰箱从外界接收了电能，就可以使内部的熵减少了。

对太阳能的利用

进化的情况也是同样的。我们可以想象通过利用太阳的能源来减少自己的熵。因此，来自太阳的能源就必须要流到宇宙空间中去，从而也就必须减少熵，并以热量这种形式发散到外界去。而冰箱内部之所以会越来越冷，也正是因为内部的熵正在以热量的形式发散。现在的重点在于，由于宇宙膨胀，使得充满空间的辐射的温度逐渐下降。

现在的宇宙背景辐射的温度是-270℃，由于已经远远低于地球或太阳，所以热量才能够流向宇宙空间。更进一步说，由于空间正在膨胀，就像箱子的容积越大，熵可以舍弃的场所也就越宽裕。

总而言之，这类进化的原因归根到底是由宇宙初期的“落后”和宇宙膨胀所造成的低温所致。

熵增原理分析

熵定律

克劳修斯把熵增原理描述为：热量不能自动地从低温物体传向高温物体，但不等同于通过外界做功使热量从低温物体传到高温物体。

如果在绝热房间内放一台冰箱，通过外界做功而使冰箱内的温度变低，冰箱外的房间内温度变高，也许这种拉开温差的现象不能叫作熵减。

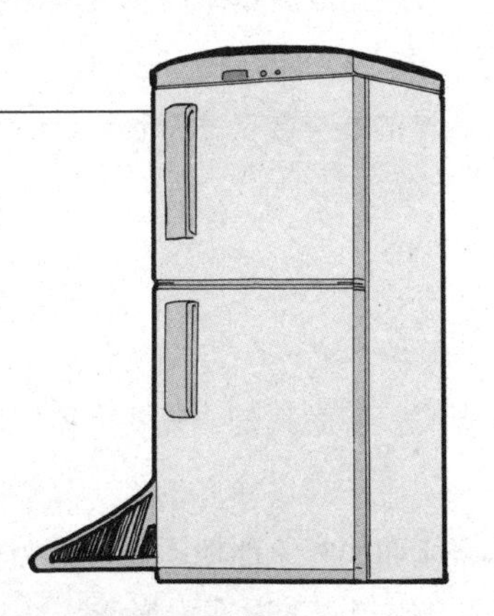

就冰箱内外来说，如果考虑了电流的热效应，那么这个室内的总熵变化应该是只增不减的，因为外界做功不能使绝热系统内的熵减少，不论是电能、机械能或非热能做功都不能使绝热系统内的熵减少。因此，熵增原理准确的表述为：在等势面上，绝热系统内的熵永不减少。

相关链接

熵增原理　爱因斯坦认为，熵定律是科学定律之最。熵增原理反映了非热能与热能之间转换的方向性，即非热能转变为热能效率可以100%，而热能转变成非热能时效率却小于100%。在重力场中，热流方向由体系的势焓(势能+焓)差决定，即热量自动地从高势焓区传导至低势焓区，当出现高势焓区低温和低势焓区高温时，热量自动地从低温区传导至高温区，并且不需要付出其他代价的绝对熵减过程。熵所描述的能量转化规律比能量守恒定律更重要，通俗地讲：熵定律决定着发展方向，能量守恒定律决定平衡，因此，熵定律是自然界的最高定律。

彭罗斯的假说

用奇点区分过去和未来

虽然采用因宇宙膨胀所造成的“落后”能够说明时间箭头的进化，可是仅用这一点是不能解决所有问题的。到目前为止，所有说明如果仅仅只有我们的宇宙正在膨胀这一论据的话，是根本不能成立的。

膨胀速度与重力

前面的文字也曾提到过，膨胀的速度也应该算个大问题。简单来说，由于膨胀会因为重力而减速，所以膨胀初期如果速度不在某种程度上加快的话，宇宙可能在形成中途就崩溃了。

不过，如果膨胀速度太快，密度的晃动也无法成长，银河、星球就都无法诞生了。于是，为了要使密度的晃动成长，就必须借助重力集中周围的物质；可是一旦宇宙膨胀速度太快，在集中周围的物质之前，重力早已经逃之夭夭了。

假如膨胀的速度恰巧非常有利，宇宙的年龄就会变得非常长，同时也就能产生银河和星球了。

宇宙膨胀与重力崩溃

为什么宇宙膨胀要采取这样有利的速度呢？答案就是，只要你还记得或能找到前面提过的通货式膨胀就真相大白了。

在宇宙形成时，很快就面临了通货式膨胀而使它急速地膨胀，于是它才幸免于崩溃。假如通货式膨胀不发生的话，宇宙将会在极短的时间内崩溃。

可是，假如宇宙像通货式膨胀一样持续地急速膨胀，银河及星球就永远也没有办法产生。因此，就通货式膨胀这个理论来说，使地球变得足够大之后，产生急速膨胀的真空能源将会变为辐射，并用它来维持宇宙全体的温度。因此，缺少了真空能源的宇宙，就会自动以那种有利的速度进行膨胀。

彭罗斯的反对意见

彭罗斯对此观点却大唱反调。他坚持认为，人们至今未能了解奇点理论，并且认为用该理论应该可以区分时间的过去和未来。而且，宇宙的创始及结束，由于时空参差不齐的情况而有所不同。

最初的时候，时空是在齐整均衡、顺畅自然的状态下产生的；可是到了最后，却成为了满是黑洞的时空。它们之间的不同，归根结底来说，全都是由时间箭头造成的。也就是所谓的时空也上岁数了，逐渐变得老化凋零了。

不管怎样，时间箭头的起源在于，我们的宇宙是在非常特别的状态下产生的。至于它的理由究竟是什么，很遗憾，至今仍没有完整的答案。

宇宙的起源假说之一：奇点理论

彭罗斯认为，宇宙的最初是奇点，然后发生大爆炸，接着由于大爆炸的能量而形成了一些基本粒子。这些基本粒子又在能量的作用下，逐渐形成了宇宙中的各种物质。这是目前最有说服力的宇宙图景理论。

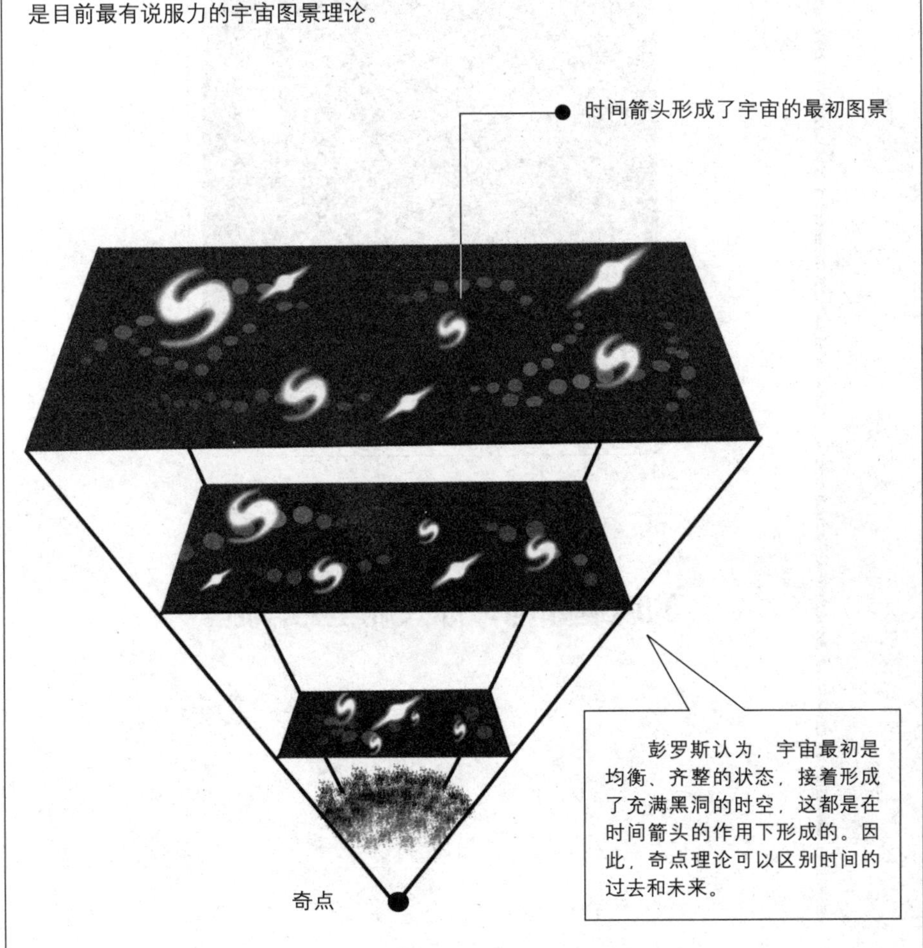

第七章

虫洞和时间旅行

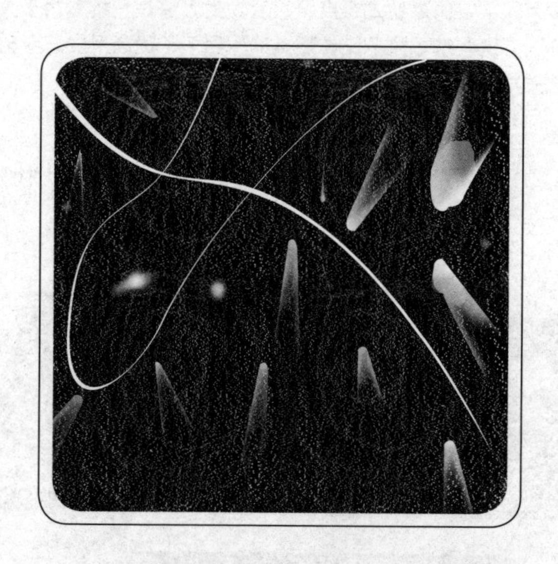

生活是不公平的，不管你的境遇如何，你只能全力以赴。

——霍金

关于时间机器的研究渐渐成为热门话题，时间本身巨大的魅力毫无疑问是主要原因。同时，探寻时间机器本身可能性的活动将对我们深入理解时空和宇宙有重大帮助。

真的可能吗
神奇的时间机器

当宇宙从膨胀转变为收缩时，时间开始逆流，时间流逝的方向正是宇宙膨胀的方向，霍金这个大胆的观点在当时引起极大轰动，虽然到后来被否定了。

时间逆流

霍金有一段时期曾认为，当封闭的宇宙从膨胀转变为收缩时，时间就会开始逆流。初期，他为了论证宇宙诞生的观点而从事量子宇宙论研究，即将宇宙全体视为量子力学的存在。这也许是个让人难以接受的想法；不过，霍金主张，从将时间视为虚数的角度出发，就可以顺利地解释宇宙创始了。因此，依照这种想法，再试着调查宇宙的某些简单典型的话，就能够得到让人意想不到的结论了。

结论是，在测量宇宙的大小时，大的方向就是宇宙膨胀的方向，即无序度逐渐增加的方向。这种无序程度的增大可以被视为熵的增大，霍金根据这一理论，认为宇宙膨胀的方向就是时间流逝的方向。

后来，由于更仔细和缜密的研究使霍金的这种观点被驳回了，而且认为他的这一观点乍看之下甚至有点蠢，但是就理论的可能性而言，能够提出如此大胆的主张或许正是霍金的真本事。因为在霍金的成就中，最著名的就是黑洞的蒸发——虽然最初提出时也没有任何人相信。

时间机器可能吗

时间机器这个名词最初出现在科幻作家威尔斯1895年的小说《时间机器》之中。当时，威尔斯已经将时间当作四次元来处理了，这是远远早于爱因斯坦的。许多人之所以关心时间机器，是因为希望重返过去或到达未来，这本来就是人类的愿望。同时，时间是如此的不可思议、神秘莫测，从而人们都希望能借助时间机器亲身体验一番。

然而，如果时间机器真的存在的话，就会产生名为“时间吊诡”的逻辑上的矛盾。举个例子来说，如果回到自己出生之前，将过去自己的母亲杀死的话，自己理应就不存在了。诸如这一类问题就会产生了。这样的话，就会出现很多干涉过去且反过来影响现在，或者是取得未来的信息用以决定现在的事情。因此改变未来这一类的事情就会层出不穷。

而且，考虑到时光旅行这类问题时，如果仅仅追求去往未来而不再回到现在的话，我想应该很快就有实现的可能。比如说，通过人工冬眠而到达未来的日子，不久就将到来。然而，当你一觉醒过来，周围却没有半个认识的朋友，再加上没有人愿意接纳你，你肯定会感到孤独而且悔恨不已吧？可是，你已经无法再回到原点了。所以，能够追溯时间，并且回到过去，可以说是想要发明时间机器的重要原因之一吧。

在物理学中，时间机器从一开始就是被否定的。这一切是原因也是结果，因为原因必然是结果的过去，而这种因果关系正是自然科学的大前提。例如，假如一开始没有你父母亲存在的过去，当然也不会有现在的你的存在。这和电影《回到未来》的情况是一样的。

然而，最近关于时间机器的正式研究，却似乎开始在学界杂志上喧嚣起来。它的理由当然是因为时间机器本身的魅力，而且借着追求时间机器的可能性，得以更深入地理解时空、宇宙的性质。

时间吊诡

如果真的存在时间机器，那么人们就会遇到“时间吊诡”的逻辑上的矛盾。如果人们通过“时间机器”回到过去的话，那么必然会做出很多干涉过去并影响现在的事，或者是取得未来的信息用来决定现在的行动的事情。因此改变未来这一类的事情就会层出不穷。

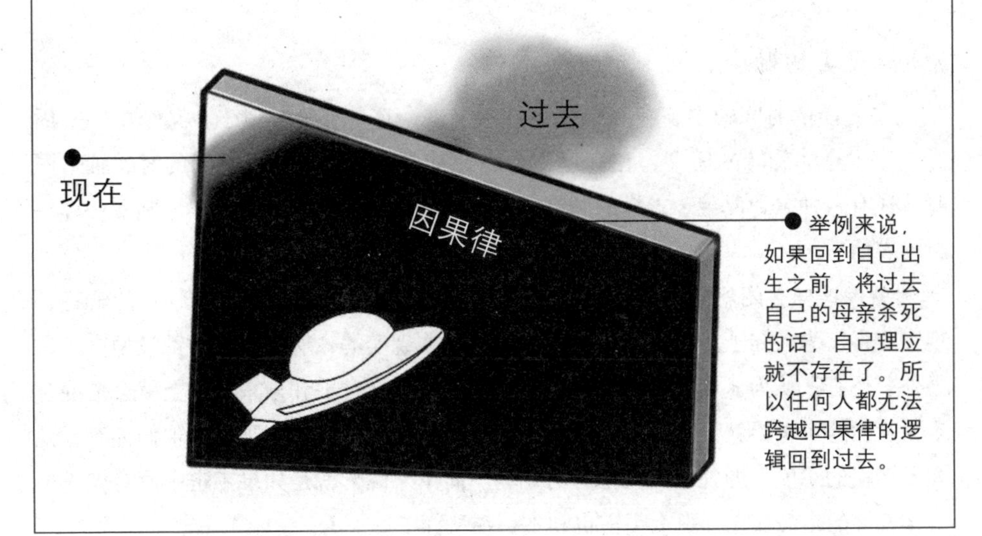

封闭的时间轴

时间的特质

如前文所述，在广义相对论中，时空被认为是因物质而扭曲的。这样的话，如果我们将空间扭曲，真的可以制造封闭空间吗？

举例来讲，将空间扭曲，就可以制造出封闭的空间。这正如同二次元情况中的球面。球面上，无论从哪里出发，只要笔直地行进，都会回到原来的地方。同样，如果时间也是封闭的话，是不是就无法使时空扭曲呢？

封闭的时间轴

假如这一切成立的话，一旦朝未来行进，就会不知不觉回到过去，重返到原来的时间了。由于时间是一次元，所以可以把它想象成类似封闭的轮轴。时间沿着轮子流逝，好不容易绕着轮子转一圈，才能回到原来的起点。这种时间方向封闭的轮，称为封闭的时间轴。

制造时间机器时，只要在时空里制作封闭的时间轴就可以了。事实上，类似这种封闭的时间轴，是非常普遍的。在广义相对论的基本方程式——爱因斯坦方程式中，有许多解答已经被发现，其中就有关于封闭的时间轴的解答。

非现实的时空

在封闭的时间轴中，有一个是葛德尔宇宙。它是一种类似于在某个中心的周围、宇宙全体旋转的模型，在它远离中心的某个领域，会发生封闭的时间轴。同时，还有一种名为反朵·吉塔的时空，它的时间是有限的，就像画出的圆圈一样是封闭着的。

就像这样封闭着的时间轴、宇宙或时空，以前作为爱因斯坦方程式的解答，现在变得广为人知了。不过，因为这些解答是非现实的，所以大多数都被抛弃了。另外，还有人认为，如果真有那样的宇宙存在，那么过去和未来的时空就会被混合了，从而这个世界就无法形成生命。因为那样认为的话，我们则认为他们怀有轻视和不严谨的态度，即处于人类推理的立场。简单来说，就是如果宇宙中没有像人类一样知性的生命存在，那么宇宙也和不存在一样了。

开放时间和封闭时间

封闭的时间轴

我们用封闭的空间来类比封闭的时间轴。

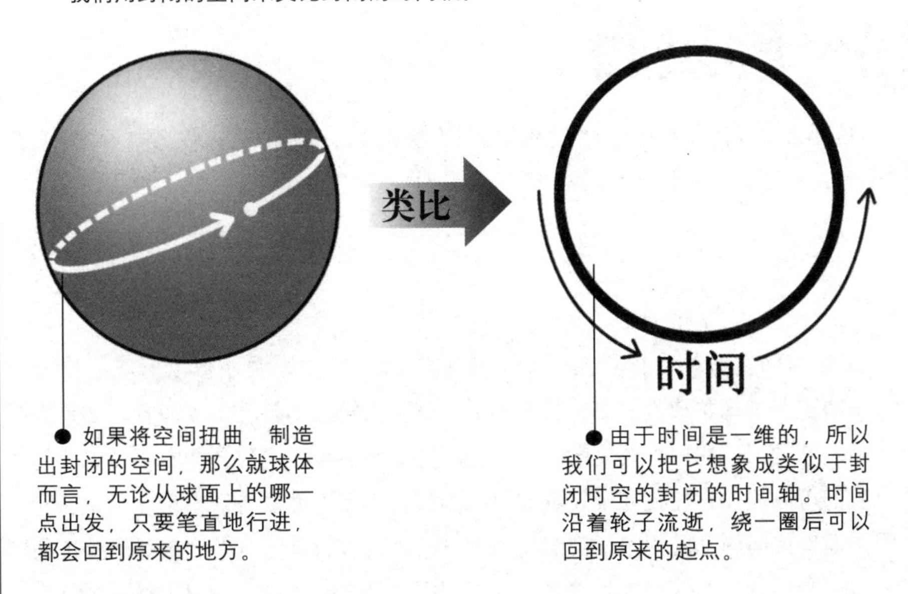

非现实的时空

这是反朵·吉塔时空。在这个时空里，它的时间是有限的，就像封闭的圆圈。

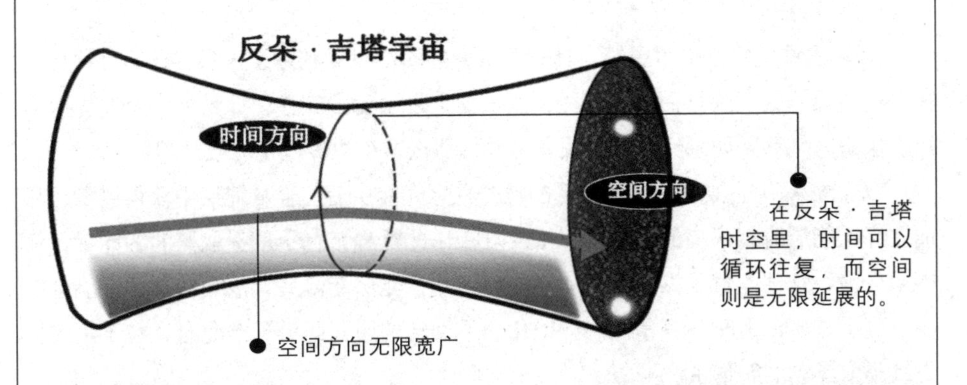

相　关　链　接

封闭时间和开放时间　一般来说，时间可以分为线性的开放时间和循环型的封闭时间。对于封闭的时间而言，瞬间意味着时间是循环的；对于开放的时间而言，瞬间意味着时间是线性的。

旋转黑洞

另一种黑洞

星球或银河等天体旋转的情形是很普遍的。我们现在假设，黑洞正在旋转着，那么它内外两侧的时空会变成什么样呢？

正如前面讲过的，由于旋转中天体的重力崩坏，黑洞才得以形成。这样的话，只要把黑洞想象成也是在旋转着的话，就不会觉得不自然了。而且，如果黑洞确实在旋转的话，它内外两侧的时空就会变得非常有趣，同时还拥有不可思议的力量。我们可以假设，在正在旋转着的黑洞附近，光朝四面八方射出来。于是，光因为重力而被拉向内部的同时，黑洞的旋转方向也会被拉扯。这是因为黑洞拉扯周围的时空而旋转着。即使光本身打算朝向黑洞中心笔直地飞进去，但仍然不知什么时候就远离了中心。

旋转黑洞和不旋转黑洞

旋转黑洞也叫作克尔黑洞，具有不重合的两个视界和两个无限红移面。视界是黑洞的边界；无限红移面指的是光在这个面上发生无限红移，即光从一个边界射出后发生引力红移。如果红移后的频率为零，那么这个边界就是无限红移面。

按照彭罗斯的推理，能量较低的粒子在穿入能层后，会从能层中获得能量，从而在穿出能层时有很高的能量。如果反复操作此过程，粒子就提取黑洞的能量，使能层变薄。这些能量是黑洞的转动动能，因此在能层变薄后，黑洞转动的动能会减少。到了能层消失时，克尔黑洞就退化为不旋转的施瓦西黑洞。此时，粒子不能再继续提取黑洞的能量了。

在克尔黑洞中的中心奇异区的是一个奇环——而非奇点，那是由奇点围成的一条圆圈线。当黑洞旋转的速度越来越快时，内外视界就有可能合二为一，此时的黑洞称为极端克尔黑洞。如果旋转速度再快一点，视界就会消失，奇环就裸露在外面。这一说法与彭罗斯的宇宙监督假设是矛盾的。因此在这一前提下，黑洞的转速是受限的。此时，如果飞船从外部飞入，就一定会穿过内外视界间的区域，并且在进入内视界内部后可以在其中运动而不一定会停在奇环上。同时，飞船还可以从这里进入其他的宇宙，并从另一个宇宙的白洞出来。

在另一种情况下，宇宙监督定理可能会认为内视界内部区域不稳定，从而飞船也许在到达这个区域之前就已经撞向奇环了。宇宙监督定理是英国数学家彭罗斯提出的，认为每一个奇点外面都有一个视界包围，以防止奇点性质被抛到整个宇宙时空中。因此，宇宙监督不仅不允许我们所处的宇宙受奇异性的干扰，同时也封住了一切可穿越虫洞的入口，不允许我们去发现别的宇宙。

黑洞的外侧

如同前面叙述过的，黑洞的表面叫作事象的地平面。没有旋转的情况时，在地平面的外侧，例如与重力取得平衡的架好的火箭，对于黑洞而言它可能处于静止中。然而，在黑洞旋转时，周围的时空本身也会被黑洞拉扯。所以，即使在地平面的外侧，直到某个距离为止，在逐渐接近的过程中，不管再怎么努力，都无法使它静止下来，仿佛是被黑洞的旋转拉着一样不停运动起来。

黑洞的内侧

在黑洞的内侧，则发生了更有趣的现象。由于旋转的影响，又出现了另一个事象的地平面。朝外射出的光，明明是停留在它的位置上，却又出现在外侧的事象的地平面。如果黑洞没有旋转的话，事象的地平面就只会有一个，一旦落入其中，就连朝外射出的光也只能朝内行进。

然而，如果黑洞正在旋转的话，因旋转而产生的离心力就会发挥作用，似乎要抵消重力似的。因此，朝外射出的光虽然是变成朝内行进，但是随着越来越接近中心，它的速度就会逐渐变慢，直到在某个地方速度减为零。那个地方就称为内部的事象的地平面。在内部的地平面中，只有当离心力胜过重力时，朝外射出的光才能够朝外行进。可是，一旦落入内部的地平面之中的话，就再也没有机会逃到外面去。

黑洞的旋转

旋转黑洞

如果黑洞在旋转的话，那么它内外两侧的时空会有很大的变化，并且具有很强的力量。假设在正在旋转着的黑洞附近，光朝四面八方射出来，此时光会由于重力作用而被拉向黑洞内部。同时，黑洞的旋转方向也会被拉扯。

如果黑洞不旋转，那么在与重力作用平衡的方向架设火箭，那么此时火箭是可以保持静止的。

光由于重力作用，行进方向被拉扯。

事象的地平面

旋转中的黑洞使时空发生弯曲。

相　关　链　接

白洞　白洞（white hole）被认为是性质与黑洞正相反的天体。它有一个封闭的边界，内部的物质（包括辐射）与黑洞不同，可以经过边界发射到外面去，但边界外的物质不能落进白洞。所以，白洞像一个不断向外喷射物质（能量）的喷泉。就目前来说，尚无观测证据证明白洞是否存在。有一种观点认为白洞并不存在。这是由于白洞外部的时空性质和黑洞是一样的，可以把它周围的物质吸积到边界上形成物质层。此外，就目前的理论，大质量恒星演化到晚期可能经坍缩而形成黑洞；但白洞的形成过程无从知晓。有一种可能就是白洞是宇宙大爆炸时的残留物。

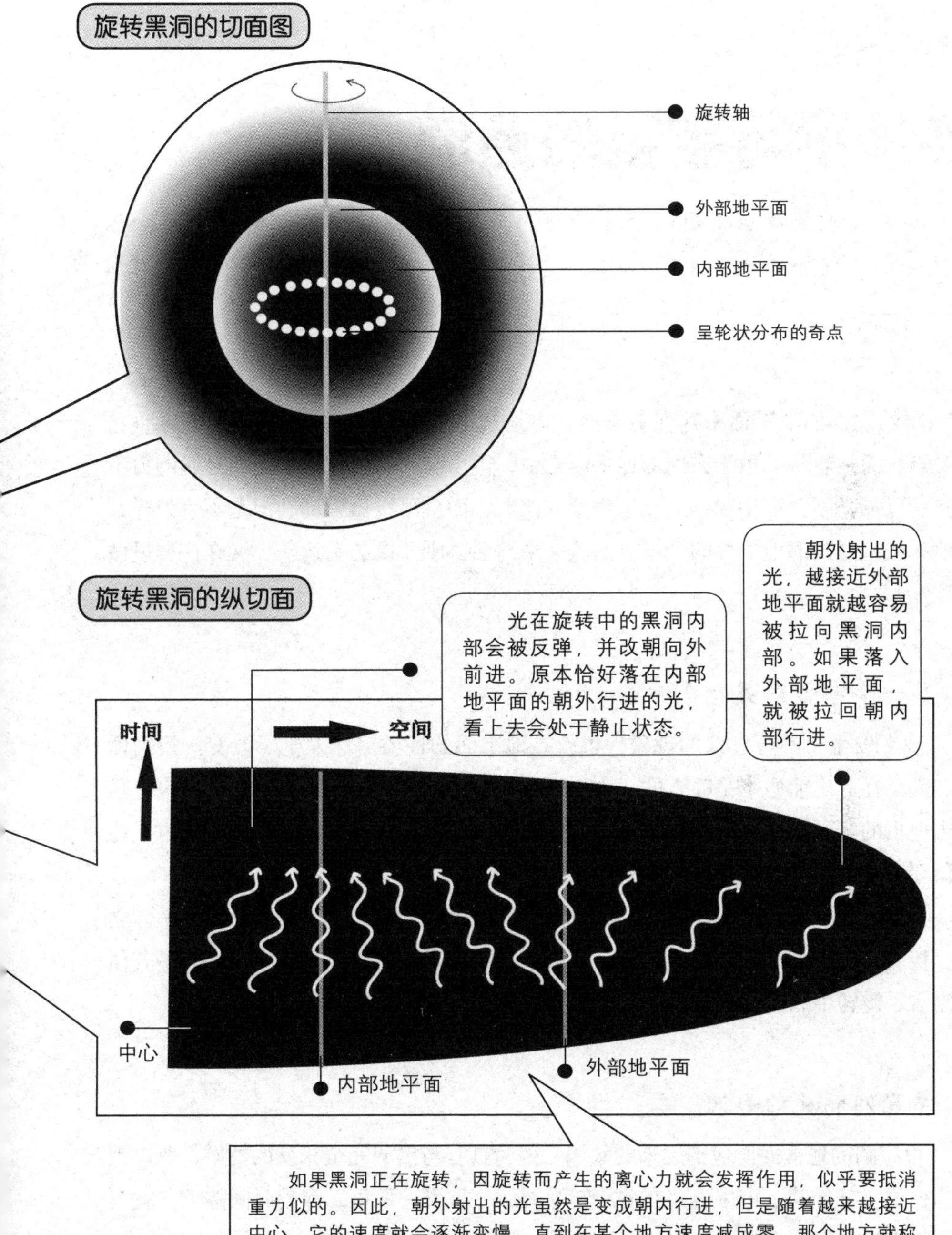

如果黑洞正在旋转，因旋转而产生的离心力就会发挥作用，似乎要抵消重力似的。因此，朝外射出的光虽然是变成朝内行进，但是随着越来越接近中心，它的速度就会逐渐变慢，直到在某个地方速度减成零。那个地方就称为内部的事象的地平面。在内部的地平面中，只有当离心力胜过重力时，朝外射出的光才能够朝外行进。可是，一旦落入内部的地平面之中的话，就再也没有机会逃到外面去。

时间隧道

连接平行宇宙的通道

旋转中的黑洞会出现两个地平面。而且，一旦飞进外侧的地平面，也必然会落入内部的地平面中。

虽然内部的地平面中存在着奇点，但是这也是由于离心力的原因，才导致它不是点状而是轮状。由于在内部地平面之中，重力与离心力取得平衡而且影响力不大，所以未必不会产生和奇点发生碰撞的情形，而且可以做运动。但是不管怎样，仍然无法逃到内部地平面的外面。如此一来的话，刚才说的做运动，又在往哪里做的呢?

从一个宇宙到另一个宇宙

现在发生了不可思议的现象，也就是地平面的性质突然发生了改变。换句话说，就是在此之前原本是吸入的一方，现在摇身一变成为了吐出的一方。这也正是朝内射出的光看起来是停在这个场所内的原因。即使是以光速朝内行进，却也只能停留在那儿，因为已经耗尽最大的努力而枯竭了。

这样的话，也就是原本是在内部地平面中的人，却突然被抛到内部地平面之外，接着又到了外部地平面之外。可是，到达的世界却不是原来的宇宙，而是其他的宇宙。旋转中的黑洞正是通往其他的宇宙的捷径，也可以说是时间隧道。

与黑洞相反的白洞

由广阔的地平面所包围起来的领域，因为具有与黑洞完全相反的性质，所以被称为白洞。其他的宇宙中也存在着旋转黑洞，一旦飞进那里，穿越时间隧道，就会跑到下面的宇宙。正是这种旋转着的黑洞，使得无数的宇宙彼此互相联系起来。

不过，这里需要事先声明一下，上述所说的都基于对旋转中黑洞的性质所作的数据调查。至于现实中旋转黑洞的这种情况是否属实，至今还不太清楚。

时间隧道的真实含义

旋转黑洞中的时间隧道

就旋转黑洞而言，如果原本是在内部地平面里面的人，突然被抛到内部地平面之外，到了外部地平面之外，那么他到达的世界就不是原来的宇宙。

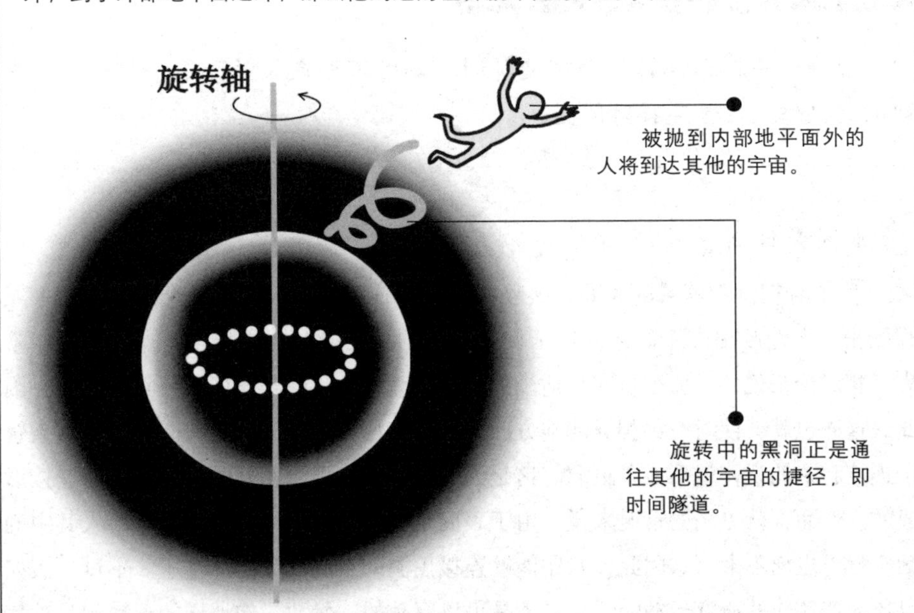

无限尺寸的圆柱

法兰克·蒂普勒设想了一种无限尺寸的圆柱，如果某天人们具有了中子星的能力，可以使这个圆柱无限大并旋转得飞快，那么人们就可以通过这个圆柱回到过去了。

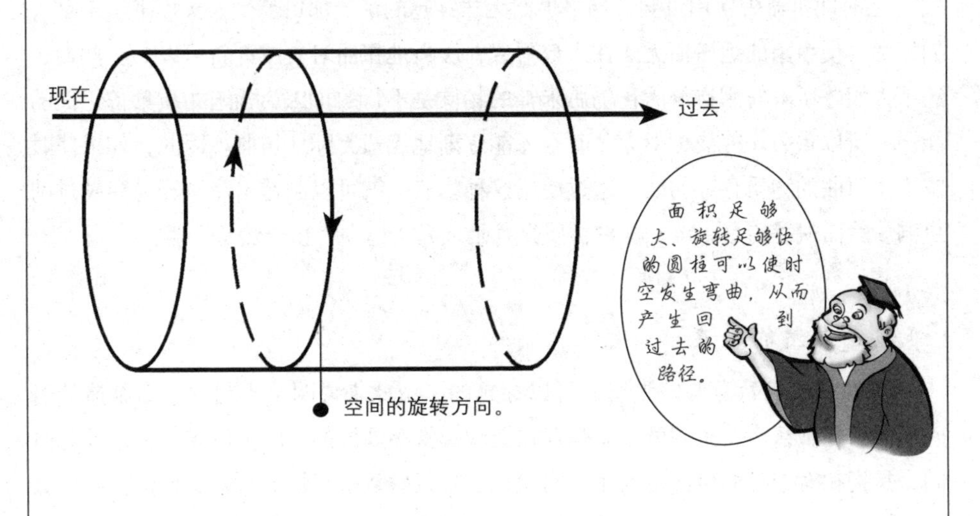

虫洞

连接时间的隧道

现在，我们来探讨一个制造时间机器时不可或缺的话题——虫洞。虫洞的重要作用在于连接时间隧道。

虫洞是什么

假如时空位于苹果的表面，接着，为了要连接苹果表面上两个点，虫从一点开始咬，渐渐咬出一个洞穴。这个洞穴对应的是连接时空中相异两点的捷径。就广义相对论来说，只要准备充分适当的物质，就能够将时空扭曲成任意的形状。因此，这样也就会使时空中相异的地方凹陷，并好像管子似的被拉长。如果将两条管子连接起来的话，就形成了虫洞。这是因为将这两个黑洞避开内部的奇点而连接形成的。然而，就黑洞的情况来说，由于表面是时空的地平面，所以一旦落入其中的话，就再也出不来了。因此，好比能够连接黑洞的虫洞就无法穿越了。不过，假如以比光速还快的速度运动的话，应该是可以穿越的，然而，像那样的运动却是被禁止的。

穿越虫洞可能吗

在时间机器中使用虫洞，如果虫洞无法穿越的话，那可就令人头疼了。于是人们思考，使事象的地平面无法在入口形成，缓慢地扭曲时空或许就可以了。然而，这下人们才了解使用迄今为止仍属未知的物质是不行的。因为普遍物质具备正面的能源，所以重力才能成为引力，时空才能逐渐地无边无际地扭曲。因此，如果使时空不太扭曲的物质存在的话，通过使用这种物质，就可以制造出能被轻易穿越过的虫洞。然而遗憾的是，至于这种物质究竟是什么，迄今为止仍然是个谜。

假定虫洞的存在

现在，我们暂且假定虫洞是可以穿越的，由此来说明关于利用它而制造的时间机器。霍金认为，虫洞可以说是存在着的非常小规模的虚时间世界。所谓的虚时间，是指相对于我们生活中的实时间而言，是以虚数来测量的时间。记得在高中数学课中曾讲过，平方后为负数的这种假想的数字就是虚数。举例来说，假设飞入黑洞中的太空船共乘组员，不幸都丧生了。就实时间而言，是绝对无法逃出黑洞重力的魔掌，一旦被撕裂了，就连构成身体的粒子恐怕也无法残存。然而，就虚时间而言，却能够以粒子的形态继续生存，然后再从出口黑洞中出现。不过，宇宙飞行员一旦进入了实时间的奇点，即使说他的粒子仍然可以在虚时间里继续生存，对他本人来说似乎也起不了什么安慰作用。

虫洞

如果时空是苹果的表面，虫洞就是连接苹果表面上两个点的洞穴。这个洞穴对应的是连结时空中相异两点的捷径。按照广义相对论，只要某种大质量物质使时空扭曲成任意的形状，在时空中相异的地方会凹陷为被拉长的管子的形状。

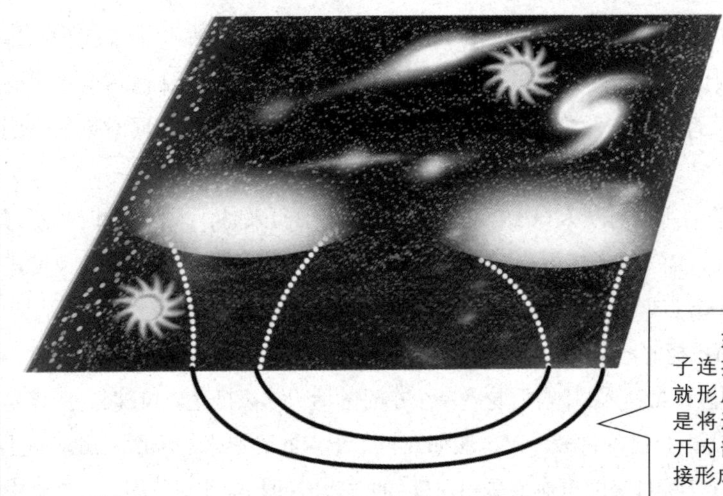

关于虫洞的几种说法

①是空间的隧道，就像沿球面走比较远，但是走球里的直径就比较近，虫洞就是直径。
②是黑洞与白洞的联系。
③是时间隧道，根据爱因斯坦的理论，人们可以穿越虫洞进行时间旅行，但是人们只能看到过去和未来的事件，就像看电影，只能观赏，却无法改变发生的事情，因为时间是线性的，事件的顺序是无法调动的。

使用虫洞
时间机器的制造原理

如果使用能被穿越的虫洞，那么，我们就可以轻易地制造出时间机器了。这是用“狭义相对论”中的“双子吊诡”来说明的。忘记这一理论的人请参照介绍“狭义相对论”的书籍。

两个不同时刻的虫洞入口

首先，依据指示应将虫洞的两个入口尽可能地缩小，所以在此为了起到简单的示范作用，就假设虫洞的两个入口是在同一时刻连接的。这样一来，就会产生与“双子吊诡”相同的情况，入口B的时间晚了，就会产生两个拥有不同时刻的虫洞入口变成并列的情况。

举例来说，早上八点时从入口B出发了，当从入口B回来时，入口A的时刻正好是晚上八点，而入口B的时刻却是早上十点。实际上，即使是以接近光速的速度进行加速的话，也得花上非常多的时间，所以根本就无法这么快回来。

现在将话题简单扼要地来说。位于入口A附近的人，在晚上八点时来到入口B处，从那里飞了进去。假设抵达入口B需要花费一个小时的话，那么抵达入口B时，应该是在晚上九点。入口B以自己的钟表计时，假如在早上十点回到原来的场所之后就静止不动的话，此后入口B的钟表时刻应该是和入口A的钟表时间相同才对。因此，推理中的人在抵达入口B时，入口B的时间应该是上午十一点。由于入口B的十一点与入口A的十一点是相连的，所以那个人飞进入口B之后，应该会在上午十一点时从入口A飞出来。由于出发的时间是在晚上八点，这样不就是回到过去了吗?

可以制造这样的虫洞吗

不过，仅仅因为如此就庆幸时间机器顺利完成，肯定为时过早。为了要完成时间机器，必须将所有问题弄清楚才行，然而，实际上所有的问题都还是一团糟。首先，究竟现实中能否制造出能被穿越的虫洞，这本身就已经存在相当大的疑问。而且，即使能够制造出那种虫洞，能否把它拓宽为人类可以穿越的大小，以及能否自由自在地操控它，是否还有单一方面的入口等等。问题已经堆积如山了。

时间机器的确切含义

旋转黑洞中的时光虫洞与时间机器隧道

如果将虫洞的两个入口尽可能地缩小，使虫洞的两个入口在同一时刻连接，这样就能产生与“双子吊诡”相同的情况——让入口B的时间晚于入口A。以下是对文中举例的说明。

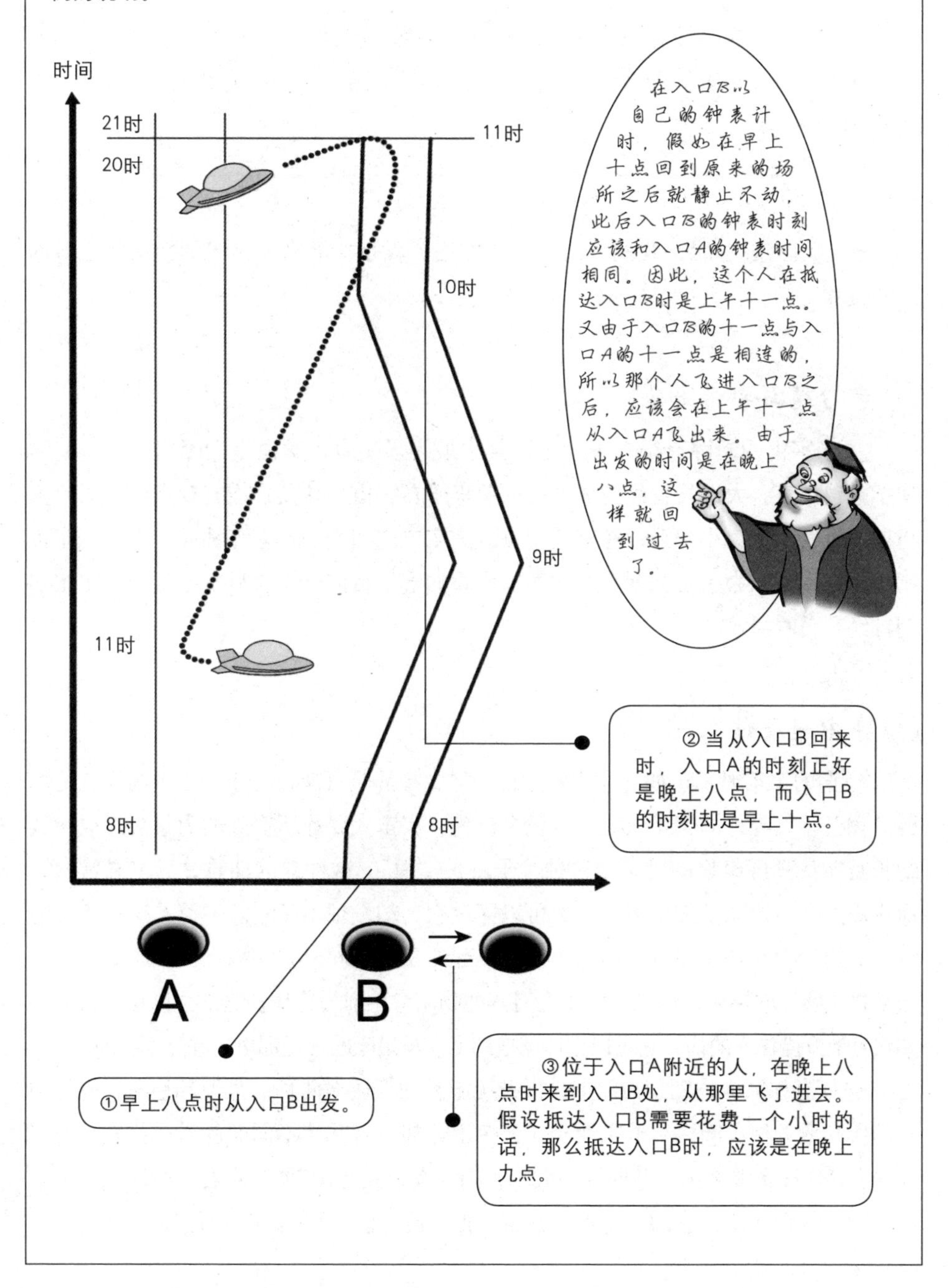

宇宙绳

宇宙中的绳状能源群

由于虫洞本身还是现今的空想产物，所以使用它制造时间机器就多少给人点缺乏现实感的印象。难道说使用稍微现实一点的工具，就没有办法完成时间机器吗?

经过缜密思考后，我们想出了一种方法，就是接下来要说明的使用宇宙绳的时间机器。

宇宙绳与宇宙起源

关于宇宙的起源有很多种学说，其中最有影响力的学说是大爆炸论。一些物理学家曾预言，大爆炸曾经使成群的磁单极子在宇宙中游荡；而有观点则认为宇宙初期产生的是密集小黑洞；还有的观点认为宇宙初期是一种夸克和胶子组成的宇宙糊；更有观点认为宇宙初期是变化的、沸腾的泡。目前，又有科学家认为，宇宙初期曾经充满着绳。

宇宙绳是什么

所谓的宇宙绳，正如它字面的意思一样，指的是可能存在于宇宙中的绳状能源群。1981年，绳论的创始人之一维伦金认为，宇宙大爆炸所产生的力量会形成无数细长且能量高度聚集的管子，这种管子就是“绳”。这种绳的性质是异乎寻常的，像蜘蛛丝，但比原子细得多，人类可以穿过它，却发现不了它。一英寸这样长的绳具有的能量大约是科罗拉多山脉叠加在一起的质量。同时，它拥有巨大质量却缺乏通常物质熟知的性质，例如，它不会对其他物质产生引力作用。它的强度也非常大，如果有地方拴住它的话，它足以把地球拖到半人马星座的α星那里，并且不会断。

包括有如同橡皮圈的封闭绳，以及无限长的开放绳两种。虽说都是绳，但是和我们所知道的橡皮圈之类的东西相比，宇宙绳却有着截然不同的性质。首先，它仅仅只有10^{-30}厘米那么细。其原子的大小，因为大约只有10^{-8}厘米左右，所以几乎是看不见的。尽管如此，它的重量却非常重，据猜测1厘米足有相当于1亿吨的1亿倍那么重。如果将普通橡皮圈拉直的话，它就会因为张力而缩小；然而，对宇宙绳来说，由于绳的张力非常强，所以几乎需要光速才能使其剧烈振动。

假如存在宇宙绳

另外有一种说法认为，宇宙中像这样的宇宙绳正成群地盘旋飞翔着。假如这个宇宙绳是真的存在的话，可以把它想象成是在宇宙创始时发生的真空互相转换的时候形成的。关于真空的互相转换，稍后马上为您说明。

假如宇宙绳真实存在的话，由于它巨大的质量，而把周围的物质拉到身边，形成密度极大的领域，那么或许可以认为其朝向银河或是银河团成长。如今的宇宙中最大的谜题之一就是，银河究竟是怎样形成的。有一些研究者认为，宇宙绳正是解开这个谜团的关键。

宇宙绳

根据绳论创始人维伦金的观点，宇宙大爆炸所产生的力量会形成无数细长且高能量的管子，这种管子就是“绳”。

宇宙绳的观测

①绳在宇宙中分布很稀疏，大概每隔二百亿光年左右的距离才有一根。但是，如果有某根无限长的绳在几十亿光年远的地方绕过宇宙的一隅，那么人们就可以通过望远镜来观测它了。

②如果绳是宇宙初期扰动阶段形成的，那么它们就会猛烈振动，由于绳的质量很大，这种振动会放射出能量丰富的周期性脉冲——引力波。这些引力波从产生后就开始衰减，并且在地球绕日运动过程中出现缓慢的有规律的运动，引力波的运动可以作为天文学家检测宇宙绳的线索。

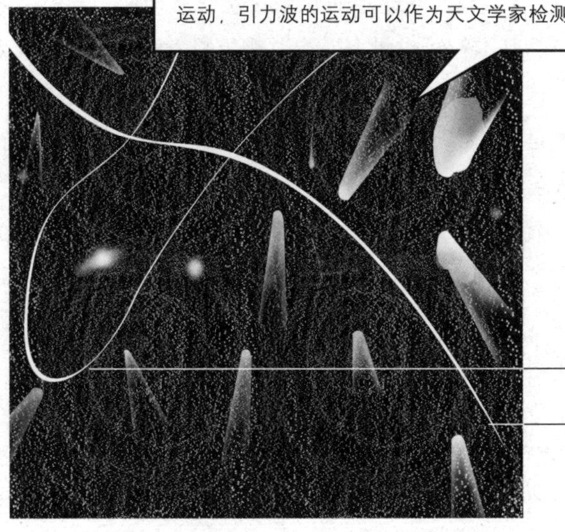

宇宙绳的特性：拥有巨大的能量却不会对其他物质产生引力作用，像蜘蛛丝，比原子还细，可以穿过它走路却发现不了它，强度也极大。

大质量绳的振动会形成引力波。

能源的最低状态

真空的互相转换

假设真的存在宇宙绳，那也是在宇宙创始时真空互相转换之中形成的。所谓的互相转换，听起来可能非常迷惑，所以接下来说明这个问题。

什么是互相转换

举例来说，水变成冰，或者是变成水蒸气，这都可以称为互相转换。不论是水、水蒸气或是冰，以化学式来书写的话，都是由H_2O这个水分子形成的。水分子处于完全自由地盘旋飞翔状态时是水蒸气。一旦温度下降，水分子间的力开始变得重要，而且逐渐无法像之前那样自由运动了，这时指的正是水。更进一步来说，温度继续下降，水分子之间就会以某种特定的并排方式聚集在一起，完全无法自由地运动，这种状态指的正是冰。像这种由于温度等的影响而使状态突然产生变化的情况，就叫作互相转换。各种状态唯有在指定的温度下，能源才是最低且呈现最安定的状态。

最初的宇宙是什么样的

宇宙创始时发生的事，正是与水蒸气变成水的互相转换非常相似。当然，宇宙创始时，别说是水就连最简单的基本粒子也没有，当时物质因为极度的高温，而被分解成零零散散的分子程度。这里的问题，并不是物质的互相转换，而是真空本身。提到真空，或许你会认为就是什么都没有的状态，然而事实上并非如此。真空实际上指的是能源处于最低的状态。

宇宙创始时处于极度高温，什么都没有的状态正是能源最低的状态。而且，由于宇宙膨胀而使温度下降，名为“席克斯粒子”的分子均匀地布满空间的状态时，能源才逐渐变低。这种现象正是造成有影响“席克斯粒子”的特别力量存在的原因，这种现象又被称为真空的互相转换。

以这种互相转换作为一个分界线来说，旧真空和新真空的能源并不相同；新真空的一方只有席克斯粒子们相互作用部分的能源才会逐渐减少。而且，如果存在没能成为新真空的部分的话，由于那部分仍然维持旧真空状态，所以与四周相比，其能源就变得较高。至于没能成新真空的那一部分，因为它的绳状形态，而被称为宇宙绳。

在转换中变化无穷

互相转换

以水分子为例，水变成冰或者水蒸气，都可以称为互相转换。在这个过程中，不论是水、水蒸气或是冰，都是由H_2O这个水分子形成的。

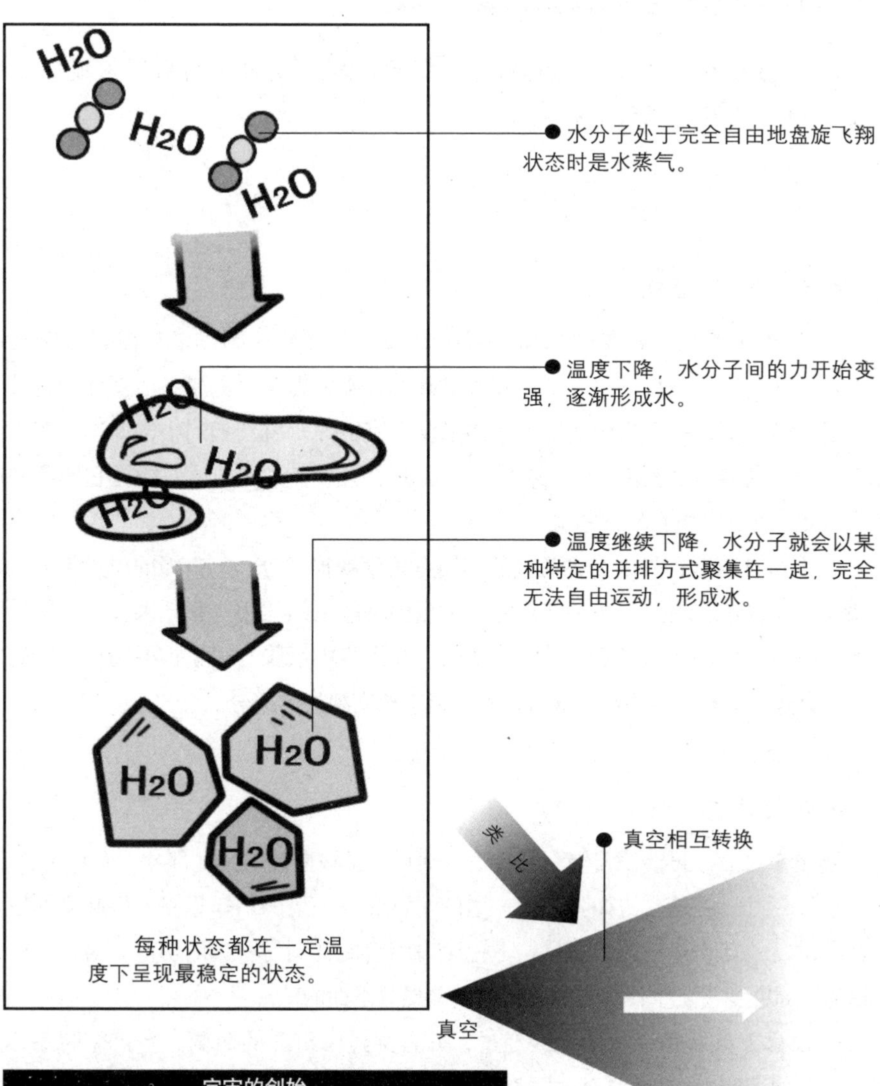

宇宙的创始

宇宙创始时与水蒸气变成水的互相转换非常相似。在宇宙创始时，物质因为极度的高温而被分解成零散的基本粒子。宇宙膨胀而使温度下降，基本粒子均匀地布满空间的状态时，能源才逐渐降低。这种现象又被称为真空的互相转换。

缺口

宇宙绳周围的时空

如果想要制造使用宇宙绳的时间机器，那么就必需利用宇宙绳周围的时空所拥有的不可思议的性质了！

想象中的宇宙绳

或许这看起来有点太过直观，而且令人难以理解；不过，只需要把图画出来，就可以充分了解它了。为了方便考量起见，干脆把它想象成是笔直延伸的宇宙绳好了，然后试着用它绕周围一圈。如果没有宇宙绳，就会如同小学课本中所学到的绕一点一周的角度是360度。然而，如果正中间有宇宙绳的话，绕行它的周围所需的角度，是比360度要小的。

出现这种情形，是因为宇宙绳的四周有角度缺损部分。宇宙绳的质量越大，角度缺损部分也随之越大。如果试着将宇宙绳周围的空间，用一张纸来表示，假设笔直延伸的宇宙绳是和一张纸成垂直形状的。如果将由纸张与以宇宙绳为顶点所构成的三角形剪下来的话，所得的缺口正好相当于角度缺损的部分。

切口的连接

剪下来之后，再绕宇宙绳一圈，也的确只少了被剪掉的角度部分，而且比起360度是小了一点。但是，假如我们把一边的切口和另一边的切口相互连接起来的话，也就是说，一旦到达一边的切口，下一个瞬间就能移到另一边的切口。为了观察在宇宙绳四周究竟会发生什么样的事，请试着想象下面的情形。

假设远方有两条平行的光线经过，并且穿过宇宙绳的两侧。宇宙绳周围的空间，存在如图所示的角度缺损情况。因此，原本认为在远方平行行走的光线，一旦经过宇宙绳的话，两条光线的路径就会逐渐逼近，进而交叉。如此一来，宇宙绳刚好扮演了透镜的角色。

宇宙绳的简化解析

假想宇宙绳是笔直的

为了让问题简单化，现在将笔直延伸的宇宙绳想象成一张垂直形状的纸，试着用它绕周围一圈。由于正中间有宇宙绳，绕行它的角度是小于360度的。出现这种情形，是因为宇宙绳的四周有角度缺损部分。宇宙绳的质量越大，角度缺损部分也随之越大。

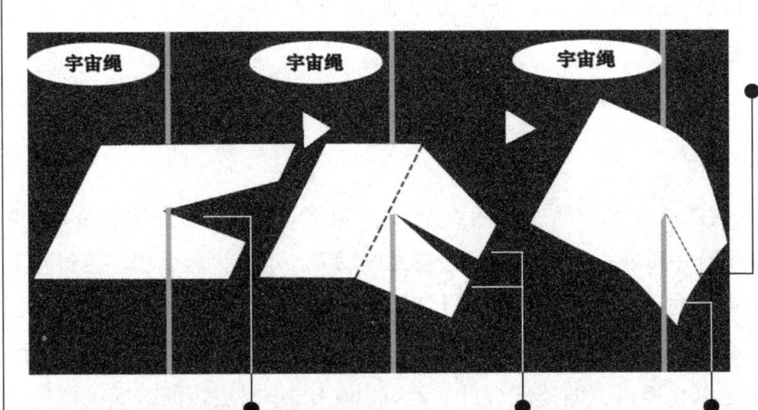

封闭角度缺损部分，使切口连接，两个点就成为一个点了。

如果将宇宙绳周围的空间用一张纸来表示，假设如果将由纸张与以宇宙绳为顶点所构成的三角形剪下来的话，所得的缺口正好相当于角度缺损的部分。

试着将它绕周围一圈。如果没有宇宙绳，就会如同小学课本中所学到的绕一点四周的角度是360度。然而，如果正中间有宇宙绳的话，绕行它的周围所需的角度，是比360度要小的。

假如把一边的切口和另一边的切口相互连接起来的话，也就是说，一旦到达一边的切口，下一个瞬间就能移到另一边的切口，即两个点是同一个点。

宇宙绳对光线路径的改变

假设远方有两条平行的光线经过，并且穿过宇宙绳的两侧。

宇宙绳周围的空间，如果存在角度缺损的情况，那么原本平行行走的光线经过宇宙绳附近后就会改变路径，两条光线会逐渐逼近并相交。

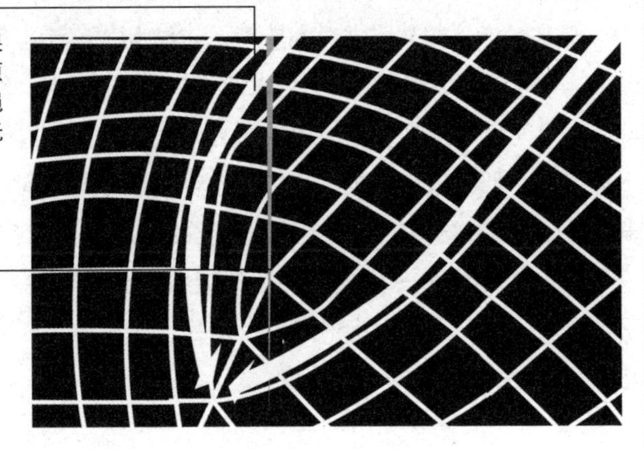

此时宇宙绳具有透镜的作用。

使用宇宙绳

制造时间机器

现在，就让我们试着来做这个使用宇宙绳的时间机器吧！首先，请您结合图一起参看。

假想宇宙绳的四周有如图所示的两点A、B。当然是由A点出发然后抵达B点的，但是假如说没有宇宙绳，速度就一定会在光速以下，不管再怎么快，也得花上某个最低限度的一段时间，就假设需要花上3个小时好了。然而，如果有宇宙绳的话，而且是选择通过它四周被剪掉的部分，比起笔直地行进，绝对可以以更短的距离到达。比如说是以光速以下的速度行进，就可以在比3小时更短的时间内抵达。这正是如图所示的路线AC、DB。

再举个例子来说，由A点到C点需要花费1小时，由D点至B点也需要花费1小时，假如说一旦C点与D点的时刻相同的话，那么由A点到B点所花费的时间就只需要两个小时而已。至于C点与D点时刻相同，是在宇宙绳处于静止状态下才有的情况。因此，如果宇宙绳是处于运动状态下的话，事情就会不一样。如果宇宙绳是朝向A点的方向运动，由静止中的人来看，C点的时刻就会比D点的时刻来得晚。这也是属于狭义相对论的说明范围。即使在某人来看两点的时刻是同时的，对于那个人来说，他看起来与运动中的人所看的也不是同时的。因此，这种情况下，对于静止的人来说，由C点去往D点，看起来如同回到过去一样。

假如适度地调节宇宙绳的速度，使得由C点至D点回到过去所花的时间在两小时以上，结果就可以在从A点出发以前的时刻抵达B点。然后再回到原来出发的地点，就算是时间机器的完成。因此需要另外准备一条宇宙绳，才能再次发生同样的事。不过，这一回是改由朝向B点方向运动的宇宙绳四周经过，然后返回A点。这样一来，返回原起点的时刻，就会比原出发的时刻早，而产生回到过去的现象。

这个机械论是一位名叫高特的美国人提出来的。然而，事实上宇宙中是否有宇宙绳的存在，迄今为止仍是个未知数。即使真的有宇宙绳的话，要想自由地操作它，仍然是一个非常困难的问题。

用宇宙绳制造时间机器

如果宇宙绳的四周有A、B两点，由A点出发抵达B点在没有宇宙绳的情形下，速度再快，也需要花很久的时间。然而，如果有宇宙绳的话，选择通过它四周被剪掉的部分，比起笔直地行进要快很多。

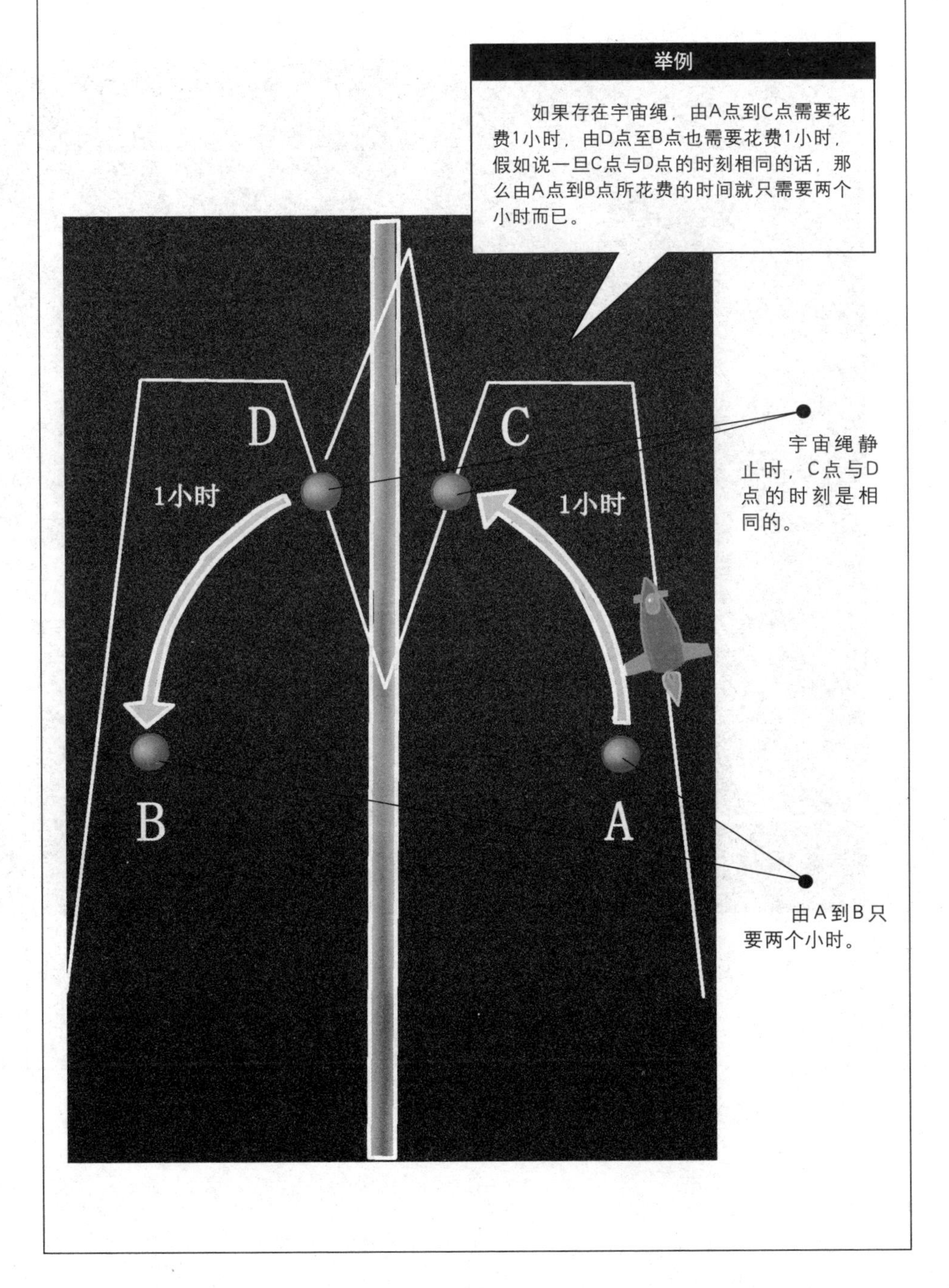

运动中的宇宙绳

前文说的情况是针对宇宙绳静止的状态，如果宇宙绳是处于运动状态下的话，情况就会有所改变。

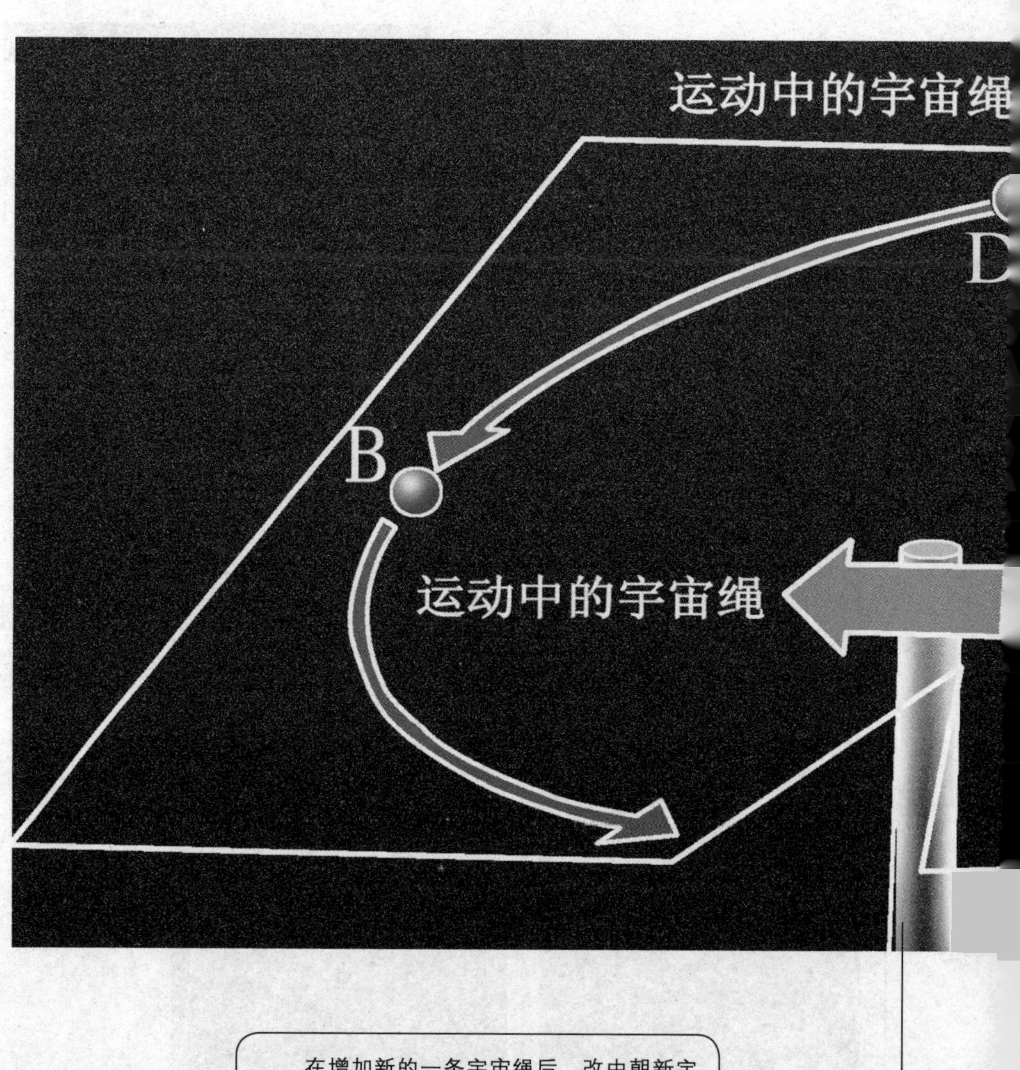

在增加新的一条宇宙绳后，改由朝新宇宙绳的方向行进，然后回到A点。此时返回原起点的时刻，会比原出发的时刻早，于是就产生回到过去的现象了。

如果宇宙绳朝A点的方向运动，在静止中的人来看，C点的时刻就会比D点的时刻更晚——由狭义相对论可知，而不是C点的时刻和D点的时刻是一样的。因此，这种情况下，对于静止的人来说，由C点去往D点，就像回到过去。

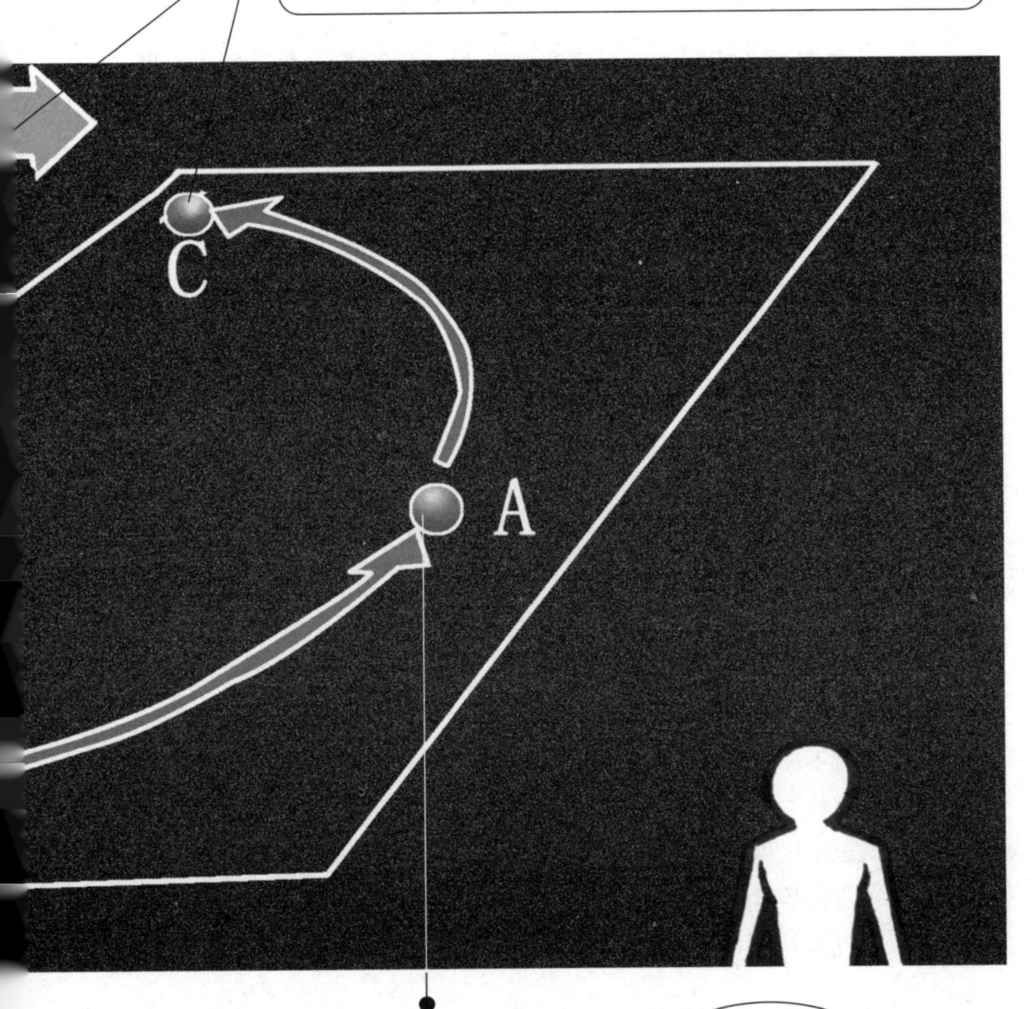

如果适度调节宇宙绳的速度，使C点至D点回到过去的时间为两小时以上，那么就可以在从A点出发以前的时刻到达B点，然后再回到原来出发的地点，就回到过去了。但此时需要再准备一条宇宙绳。

宇宙中是否有宇宙绳的存在，迄今为止仍是个未知数。即使真的有宇宙绳的话，要想自由地操作它，仍然是一个非常困难的问题。

保存历史

霍金关于历史保存的假说

相对于使用虫洞或是宇宙绳的时间机器，霍金提出了一套历史保存假说的理论。于是，时间机器的存在和制造就被否定了。

广义相对论是指有关重力的理论，它曾一度被忽视，直到20世纪以后才被发现，随即引起了世人的震惊，其中的量子力学堪称物理学中最为重要的法则。

介绍量子力学

在此为您简单介绍一下什么是量子力学。所谓量子力学，指的是支配那些如同分子一般非常微小的对象的法则。根据这一法则可以知道，在非常微小的规模中，所有的量子都处于摇晃的状态，所以根本无法维持一个确定的值，这种晃动就被称为量子晃动。举例来说，重力场在非常微小的规模中，也是处于晃动中的。而且有可能成为广义相对论所认为的，时空毫无共同处的构造形态。再举个例子来说，从飞机上俯瞰海面，看似平稳沉静。可是，一旦接近海面的话，看到的却是汹涌澎湃的波涛。

实际上，根据猜测，虫洞本身就是由重力场的量子晃动而制成的。至于时间机器所利用的虫洞，只不过是将那种非常微小的虫洞单纯地扩大规模了而已。因此，量子力学是研究微观粒子的运动规律的物理学分支学科，以研究原子、分子、凝聚态物质为主，以及原子核和基本粒子的结构、性质的基础理论。它与相对论共同构成了现代物理学的理论基础。同时，量子力学不但成为了近代物理学的基础理论之一，而且在化学等有关学科和许多近代技术中也有着广泛的应用。

量子力学与自由意志

曾有人引用量子力学中的随机性的原理支持自由意志说，但是这种微观尺度上的随机性和通常意义下的宏观的自由意志之间有着难以跨越的距离；同时，这种随机性是否不可约简还难以证明，因为人们在微观尺度上的观察能力仍然有限。自然界是否真有随机性还是一个悬而未决的问题。统计学中的许多随机事件的例子，严格说来实为决定性的。

时间机器只是设想

霍金本人也做了相关的说明："制造时间机器时，重力场的量子晃动必然会变得非常重要。而如果将它的效果也考虑在内，是绝对无法制造出可以被时间机器所利用的时空构造。"另外，霍金还说过，迄今为止还没人亲眼见到来自未来的观光旅行客的例子，或许可以说，制造时间机器目前仅仅停留在原理上。

量子力学的发展简史

量子力学是在旧量子论的基础上发展起来的。旧量子论包括普朗克的量子假说、爱因斯坦的光量子理论和玻尔的原子理论。

1900年

普朗克提出辐射量子假说，假定电磁场和物质交换能量是以间断的形式实现，得出黑体辐射能量分布公式，成功解释了黑体辐射现象。

1905年

爱因斯坦引进光量子的概念，并给出了光子的能量、动量与辐射的频率和波长的关系，成功地解释了光电效应。

1913年

玻尔在卢瑟福有核原子模型的基础上建立起原子的量子理论。这个理论虽然有许多成功之处，但对于进一步解释实验现象还存在许多困难。

1923年

法国物理学家德布罗意提出微观粒子具有波粒二象性的假说，认为如同光具有波粒二象性一样，实体的微粒也具有这种性质。

1926年

在量子力学中，粒子的状态用波函数描述，它是坐标和时间的复函数。为了描写微观粒子状态随时间变化的规律，薛定谔找出了波函数所满足的运动方程，即薛定谔方程。

1927年

当粒子所处的状态确定时，力学量具有某一可能值的概率也就完全确定，即海森伯得出的测不准关系，同时玻尔提出了并协原理，进一步阐释了量子力学。

20世纪30年代以后

狄拉克、海森伯和泡利等人的工作发展了量子电动力学，形成了描述各种粒子场的量子化理论——量子场论，它构成了描述基本粒子现象的理论基础。

反粒子

朝过去行走的粒子

如果历史保存的假说的理论正确的话，能够回溯过去的媒介是不是就不存在了呢？

想象中的反粒子

事实上，就一个可能的解释来说，我们也可以想象成是一群名叫反粒子的粒子，正从未来朝向过去运动着，这样就可以理解了。所谓反粒子，指的就是英国物理学者狄拉克所预言应当存在着的粒子。举例来说，电子的反粒子名为正电子，它和电子的质量相同，只是电荷的符号恰巧相反而已。同样的，质子的反粒子就是反质子。由反质子和正电子也可以组成反原子。

相对消灭是什么

这不禁让我们想到，我们所生存的宇宙中，物质占绝大多数，而反物质却几乎不存在。这个推理虽然已经有好几种说法，但目前都没有得到确定。反粒子一旦遇上相对应的粒子，就会释放出极大的能源而将自己与对方消灭了，这就称为相对消灭。狭义相对论的预言是，质量与能源是等价的，但是由于在相对消灭中，粒子与反粒子的质量完全抵消，所以释放了极大的能源。

相对生成是什么

与相对消灭相反，如果有极大的能源的话，粒子与反粒子也可以一起形成，这就叫作相对生成。如果将反粒子想象成是由未来朝向过去回溯的粒子的话，这些现象就可以解释为如下所述内容。所谓粒子与反粒子相对消灭，指的正是原本朝未来行走的粒子，突然改变方向，改为朝过去运动。相反，原本朝向过去逆行的粒子，突然改变方向，朝着未来行进，这就被称为粒子与反粒子的相对生成。因此，按照这样解释的话，粒子与反粒子两者所参与的现象，其实归结起来只是一个粒子的运动。但是，另一方面事实上却又不允许返回过去的运动存在。

从古典力学的角度来说，思考诸如这一类的问题是没有任何意义的。反粒子，就支配着原子及更小的分子世界的量子力学法则来说，是自然出现的。然而，在量子力学中，从来没有像重回过去的运动那么不自然的。

永不消逝的粒子

反粒子的发现

1928年	狄拉克最早预言了正电子的存在而提出了反粒子的理论。
1932年	由安德森实验发现而证实。
1956年	美国物理学家张伯伦在劳伦斯·伯克利国家实验室发现了反质子。

所有的粒子都有与其质量、寿命、自旋、同位旋相同，但电荷、重子数、轻子数、奇异数等量子数异号的粒子存在，称为该种粒子的反粒子。举例来说，电子的反粒子名为正电子，它和电子的质量相同，只是电荷的符号恰巧相反而已。

相对消灭

反粒子一旦遇上相对应的粒子，就会释放出极大的能源而将自己与对方消灭了，这就称为相对消灭。按照狭义相对论的观点，质量与能源是等价的，但是由于在相对消灭中，粒子与反粒子的质量完全抵消，所以释放了极大的能量。

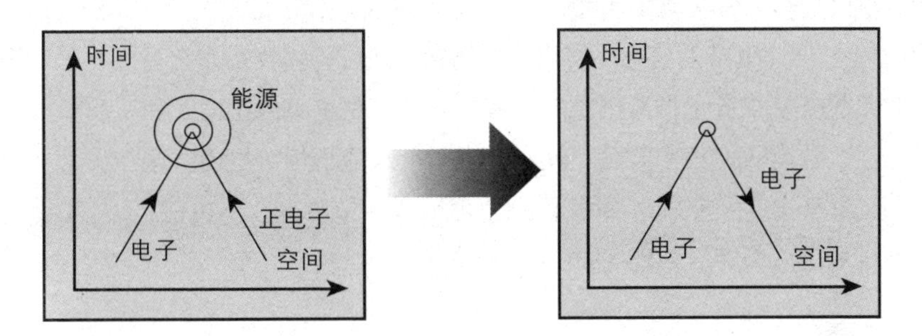

相对生成

与相对消灭相反，如果有极大的能源的话，粒子与反粒子也可以一起形成，这就叫作相对生成。例如，原本朝向过去逆行的粒子，突然改变方向，朝着未来行进。

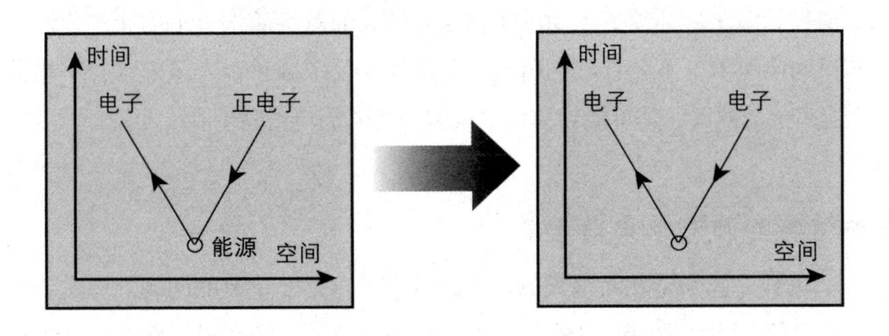

使用反物质

相对生成与相对消灭

如果反粒子真的能够回到过去，那么是不是说明我们根据这一原理就可以制造时间机器了呢？

如果可以实现相对生成

为了使一个电子能够做时间旅行，就必须在某一时期使能源集中，产生电子与正电子的相对生成，然后使后来产生的正电子与其他的电子相遇，产生相对消灭。这样一来，电子就可以由相对消灭的阶段朝向相对生成的阶段进行它追溯时间的运动。但是仅仅只有一个电子做时间旅行，应该无法传递什么信息。

为了能够传递更多的信息，使用构造物做时间旅行就变得非常有必要了。举例来说，如果想要使水分子做时间旅行，首先就必需制造出由正电子和反质子所组成的反水分子，并有效地集中能源，使水分子与反水分子相对生成。这在技术上是否可行，目前并不是问题的根本所在。就原理来说，虽然现在不可能，但100年或者更长时间以后也许都能成为现实。

如果可以完成相对消灭

如果使水分子与反水分子由于相对生成而形成，再经过反水分子与别的水分子遭遇完全相对消灭的话，就可以解释水分子是由相对消灭的时期转变为相对生成的时期进而实现追溯时间的。

然而，如果不是事先使水分子与反水分子的状态完全相同的话，就无法实现完全地相对消灭。因此，必须事先知道能够相对消灭的对手的水分子的状态才行。假如在不知道的情况下，不分青红皂白地制造出许多反水分子，一旦与水分子相遇，却根本无法完全地消灭，就可能导致仍然残留一些电子与正电子。

知晓信息和预测未来的矛盾

然而，怎样才能知道相对消灭的详细的信息，这是个重要的问题。原本就是为了知道未来的信息才制造时间机器的，现在利用反粒子，却变成了必需先要知道未来的情况。这在顺序上是恰恰相反的。

我们无从知晓未来，却要预测未来，这实在是不大可能。比如预测1秒以后这种极为接近的未来确实是有可能做到的，但如果预测一年之后，就相当困难了。同样，要预测有关像水分子之类拥有简单构造的对象，应该比较容易；然而，要预测像人类这种拥有复杂构造的对象，却是非常困难的。其实这种使用反粒子的时间机器，说起来本质上和赌马是一样的。二者都无法成为具有实用性的东西。

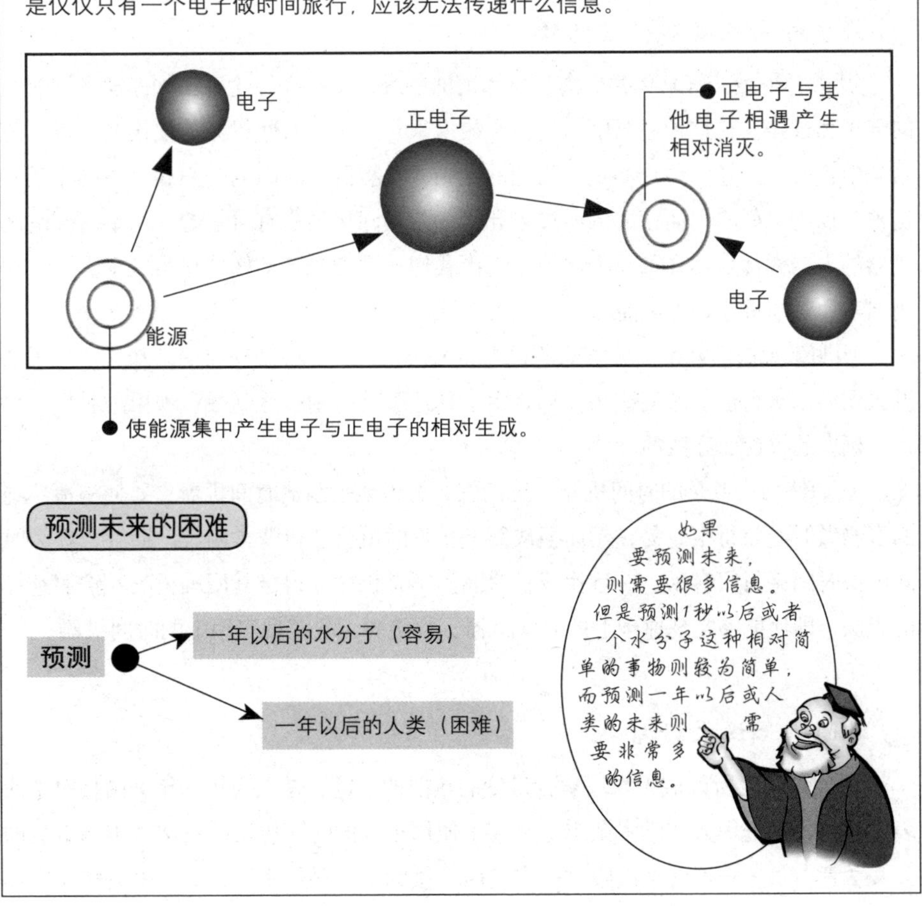

终极答案

回答“时间机器可能吗”

时间机器到底有没有可能实现呢？我们再一次提出了这个问题。遗憾的是，针对这个问题，还没有确定的答案。

虽然大部分的物理学者持有否定态度，不过同样明显的是，科学的进步并非是由以多胜少而决定的。在这个时间机器是否可行受到热烈讨论的时期，我认为存在着两种立场。

关于时间机器的两种立场

其中一种是，有某项我们尚且不知道的物理法则存在，这种法则能够区别时间的未来和过去。在这种立场中，自由穿梭未来与过去的时间机器，仅仅在原理上就是被禁止的。另外一种立场是，物理的法则并没有区别时间的未来和过去的作用。这种立场中，就原理而言，沟通过去和未来的时间机器是有可能的。从事研究时间机器的人，大都是站在第二个立场上。而我们的观点是，即使站在第二个立场，也仍然认为时间机器是不可能的。

明明微观法则并不区分时间的过去与未来，但是在微观现象中，却又出现了从过去朝向未来行进的时间箭头。那是由于在从微观法则转移到微观现象的时候，掺入了概率的议论而导致的。

正如使用反粒子的时间机器，无论怎么努力地去制造时间机器，要使构造单纯的事物做时间旅行很容易，然而换成复杂事物时就会变得非常困难。而且，在短时间内做时间旅行很容易，一旦换成长时间，不是仍然变得极其困难了吗？按照这样的想法，即使能够实现原理上的时间机器，也绝对无法实现实用中的时间机器。

时间机器诞生秘闻

时间机器之所以成为物理学者讨论的热门的话题，是因为1989年美国相对论代表学者奇普·逊等人在学术杂志上发表了使用虫洞的时间机器的论文。美国有名的天文学者卡尔·萨根曾经出版过一本名叫《接触》的科幻小说，那本书后来非常畅销。书中写道，他在试着解读来自某个天体的电波信号时，发现那是一张设计图，图中绘着一种能够把相距几百光年空间上的两点做瞬间移动的装置。萨根借着这种装置，使虫洞正式登场了。然而，事实上使用虫洞及诸如此类宇宙物体所制造的装置是否有可能实现，书中也没有确切答案。萨根将自己小说的原稿送给奇普·逊过目。奇普·逊指出萨根所创的虫洞正是连接两个黑洞而“咬”的，所以左边的入口处会形成事象的地平面而无法穿越。于是，奇普·逊开始思考怎样才能制造出在入口处无法形成事象的地平面的虫洞。这也揭开了他迈向并推动时间机器论文发展的序幕。

终极猜想

穿过虫洞的时间机器

这是《接触》一书中描写的时间机器，它是一种能够把相距几百光年空间上的两点做瞬间移动的装置。萨根借着这种装置，利用虫洞来完成穿越时空的工程。

按照奇普·逊的观点，左边的入口处会形成事象的地平面而无法穿越。于是，奇普·逊开始思考怎样才能制造出在入口处无法形成事象的地平面的虫洞。

奇普·逊指出，萨根所创的虫洞正是由两个相连接的黑洞“咬”出来的。

按照这样的想法，也许能够实现原理上的时间机器，但是实用中的时间机器实现的概率却非常之低。

附录一

我们如何感受空间和时间

常见的距离单位	单位：m
基本粒子的大小	$<10^{-18}$
质子的大小	10^{-15}
重元素核的大小	10^{-13}
密度高的恒星中原子间的距离	10^{-12}
金属、结晶中原子间距离	10^{-10}
橄榄油等的单分子层单层的厚度	10^{-9}
常温下空气中气体分子的平均自由程	10^{-8}
肥皂泡最薄处的厚度	10^{-7}
鞭毛细菌的大小	10^{-6}
人类的毛发粗细	10^{-4}
铅笔芯粗细	10^{-3}
一分硬币半径	10^{-2}
人的手掌宽度	10^{-1}
门的宽度	10^{0}
办公室的宽度	10^{1}
一列火车总长	10^{2}
步行10分钟	10^{3}
远处的风景	10^{4}
马拉松长跑的距离	10^{5}
月球的赤道半径	10^{6}

地球的赤道半径	10^7
地球—月球平均间距	10^8
地球到太阳的距离	10^{11}
太阳—冥王星最大距离	10^{13}
地球到最近恒星的距离	10^{16}
太阳到天狼星的距离	10^{17}
视差法测定的最远距离	10^{18}
银河系的范围	10^{21}
邻近星系之间的距离	10^{22}
宇宙的范围	10^{26}

平常可以感受的时间间隔

人耳能分辨的最短时间	间隔 0.1秒
一天的时间	8.7×10^4秒
人的一生	10^9秒–100年
人类文明	10^4年
哺乳动物的发展	10^5年
多数岩石的年龄	2×10^9年
地球的年龄	4.5×10^9年
离地球最近的星体其构成物质的年龄	5×10^9年–10^{10}年
宇宙的年龄	10^{10}年–5×10^{10}年

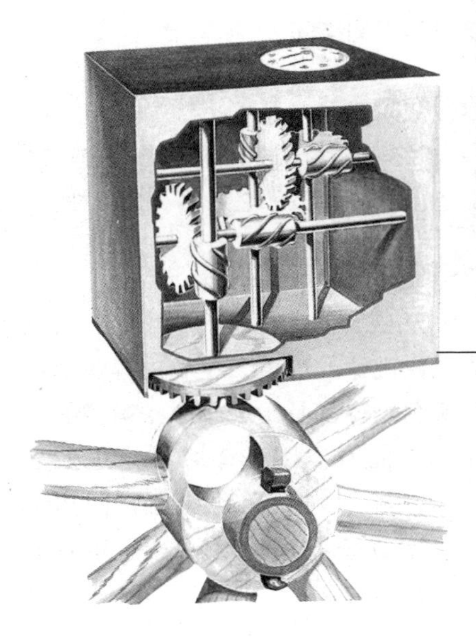

里程计时模型

罗马 公元前1世纪

这是古代的测量员测量旅行距离的装置，是今天我们乘坐的计程车的计价器的前身。它固定在马车上，与车轮和减速装置相连。车轮每转一圈，与此相连的齿轮就会转动不同的圈数，以记录行走的距离。

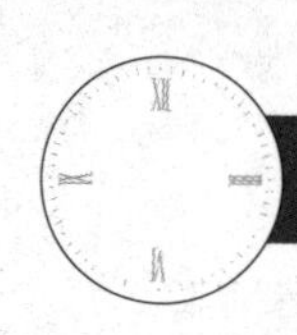

附录二

不可不知的物理名词

1. 电子

带有负电荷并围绕着一个原子核公转的粒子。

2. 弱电统一能量

大约为100吉电子伏的能量，当能量比这更大时，电磁力和弱力之间的差别消失。

3. 基本粒子

被认为不可能再分割的粒子。

4. 事件

由它的时间和位置所指定的在时空中的一点。

5. 事件视界

黑洞的边界。

6. 不相容原理

在不确定性原理设定的极限之内，两个相同的自旋为1/2的粒子不能同时具有相同的位置和速度的思想。

7. 场

一种充满空间和时间的东西，与它相反的是在一个时刻，只存在于一点的粒子。

8. 频率

一个波在1秒钟内完整循环的次数。

9. 封闭空间

宇宙中如果物质的量较多时，宇宙膨胀就会变成收缩的状态，由物质所引起的重力愈强，则空间就会扭曲而成封闭的形象。

10. 平坦空间

如果宇宙物质的量减少时，空间扭曲情形也会变小。宇宙膨胀时，如果只要放入少许的物质，很快就可以变成平坦的空间。

11. 时间的单一方向性

时间这种由过去朝未来前进、绝不逆行的特性被称之为单一方向性。

12. 分子运动论

从物质的微观结构出发来阐述热现象规律的理论。主要内容包括：①所有物体都是由大量分子组成的，分子之间有空隙；②分子永远处于不停息和无规则运动状态，即热运动；③分子间存在着相互作用着的引力和斥力。

13. 熵定律

表示任何一种能量在空间中分布的均匀程度。能量分布得越均匀，熵就越大。当某个系统的能量完全均匀地分布时，这个系统的熵就达到最大值。

14. 熵增大的法则

朝向概率数目较多的状态转变而使系统产生变化的。

15. 宏观与微观

在自然科学中，微观世界通常是指分子、原子等粒子层面的物质世界，宏观世界是除微观世界以外的物质世界。

16. 时间知觉

Time perception，人们对客观现象延续性和顺序性的感知。

17. 绝对零度

所能达到的最低的温度，在这温度下物体不包含热能。

18. 加速度

物体速度改变的速率。

19. 人择原理

人类之所以看到宇宙是这个样子，只是因为如果它不是这样，人类就不会在这里去观察它的思想。

20. 反粒子

每个类型的物质粒子都有与其相对应的反粒子。当一个粒子和它的反粒子碰撞时，它们就湮灭并释放能量。

21. 原子

通常物质的基本单元，是由包括质子和中子很小的核子以及围绕着它公转的电子所构成。

22. 大爆炸

宇宙开端的奇点。

23. 大挤压

宇宙终结的奇点。

24. 黑洞

时空的一个区域，因为那里的引力是如此之强，以至于任何东西，甚至光都不能从该处逃逸出来。

25. 卡西米尔效应

在真空中两片平行的平坦金属板之间的吸引压力。这种压力是由平板之间的空间中的虚粒子的数目比正常数目减少引起的。

26. 钱德拉塞卡极限

一个稳定的冷星的可能的最大质量的临界值。比这质量更大的恒星，则会坍缩成一个黑洞。

27. 能量守恒

能量(或它的等效质量)既不能产生也不能消灭的科学定律。

28. 坐标

指定点在时空中的位置的一组数。

29. 宇宙常数

爱因斯坦使用的一个数学方法，该方法使时空有一内在的膨胀倾向。

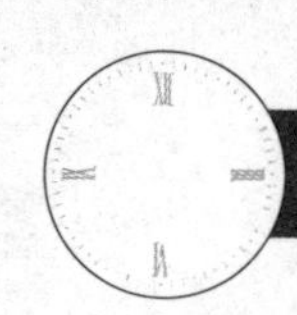

30．宇宙学

对整个宇宙的研究。

31．暗物质

存在于星系、星系团中，以及也许在星系团之间的，不能被直接观测到的但是能用它的引力效应检测到的物质。宇宙物质的90%可能为暗物质的形态。

32．对偶性

在表观上非常不同，但是在相同物理结果的理论之间的对应。

33．爱因斯坦—罗森桥

连接两个黑洞的时空的细管。

34．电荷

粒子的一个性质，由于这性质粒子排斥(或吸引)其他与之带相同(或相反)符号电荷的粒子。

35．电磁力

带电荷的粒子之间的相互作用力，它是四种基本力中第二强的力。

36．γ射线

波长非常短的电磁波，由放射性衰变或由基本粒子碰撞产生。

37．广义相对论

爱因斯坦的科学定律，对所有的观察者而言，而不管他们如何运动的，必须是相同的观念的理论。它将引力按照四维时空的曲率来解释。

38．测地线

两点之间最短(或最长)的路径。

39．大统一能量

人们认为，在能量达到一定的强度时，电磁力、弱力和强力之间的差别会消失。

40．大统一理论(CUT)

一种统一电磁、强力和弱力的理论。

41．虚时间

用虚数来表示测量出的时间。

42．光锥

时空中心面，在上面呈现光通过给定事件的可能方向。

43．光秒(光年)

光在1秒（1年）时间里走过的距离。

44．磁场

引起磁力的场，和电场合并成的电磁场。

45．质量

物体中物质的量；它的惯性，或对加速的抵抗。

46．微波背景辐射

起源于早期宇宙的灼热的辐射，现在它受到如此大的红移，以至于不以光而以微波(波长为几厘米的无线电波)的形式呈现。

47．裸奇点

不被黑洞围绕的时空厅奇点。

48．中微子

只受弱力和引力作用的极轻的(可

能是无质量的)基本物质粒子。

49．中子

一种不带电的和质子非常类似的粒子，在大多数原子核中大约一半的粒子是中子。

50．中子星

一种由中子之间的不相容原理排斥力所支持构成的恒星。

51．无边界条件

宇宙在虚时间里是有限的但无界的思想。

52．核聚变

两个核碰撞后合并成一个更重的核的过程。

53．原子核

原子的中心部分，只包括由强力将其束缚在一起的质子和中子。

54．粒子加速器

一种利用电磁铁能将运动的带电粒子加速，并给它们更多能量的机器。

55．相位

一个波在特定的时刻在它循环中的位置——一种它是否在波峰、波谷或它们之间的某点的标度。

56．光子

光的一个量子。

57．普朗克量子原理

光(或任何其他经典的波)只能被发射或吸收，同时其能量与它们频率成一定比例分立的量子的思想。

58．正电子

电子的带正电荷的反粒子。

59．太初黑洞

在极早期宇宙中产生的黑洞。

60．比例

“X比例于Y”表示当Y被乘以任何数时，X也如此；“X反比例于Y”表示当Y被乘以任何数时，X被同一个数除。

61．质子

构成大多数原子中的核中大约一半数量的带正电的粒子。

62．脉冲星

发射出无线电波规则脉冲的旋转中子星。

63．量子

波可被发射或吸收的不可分的单位。

64．量子色动力学(QCD)

描述夸克和胶子相互作用的理论。

65．量子力学

从普朗克量子原理和海森堡不确定性原理发展而来的理论。

66．夸克

感受强力的带电的基本粒子。每一个质子和中子都由三个夸克组成。

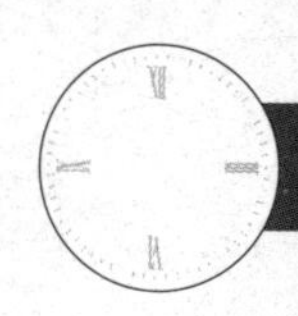

67．雷达

利用脉冲无线电波的单独脉冲到达目标并反射回来的时间间隔来测量对象位置的系统。

68．放射性

一种类型的原子核自动分裂成其他的核。

69．红移

由于多普勒效应，从离开地球而去的恒星发出的光线的红化。

70．奇点定理

该定理认为，在一定情形下奇点必须存在——尤其是宇宙必须开始于一个奇点。

71．时空

四维的空间，上面的点就是事件。

72．空间维

类空的，也就是除了时间维之外的三维的任意一维。

73．狭义相对论

爱因斯坦的基于科学定律对所有进行自由运动的观察者，而不管他们的运动速度如何，都必须有相同的观念。

74．谱

构成波的分量频率。太阳光谱的可见部分，可以从彩虹上观察到。

75．自旋

相关于但不等同于日常的自转概念的基本粒子的内部性质。

76．稳态

不随时间变化的态，例如，一个以固定速率自转的球是稳定的，因为虽然它不是静止的，但是它在任何时刻看起来都是相同的。

77．弦理论

物理学的一种理论，其中粒子被描述成弦亡的波。弦只有长度，但是没有其他维。

78．强力

四种基本力中最强的、最短程的一种力：它在质子和中子中将夸克束缚在一起，并将质子和中子束缚在一起形成原子。

79．不确定性原理

海森堡提出的原理，人们永远不能同时准确知道粒子的位置和速度；对其中一个知道得越精确，则对另一个就知道得越不准确。

80．虚粒子

在量子力学中，一种永远不能直接检测到的，但其存在确实具有可测量效应的粒子。

81．波粒二象性

量子力学中的概念，是说在波和粒子之间没有区别；粒子有时可以像波一样行为，而波有时可以像粒子一样行为。

82．波长

一个波在两个相邻波谷或波峰之间的距离。

83. 弱力

四种基本力中第二弱的，非常短程的一种力。它作用于所有物质粒子，而不作用于携带力的粒子。

84. 重量

引力场作用到物体上的力。它和质量成比例，但又不同于质量。

85. 白矮星

一种由电子之间不相容原理排斥力所支持的稳定的冷的恒星。

86. 虫洞

连接宇宙遥远区域间的时空细管。虫洞也可以把平行的宇宙或者婴儿宇宙连接起来，并提供时间旅行的可能性。

87. 光速

光波或电磁波在真空或介质中的传播速度。

88. 媒介

波在传导时所必需一种物质。

89. 以太（Ether）

在古希腊，以太指的是青天或上层大气；在宇宙学中，又用来表示占据天体空间的物质；17世纪的笛卡儿将以太引入科学，并赋予它某种力学性质。

90. 相对性原理

无论谁从什么样的角度来看待物理，物理法则都不会发生变化。

91. 宇宙射线

是来自于宇宙中的一种蕴涵着相当大能量的带电粒子流，主要由质子、氦核、铁核等裸原子核组成的高能粒子流，也含有中性的γ射线和能穿过地球的中微子流。

92. 吊诡

有两种含义：bizarre和paradox。bizarre是稀奇古怪、不同寻常、离奇、奇特、不可思议、荒诞不经的意思； paradox有似非而是、反论、悖论的含义。

93. 黑洞

内侧光速为零的部分，如果处于外侧来看的话，是完全看不见的一团黑，这就是所谓的黑洞。一旦落入黑洞，就绝对没有再逃到外面的世界的可能。

94. 黑洞的蒸发

尽管黑洞具有无限吸引的特性，但还是会有质子逃脱黑洞的束缚，这样日积月累，黑洞就慢慢地蒸发，到了最后就成为了白矮星或者就爆炸。

95. 奇点

Singularity，一种半径为零的天体，多见于描述黑洞中心的情况。因为物质在此点的密度极高，向内吸引力极强，因此物质会压缩为体积非常小的点，即在时空方程中出现分母无穷小的描述，因此物理定律这里完全失效。

96．核融合反应

核能分两种，核分裂能和核融合能。前者是重元素(如铀、钚等)分裂所释放的能量；后者为轻元素(如氢及其同位数氘、氚)结合成重元素(如氦等)所释放的能量。

97．封闭宇宙

Closed universe，一种宇宙模型，平均密度足以使宇宙进行收缩到大压缩（Big Crunch）阶段。这种宇宙空间就像一个普通的球体——不要考虑球的内侧与外侧，只是考虑球面的世界。

98．宇宙学常数

Cosmological Constant，在1917年，爱因斯坦就修改了他的广义相对论方程，在方程中引入了一个称为宇宙学常数的量。随后的观测却表明，宇宙并不是静态的，而是在不断地膨胀。

99．星云

星际物质在宇宙空间的分布并不均匀。在引力作用下，某些地方的气体和尘埃会由于相互吸引密集起来，形成云雾状，这就是“星云”。按照形态，银河系中的星云可以分为弥漫星云、行星状星云等几种。

100．恒常宇宙论

认为宇宙在任何时候都是相同的。

101．膨胀宇宙论

宇宙物质的密度是逐渐下降的。

102．宇宙的热平衡

从可见宇宙的一端到另外一端，宇宙微波背景辐射在所有地方都保持相同的温度。

103．暗物质

Dark matter，是宇宙的重要组成部分，并主导了宇宙结构的形成，其总质量是普通物质的6倍，约占宇宙能量密度的1/4。

星云

上图是由哈勃望远镜发回的外太空鹰状星云——“雄鹰星云”(Eagle Nebula)，又被叫作“创造之柱”(Pillars of Creation)。该星云能量巨大，能够向外产生滚滚涌出的冷气和尘土，把冷气和尘土“送”至9.5光年远的上空。从哈勃望远镜拍摄的景象来看，这只“雄鹰”是许多新生恒星的摇篮，它能够“孵化”出大量恒星并滋养它们。

图书在版编目（CIP）数据

图解时间简史 / (英) 霍金 (Hawking,S.) 原著 ;
王宇琨 , 董志道编著 . -- 北京 : 北京联合出版公司 ,
2013.7 (2024.10 重印)
ISBN 978-7-5502-1649-5

Ⅰ . ①图… Ⅱ . ①霍… ②王… ③董… Ⅲ . ①宇宙学
- 普及读物 Ⅳ . ① P159-49

中国版本图书馆 CIP 数据核字 (2013) 第 146950 号

图解时间简史

原　　著　[英] 霍金
编　　著　王宇琨　董志道
责任编辑　喻　静
项目策划　紫图图书 ZITO®
监　　制　黄　利　万　夏
营销支持　曹莉丽
装帧设计　紫图图书 ZITO®

北京联合出版公司出版
（北京市西城区德外大街 83 号楼 9 层　100088）
艺堂印刷（天津）有限公司印刷　新华书店经销
字数 150 千字　787 毫米 ×1092 毫米　1/16　20 印张
2013 年 8 月第 1 版　2024 年 10 月第 23 次印刷
ISBN 978-7-5502-1649-5
定价：49.90 元